U0197427

绿色混凝土用新型矿物掺合料

王 强 周予启 张增起 王登权 著

中国建筑工业出版社

图书在版编目（CIP）数据

绿色混凝土用新型矿物掺合料/王强等著. —北京：
中国建筑工业出版社，2017.12
ISBN 978-7-112-21657-4

Ⅰ．①绿… Ⅱ．①王… Ⅲ．①混凝土-配合料
Ⅳ．①TU528.041

中国版本图书馆 CIP 数据核字（2017）第 314305 号

　　本书介绍了镍铁渣粉、钢渣粉、钢铁渣粉、磷渣粉、石灰石粉、粉煤灰微珠、超细矿渣的基本材料特性、相关标准、在水泥中的反应机理、对混凝土性能的影响规律，为用这几种新型矿物掺合料制备绿色混凝土提供基础理论。

　　本书可供从事土木建筑工程、市政工程、水利工程、公路与铁道工程等研究的科技人员及高等院校相关专业的研究人员参考。

　　责任编辑：张伯熙
　　责任设计：李志立
　　责任校对：党　蕾

绿色混凝土用新型矿物掺合料

王　强　周予启　张增起　王登权　著

＊

中国建筑工业出版社出版、发行（北京海淀三里河路 9 号）
各地新华书店、建筑书店经销
霸州市顺浩图文科技发展有限公司制版
北京圣夫亚美印刷有限公司印刷

＊

开本：787×1092 毫米　1/16　印张：15½　字数：312 千字
2018 年 2 月第一版　　2018 年 2 月第一次印刷
定价：**69.00** 元
ISBN 978-7-112-21657-4
（31513）

前　　言

　　资源与环境是 21 世纪土木工程可持续发展必须重视的问题，减少对自然资源的消耗、最大限度地维护生态环境，是全社会的要求。混凝土是人类使用的最大宗建筑材料，对 20 世纪以来的人类社会的进步起到了重要的支撑作用，然而生产水泥、粗骨料、细骨料、外加剂等混凝土的原材料对自然资源的消耗及对环境的污染是一个非常值得重视的社会问题。绿色混凝土是混凝土材料发展的必然选择。

　　矿物掺合料是绿色混凝土的重要组分，科学合理地使用矿物掺合料不仅可以降低混凝土中的水泥用量，也可以改善混凝土的某些性能。水泥基复合胶凝材料的发展对推动绿色混凝土的发展、丰富现代水泥基复合胶凝材料理论和应用实践具有重要的意义。大部分矿物掺合料来源于工业废渣，既是对废渣资源的高效利用，又大幅度减轻了工业废渣对环境的污染。矿物掺合料的发展不仅满足于可以替代混凝土中的部分水泥，更要通过先进的技术手段制备出具有更高附加值的特种掺合料，大幅度改善混凝土的某些性能。粉煤灰、矿渣粉和硅灰等传统的矿物掺合料在混凝土中已应用比较成熟，由于资源的地域分布不均，传统矿物掺合料在很多地区严重匮乏，而在有些地区则严重过剩，绿色混凝土的发展亟待拓展矿物掺合料的种类，开发新型矿物掺合料。

　　对于新型矿物掺合料的推广应用，我们建议首先要有充分的基础研究。事实上，粉煤灰、矿渣粉和硅灰等传统矿物掺合料都经历了漫长的被工程界接受和认可的过程，而且也有大量的工程应用失败的案例，时至今日，仍有一些行业或工程是排斥使用矿物掺合料的。因此，本书的重点并非介绍如何用新型矿物掺合料制备出合格的混凝土，因为我们相信在不同的工况下，矿物掺合料的应用技术是有差异的，甚至有很大的差异。应用新型矿物掺合料前，首先要了解清楚这种矿物掺合料在混凝土中的作用机理是什么，会对混凝土的性能发展有什么贡献，更要注意会对混凝土的哪些性能有不利的影响，这是本书所阐述的重点。

　　近些年有大量的新型矿物掺合料被尝试应用在混凝土中，本书所涉及的新型矿物掺合料只包含我们近些年所研究的几种。新型矿物掺合料尚有很多问题需要进一步解决和完善，有很多科学问题需要进一步深入探讨，由于作者水平有限，书中不足之处恳请读者批评指正。

2017 年 11 月　于清华园

目　　录

第1章 绪 论

1.1 矿物掺合料与现代混凝土

现代混凝土应该是绿色低碳和高耐久的。绿色低碳是环境保护和可持续发展的要求，混凝土是人类使用的最大宗的建筑材料，在水泥和混凝土的生产过程中对自然资源的消耗和对大气的污染都与人类社会长期健康发展密切相关。高耐久是长寿命建筑工程的前提，长寿命建筑工程从全寿命周期来讲是经济的，建筑垃圾排放量低，此外，混凝土的耐久性在很多情况下也与建筑工程的安全性紧密联系。

我国是世界上最大的水泥生产国，近些年我国的水泥产量占全球水泥总产量的 60% 左右，这是因为我国目前在进行快速的城市化建设，对水泥混凝土的需求量巨大。值得提出的是，水泥的生产需要消耗大量的石灰石和黏土等自然资源，并且需要消耗大量的电能，同时又会排放出大量的 CO_2 和 SO_2 等废气。凡是水泥生产量大的城市周围，都有若干座被开采"丑陋"的矿山。水泥混凝土要走绿色低碳的发展道路，首先要减少胶凝材料中水泥的用量，因此，矿物掺合料成了现代混凝土的必要组分。20 世纪后半叶，矿物掺合料的研究是混凝土研究中最热门、最受关注的研究方向之一，在大量科研成果的基础上，矿物掺合料在大量的混凝土工程中成功应用，大掺量矿物掺合料混凝土（矿物掺合料替代 40% 以上的水泥）作为绿色混凝土的典型代表之一也获得了工程界的认可。自进入 21 世纪以来，整个社会对绿色、环保、可持续发展的理念进一步认可，该理念指导下的生产活动正逐渐成为人类活动的自觉行为，现代混凝土的发展已越来越依赖矿物掺合料。

绝大多数矿物掺合料来源于工业废渣，通过将工业废渣磨细后制得。水泥经过了"两磨一烧"的生产过程，而矿物掺合料只经过"一磨"的生产过程，因而矿物掺合料的生产成本远低于水泥。在我国的工业化进程中，排放了大量和多种工业废渣，例如，粉煤灰的年均排放量超过 5 亿 t，矿渣的年均排放量接近 1 亿 t，既占用大量土地，又污染环境。因此，将工业废渣变废为宝，转化为混凝土用矿物掺合料，是利国利民的，是国家大力支持的。

矿物掺合料在现代混凝土中的应用绝不仅仅是为了替代部分水泥而获得环保效应和经济效益。合理使用矿物掺合料也是实现现代混凝土"高性能"的重要途径。我国目前正在大力推广高性能混凝土，关于高性能混凝土的定义，不同的国家或行业有所差异，但目前都基本认可高性能混凝土应该具有良好的工作性和耐久性。

有的矿物掺合料对于改善混凝土的工作性有所帮助，例如优质的粉煤灰含有的杂质少，大部分颗粒为球形，在混凝土中能够起到"滚珠润滑"的作用，对提高混凝土的流动性效果明显。此外，合理使用矿物掺合料对于改善水泥与减水剂的相容性有所帮助。当然，也有的矿物掺合料需水量比较大，对混凝土的工作性有一定的不利影响，在使用中是需要注意的。

混凝土的耐久性涉及的方面有很多，针对不同的服役环境，对混凝土的耐久性要求是不同的。一般而言，具有密实微结构的混凝土往往具有良好的耐久性，因为外界的侵蚀性离子不易进入混凝土内部。通过科学地使用矿物掺合料，可以增强混凝土的密实度，例如火山灰材料的反应消耗 $Ca(OH)_2$ 改善界面过渡区微结构。在水泥基复合胶凝材料的水化硬化过程中，矿物掺合料的"二次"反应往往能够阻断已形成的连通孔隙，从而降低混凝土材料的连通孔隙率，对侵蚀性离子的侵入起到良好的阻断作用，提高混凝土的抗侵蚀能力。很多国家的混凝土结构耐久性相关设计规范中，都推荐使用矿物掺合料来增强混凝土的抗侵蚀能力。

减少混凝土结构有害裂缝的生成是确保良好耐久性的前提，而我国近些年所生产的普通硅酸盐水泥中 C_3S 含量过高，且水泥的细度过大，水泥水化过快且放热量大，因而混凝土早期开裂非常常见。矿物掺合料的掺入，可以起到调节胶凝体系水化速率的作用，例如水泥-矿渣粉-粉煤灰复合胶凝体系，水泥的反应速率最快，矿渣粉次之，粉煤灰最慢，在这个复合胶凝体系的水化硬化过程中，三种材料不会因争夺水分和水化空间而"不协调"，反而会改善彼此的水化环境，促进微结构有序生成。对于大体积混凝土这种比较特殊的结构而言，矿物掺合料的作用就更加突出了，大掺量粉煤灰可以明显降低混凝土的早期温升，从而大幅度降低开裂风险，采用大掺量矿物掺合料是解决大体积混凝土开裂问题的一个重要途径。

总之，矿物掺合料对于现代混凝土技术的进步起到了至关重要的作用。但这里需要强调一点，矿物掺合料在混凝土中应用的前提是确保混凝土的性能满足工程的要求，尤其是耐久性。我们强调绿色与低碳，支持混凝土行业大幅度消纳工业废渣，但决不能在环保效应的掩护下，在经济效益的推动下，忽视混凝土的性能，尤其不能忽视混凝土的耐久性。这需要我们对矿物掺合料有更深入的了解，能够科学合理地应用。矿物掺合料应使现代混凝土更绿色、更低碳、更耐久。

1.2　新型矿物掺合料

矿物掺合料大部分来源于工业废渣，工业废渣的分布是具有地域性的，例如粉煤灰主要分布在山西、内蒙古、广东等省份和自治区，矿渣和钢渣主要分布在河北、江苏、山东、辽宁等省份，镍铁渣主要分布在福建、广东、广西、山东等省份和自治区，磷渣主要分布在云南、贵州、四川、湖北等省份，硅灰主要分布在内蒙古、宁夏、青海、甘肃等省份和自治区。一方面，从混凝土对矿物掺合料的需求来讲，需要在不同的地域，根据工业废渣的种类来开发适合混凝土的矿物掺合料；另一方面，从工业废渣综合利用的角度，需要探索其作为混凝土矿物掺合料的可行性。

"新"和"旧"是相对的，是有时间内涵的，新型矿物掺合料和传统矿物掺合料也是相对的。就本书而言，传统矿物掺合料指的是粉煤灰、矿渣粉、硅灰等在工程中应用比较成熟的矿物掺合料。本书中所涉及的新型矿物掺合料包括镍铁渣粉、钢渣粉、钢铁渣粉、磷渣粉、石灰石粉、粉煤灰微珠、超细矿渣粉，针对这些矿物掺合料的研究明显少于传统矿物掺合料，工程应用也相对较少。

我国每年排放镍铁渣超过万 t、钢渣约 9000 万 t、磷渣约 600 万 t，因此，镍铁渣粉、钢渣粉、钢铁渣粉、磷渣粉作为混凝土矿物掺合料的研究与开发有很好的环保效应和经济效益。由于石灰石的分布很广泛，因而石灰石粉是一种几乎不受地域约束的矿物掺合料，可以弥补诸多地区的矿物掺合料短缺。粉煤灰微珠和超细矿渣粉属于在传统的矿物掺合料的基础上生产的具有更高附加值的矿物掺合料，属于特种矿物掺合料的范畴。因此，新型矿物掺合料通常有两类：一类是根据当地的资源开发适合在混凝土中应用的矿物掺合料；一类是在传统矿物掺合料的基础上开发特种矿物掺合料。当然，两种新型矿物掺合料的应用范围是不同的，特种矿物掺合料通常不在普通混凝土中应用，它主要用于大幅度增强混凝土某方面的性能，从而使混凝土能用于特殊的结构工程或服役环境。

需要强调的是，为了科学合理地使用新型矿物掺合料，必须对其性能有充分的了解，既要清楚其对混凝土性能的积极作用，又要清楚其可能对混凝土的某些性能造成的不利影响，从而能够在工程应用中科学地实现"扬长避短"。

第 2 章　镍铁渣粉

2.1　概述

镍铁渣（Ferronickel slag）是工业镍铁生产中还原提取金属镍和铁后，排出的熔渣经水淬急冷得到的粒化固体废渣。生产镍铁的矿石主要有红土镍矿（氧化镍矿）和硫化镍矿两种，其中红土镍矿储量较大，而且富集于地表，主要分布在靠近赤道的地区，容易开采和运输，因此被广泛地开发和使用。目前我国企业主要从海外进口红土镍矿，并通过火法冶炼工艺进行镍铁的生产，火法冶炼按照工艺和设备的不同可以细分为电弧炉（矿热炉）冶炼和高炉冶炼，其中电弧炉冶炼得到的镍铁材料的含镍量一般比较高，而高炉冶炼产生的往往是中低镍含量的镍铁。根据冶炼工艺的差异，排出的镍铁渣可以分为电炉镍铁渣和高炉镍铁渣两大类。两类镍铁渣样品典型的外观分别如图 2-1 和图 2-2 所示，其中电炉镍铁渣一般呈绿色，而高炉镍铁渣则大多呈灰白色。

图 2-1　电炉镍铁渣的外观　　　　　图 2-2　高炉镍铁渣的外观

近些年来，我国镍铁工业的规模不断扩大，在山东、广西、福建、河北、内蒙古等地都有较大规模的镍铁生产企业，所排出的镍铁渣也越来越多。以电弧炉还原冶炼工艺为例，其产生的炉渣几乎占到原材料量的 80%～90%。目前国内每年产生的镍铁渣超过 3000 万 t，大约占冶金渣总量的 20%，镍铁渣已成为我国继铁渣、钢渣和赤泥之后的第四大冶炼工业废渣。然而，对于这种排放量巨大的固体废渣，国内企业大多只能将其进行堆存或填埋处理，不仅会占用越来越多的土地，造成资源浪费，还会导致严重的环境破坏，在一定程度上制约着镍铁行业的发展。

早在 20 世纪 80 年代初期，日本、苏联、希腊等国家就开始进行镍铁渣资源化的研究和实践，我国对于镍铁渣及其应用的研究则开始得相对较晚。目前国内外学者对于镍铁渣应用的研究主要集中在无机聚合物的生产、微晶玻璃和陶瓷的制造、建筑砌块或矿井填充材料的制备、水泥的生产、混凝土骨料等方面。日本工业标准调查会（JISC）制定了工业标准《混凝土用矿渣集料 第 2 部分：镍铁矿渣集料》JIS A5011-2[1]，该标准对用作混凝土骨料的镍铁渣给出了相关建议和规定。

有研究指出，镍铁渣的化学组分主要包括 SiO_2、CaO、MgO、Al_2O_3 和 Fe_2O_3 等，并且含有较多的非晶态矿物成分，具有用作水泥混合材和混凝土矿物掺合料的潜在活性。镍铁渣通过机械粉磨后得到的粉体称为镍铁渣粉，中国建筑学会在 2016 年 6 月发布了团体标准《水泥和混凝土用镍铁渣粉》T/ASC 01—2016[2]，针对镍铁渣粉在水泥和混凝土中的使用提出了一些具体的技术指标和性能要求。

《水泥和混凝土用镍铁渣粉》T/ASC 01—2016 将镍铁渣粉定义为"以高炉镍铁渣或电炉镍铁渣为主要原料磨细至规定细度的粉体材料"，按照镍铁冶炼工艺分为电炉镍铁渣粉和高炉镍铁渣粉。两类镍铁渣粉均可以分为Ⅰ类、Ⅱ类，其中Ⅰ类镍铁渣粉的比表面积要求不小于 $450~m^2/kg$，Ⅱ类镍铁渣粉的比表面积要求不小于 $350~m^2/kg$。Ⅰ类电炉镍铁渣粉的 7d 活性指数要求不小于 65％，28d 活性指数要求不小于 75％，而Ⅱ类电炉镍铁渣粉的 7d 活性指数要求不小于 60％，28d 活性指数要求不小于 65％；Ⅰ类高炉镍铁渣粉的 7d 活性指数要求不小于 80％，28d 活性指数要求不小于 105％，而Ⅱ类高炉镍铁渣粉的 7d 活性指数要求不小于 70％，28d 活性指数要求不小于 90％。此外，标准还对镍铁渣粉的其他技术指标做出了规定：镍铁渣粉的密度要求不小于 $2.8~g/cm^3$，含水量不超过 1.0％，SO_3 含量不超过 3.5％，氯离子含量不超过 0.06％，烧失量不大于 3.5％，可浸出 Ni 含量和可浸出 Cr 含量都要求不大于 $0.2~mg/L$。电炉镍铁渣粉的安定性采用压蒸法检测，要求压蒸膨胀率不大于 0.50％；高炉镍铁渣粉的安定性则采用沸煮法进行检测。

2.2 电炉镍铁渣粉

2.2.1 基本性能

（1）组成

选取三种不同产地的电炉镍铁渣粉原材料，分别标记为电炉镍铁渣粉 1 号、电炉镍铁渣粉 2 号和电炉镍铁渣粉 3 号。三种电炉镍铁渣粉的化学成分如表 2-1 所示。从表中可以看出，电炉镍铁渣粉的化学成分主要包括 SiO_2、Fe_2O_3 和 MgO，而 CaO 的含量很低，这与粉煤灰类似，但是相比于粉煤灰，电炉镍铁渣粉中 Al 元素的含量明显偏低，而 Fe 和 Mg 元素的含量则相对较高。值得注意的是，三种电炉镍铁渣粉中 MgO 的含量均超过了 20%，甚至有可能达到 30% 以上。

电炉镍铁渣粉的化学成分（%）　　　　　　　　　　表 2-1

镍铁渣粉种类	CaO	SiO_2	Fe_2O_3	Al_2O_3	MgO	MnO	Cr_2O_3	SO_3	Na_2O	K_2O
电炉镍铁渣粉 1 号	6.75	46.10	12.25	4.46	27.12	0.79	1.50	0.14	0.15	0.07
电炉镍铁渣粉 2 号	1.01	50.48	10.37	3.08	32.61	0.62	1.37	0.04	—	0.08
电炉镍铁渣粉 3 号	8.24	44.90	14.36	4.94	23.29	0.98	2.47	0.05	0.12	0.15

图 2-3 显示了三种电炉镍铁渣粉的 XRD 图谱，从图中可以看出，电炉镍铁渣粉中的主要晶态矿物成分是镁橄榄石（Mg_2SiO_4）。由此可知，尽管电炉镍铁渣粉中 MgO 的含量很高，但是其中并不存在方镁石晶体。另外，从三种电炉镍铁渣粉的 XRD 图谱上均能观察到一定范围的"驼峰"，分析可知电炉镍铁渣粉中含有一定量的非晶态矿物组分。

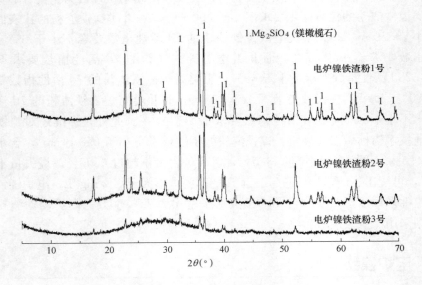

图 2-3　电炉镍铁渣粉的 XRD 图谱

（2）细度与形貌

三种电炉镍铁渣粉和基准水泥的粒径分布情况如图 2-4 所示。从图中可以看出，三种电炉镍铁渣粉的粒径分布比较接近，细度相比于基准水泥稍大一些。电炉镍铁渣粉典型的微观形貌如图 2-5 所示，从图中可以看出，其微观颗粒是大小不等、形状不规则的多面体。

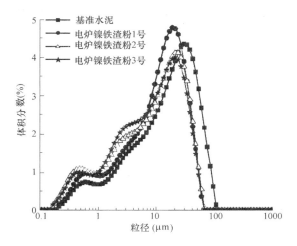

图 2-4　电炉镍铁渣粉和基准水泥的粒径分布

图 2-5　电炉镍铁渣粉的微观形貌

（3）安定性与浸出毒性

尽管电炉镍铁渣粉的 XRD 图谱表明其内部不存在方镁石晶体，但是三种电炉镍铁渣粉中 MgO 的含量都在 20% 以上，因此不能忽略可能存在的安定性问题。

选取三种电炉镍铁渣粉，按照 30% 的掺量分别制备了水泥胶砂试件，参照《水泥压蒸安定性试验方法》GB/T 750—1992 中的规定，在（215.7±1.3）℃的饱和水蒸气（对应的压力为（2.0±0.05）MPa）中保持 3 h，并测定所有试件的压蒸膨胀率，试验结果如表 2-2 所示。从表中可以看出，掺有三种电炉镍铁渣粉的水泥胶砂试件在压蒸处理后的膨胀率均远小于标准中的限值 0.80%。由此可知，电炉镍铁渣粉掺入到水泥中使用时安定性是合格的。

电炉镍铁渣粉的压蒸安定性试验结果　　　　表 2-2

镍铁渣粉种类	试件压蒸后膨胀率（%）	《水泥压蒸安定性试验方法》GB/T 750—1992 限值（%）
电炉镍铁渣粉 1 号	0.03	
电炉镍铁渣粉 2 号	0.04	0.80
电炉镍铁渣粉 3 号	0.02	

从电炉镍铁渣粉的化学组成可知，其中含有一定量的重金属元素 Cr，在使用过程中可能会发生溶出，从而对环境造成污染。因此有必要针对电炉镍铁渣粉开展浸出毒性试验，确保其在水泥和混凝土中应用时的安全。

选取三种电炉镍铁渣粉，按照 30% 的掺量分别制备水泥胶砂试件，然后参照《水泥胶砂中可浸出重金属的测定方法》GB/T 30810—2014 中的规定开展试验，测得三组水泥胶砂试件的可浸出 Cr 含量，结果如表 2-3 所示。从表中可以看出，三种掺电炉镍铁渣粉的水泥胶砂试件的可浸出 Cr 含量均小于《水泥窑协同处置固体废物技术规范》GB 30760—2014 中规定的限值 0.2 mg/L。由此可知，电炉镍铁渣粉中的 Cr 元素没有浸出毒性。

电炉镍铁渣粉可浸出 Cr 含量试验结果　　　　表 2-3

镍铁渣粉种类	可浸出 Cr 含量（mg/L）	《水泥窑协同处置固体废物技术规范》GB 30760—2014 限值（mg/L）
电炉镍铁渣粉 1 号	0.0589	
电炉镍铁渣粉 2 号	0.0554	0.2
电炉镍铁渣粉 3 号	0.0696	

（4）流动度比

选取三种电炉镍铁渣粉，参照建筑行业标准《水泥砂浆和混凝土用天然火山灰质材料》JG/T 315—2011 附录 A 中的方法分别进行流动度比试验，其中电炉镍铁渣粉的掺量取 30%。试验结果显示，电炉镍铁渣粉 1 号、电炉镍铁渣粉 2 号和电炉镍铁渣粉 3 号的流动度比分别为 101%、104% 和 103%。由此可知，电炉镍铁渣粉作为矿物掺合料使用时的需水量较小，掺入后水泥砂浆和混凝土的流动性不低于纯水泥试样。

（5）自身胶凝性能

为了研究电炉镍铁渣粉在非碱性条件下自身的胶凝性能，选取三种电炉镍铁渣粉，分别与水混合制备净浆试样，其中水与电炉镍铁渣粉的质量比为 0.3:1。

净浆试样在两种不同的温度下进行养护，一种是 20℃常温养护，另一种是 80℃高温养护。

在 360d 龄期时，无论是在 20℃常温养护还是 80℃高温养护条件下，三种净浆试样均没有发生硬化。选取 80℃高温养护 360d 后的电炉镍铁渣粉 1 号净浆试样，在扫描电子显微镜下观察了其微观形貌，结果如图 2-6 所示。从图中可以看出，电炉镍铁渣粉的水化产物非常少，浆体结构非常松散，总体上还是由未反应的颗粒堆积在一起。由此可以推断，在非碱性条件下，电炉镍铁渣粉自身的胶凝性非常弱，反应活性极低。因此在水泥基复合胶凝材料的水化过程中，电炉镍铁渣粉自身的水化反应可以被忽略。

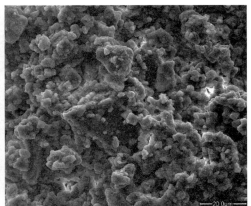

图 2-6　80℃高温养护 360d 后电炉镍铁渣粉 1 号净浆试样的微观形貌

2.2.2　复合胶凝材料的水化机理

（1）水化过程

图 2-7 显示了各组复合胶凝材料的水化放热速率曲线，从图中可以看出，掺 30%电炉镍铁渣粉的复合胶凝材料的水化过程与纯水泥类似，但是第二放热峰明显低于纯水泥。图 2-8 显示了各组复合胶凝材料的水化放热量曲线，很显然，用电炉镍铁渣粉代替部分水泥会导致胶凝体系的水化热降低。由此可知，电炉镍铁渣粉的活性明显比水泥低，掺入后胶凝体系中总体活性组分减少。

另一方面，掺入不同电炉镍铁渣粉的三个组，水化放热速率在整个水化过程中非常接近，水化放热量曲线也几乎是重合的，说明三种电炉镍铁渣粉的早期活性相差不大。根据表 2-1，三种电炉镍铁渣粉的化学组成存在一定的差异，不过 CaO 和 Al_2O_3 等活性组分的含量都非常低，这可能是导致不同电炉镍铁渣粉之间活性差异不明显的主要原因。

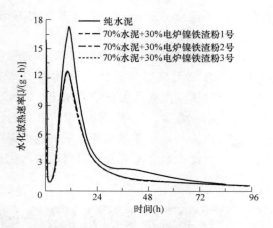

图 2-7　纯水泥和掺 30％电炉镍铁渣粉的复合胶凝材料的水化
放热速率曲线（水胶比 0.4，水化温度 25℃）

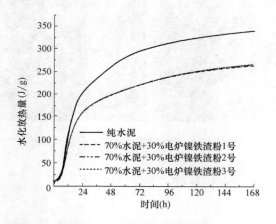

图 2-8　纯水泥和掺 30％电炉镍铁渣粉的复合胶凝材料的水化
放热量曲线（水胶比 0.4，水化温度 25℃）

　　对于水胶比为 0.4 和 0.3 的净浆试样，在 7d、28d 和 90d 龄期时测定了其化学结合水含量，结果分别如图 2-9 和图 2-10 所示。总体来说，在水胶比 0.4 条件下四个组的化学结合水含量的发展趋势与水胶比 0.3 条件下类似，随着龄期的增长，化学结合水含量增加，说明胶凝体系的水化程度逐渐增大。

　　从图 2-9 和图 2-10 可以看出，相比于掺电炉镍铁渣粉的复合胶凝体系，纯水泥组的化学结合水含量在 28d 以内增长更快，说明掺入电炉镍铁渣粉会降低复合胶凝体系在 28d 以内的水化速率，这是因为电炉镍铁渣粉的早期活性比较低。但是在 28d 龄期以后，纯水泥组的化学结合水含量的增长速率却小于掺电炉镍铁渣粉的组，这主要是由于电炉镍铁渣粉在后期发生了反应，再加上成核、稀释等物理作用，导致复合胶凝体系的水化程度有一定的提高。不过，即使到了后期，掺电炉镍铁渣粉的复合胶凝体系的化学结合水含量仍然远小于纯水泥组，说明电炉镍铁渣粉在后期的水化程度是比较低的。

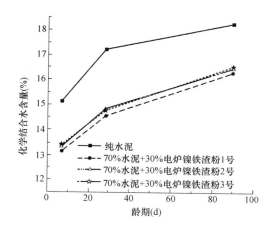

图 2-9 纯水泥和掺 30%电炉镍铁渣粉的硬化浆体的化学结合水含量
（水胶比 0.4，标准养护）

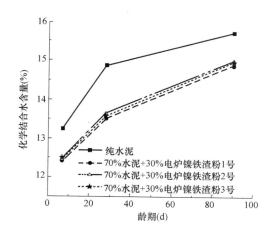

图 2-10 纯水泥和掺 30%电炉镍铁渣粉的硬化浆体的化学结合水含量
（水胶比 0.3，标准养护）

（2）水化产物

图 2-11 显示了各组硬化浆体在 7d、28d 和 90d 龄期时的 XRD 图谱。从图 2-11 (a)可以看出，纯水泥硬化浆体中的晶态物质主要包括两大类：一类是水泥的水化产物，包括 $Ca(OH)_2$、AFt 和 AFm；另一类是水泥中未反应的一些

组分，包括 C_3S、C_2S 和 C_4AF 等。掺30％电炉镍铁渣粉的复合胶凝材料水化得到的硬化浆体中，晶态物质与纯水泥组基本相同，不过从图中可以看到一些 Mg_2SiO_4 晶体的衍射峰，主要是电炉镍铁渣粉中未反应的镁橄榄石。根据 XRD 图谱可以推断：与纯水泥硬化浆体相比，掺电炉镍铁渣粉的硬化浆体中并没有新的晶态矿物生成。

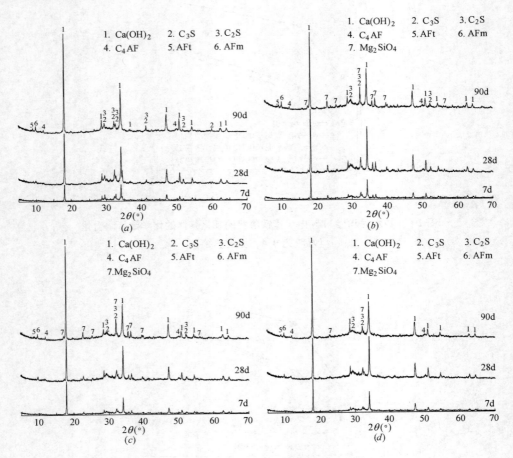

图 2-11　纯水泥和掺30％电炉镍铁渣粉的硬化浆体在不同龄期时的 XRD 图谱（水胶比 0.4，标准养护）

（a）纯水泥；（b）70％水泥＋30％电炉镍铁渣粉1号；（c）70％水泥＋30％电炉镍铁渣粉2号；（d）70％水泥＋30％电炉镍铁渣粉3号

　　各组硬化浆体在90d龄期时的热重曲线如图 2-12 所示。从图 2-12（b）可以看出，五组硬化浆体在失重速率曲线上主要吸热峰的位置没有太大差异，掺30％电炉镍铁渣粉的三组硬化浆体中 $Ca(OH)_2$ 的吸热峰（大概在400～500℃范

12

围）明显低于纯水泥组，而掺30％石英粉的硬化浆体中$Ca(OH)_2$的吸热峰略低于纯水泥组，不过相比于掺电炉镍铁渣粉的组更高一些。

通过热重曲线可以计算出各组硬化浆体中$Ca(OH)_2$的含量，其中纯水泥组$Ca(OH)_2$的含量为22.14％。掺入30％石英粉、30％电炉镍铁渣粉1号、30％电炉镍铁渣粉2号、30％电炉镍铁渣粉3号的四个组，$Ca(OH)_2$的含量分别为17.72％、15.54％、15.16％和15.18％，分别为纯水泥组$Ca(OH)_2$含量的80.0％、70.2％、68.5％和68.6％。试验中选用的石英粉细度与三种电炉镍铁渣粉接近，石英粉是一种惰性掺合料，不会与水泥或其水化产物发生反应，掺30％石英粉的硬化浆体中$Ca(OH)_2$的含量达到了纯水泥组$Ca(OH)_2$含量的70％以上，这是因为矿物掺合料代替部分水泥时，由于成核、稀释等物理作用，可以在一定程度上促进水泥的水化。再对比掺电炉镍铁渣粉的组可知，电炉镍铁渣粉在后期会发生火山灰反应，消耗水泥的水化产物$Ca(OH)_2$。另外，掺不同电炉镍铁渣粉的三个组，硬化浆体中$Ca(OH)_2$的含量比较接近，相比之下掺电炉镍铁渣粉1号的组$Ca(OH)_2$含量稍大一些，由此可见三种电炉镍铁渣粉的火山灰活性差异不大。

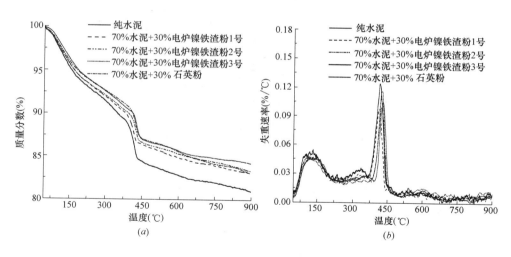

图2-12　纯水泥、掺30％电炉镍铁渣粉、掺30％石英粉的硬化浆体在90d龄期时的热重曲线（水胶比0.4，标准养护）
（a）失重曲线；（b）失重速率曲线

在90d龄期时，选取掺30％电炉镍铁渣粉1号的硬化浆体试样，在扫描电子显微镜下观察了其微观形貌，如图2-13所示。从图中可以看出，硬化浆体中有不少非晶态的凝胶，通过EDX能谱分析可知，这些凝胶的主要成分是水化硅酸钙（C—S—H）。此外，从图中还可以看到一些表面比较光滑的块状颗粒被凝胶包裹着，这些颗粒的 EDX 能谱分析结果（见图 2-14）表明，其主要成分是电炉镍铁渣粉中未反应的镁橄榄石。

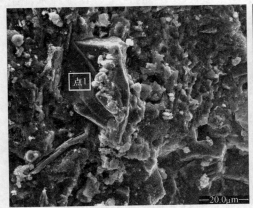

图 2-13　掺 30％电炉镍铁渣粉 1 号的硬化浆体在 90d
龄期时的微观形貌（水胶比 0.4，标准养护）

对于纯水泥硬化浆体和掺 30％电炉镍铁渣粉 1 号的硬化浆体，采用 EDX 能谱仪对 C—S—H 凝胶的化学成分进行分析，每组试样选取 80 个能谱点。根据能谱分析得到各元素的原子百分比，并计算两组试样中 C—S—H 凝胶的钙硅比和铝硅比，结果分别如图 2-15 和图 2-16 所示。

对于纯水泥硬化浆体，C—S—H 凝胶的钙硅比范围为 1.64～2.63，平均钙硅比为 2.02；而对于掺 30％电炉镍铁渣粉 1 号的硬化浆体，C—S—H 凝胶的钙硅比范围为 1.32～2.16，平均钙硅比为 1.65。因此，使用电炉镍铁渣粉替代部分水泥会导致复合胶凝体系中 C—S—H 凝胶的钙硅比降低。根据表 2-1，电炉镍铁渣粉中 CaO 的含量低于基准水泥，而 SiO$_2$ 的含量则高于基准水泥，由此可以推断，电炉镍铁渣粉中的 CaO 和 SiO$_2$ 参与了反应，并且在 90d 龄期时有一定

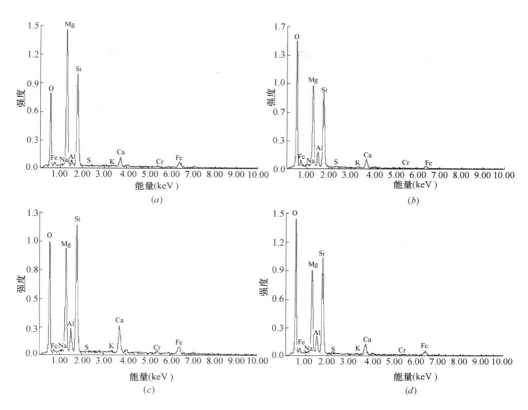

图 2-14　图 2-13 中各点位的 EDX 能谱结果

(a) 点 1；(b) 点 2；(c) 点 3；(d) 点 4

的反应程度，其反应产物主要是 C—S—H 凝胶，这些凝胶与水泥水化生成的 C—S—H 凝胶混合在一起，最终导致总体钙硅比的降低。

对于纯水泥硬化浆体，C—S—H 凝胶的铝硅比范围为 $0.09 \sim 0.25$，平均铝硅比为 0.14，与掺 30% 电炉镍铁渣粉 1 号的组非常接近。由表 2-1 可知，水泥和电炉镍铁渣粉中 Al_2O_3 的含量都比较低（小于 5%），因此掺入电炉镍铁渣粉对复合胶凝体系中 C—S—H 凝胶的铝硅比几乎没有影响。

图 2-17 显示了各组硬化浆体在 90d 龄期时的傅里叶变换红外（FTIR）光谱。从左上角的示意图可以看出，掺 30% 电炉镍铁渣粉的硬化浆体的红外波谱的形状以及主要的特征峰都与纯水泥组类似。但是，相比于纯水泥硬化浆体，掺电炉镍铁渣粉的硬化浆体中 C—S—H 凝胶 Si-O 键的伸缩振动吸收峰（峰 a，(970 ± 5) cm^{-1} 左右）向着更高的波数迁移。有研究指出[3,4]：如果 C—S—H 凝胶 Si-O 键的伸缩振动吸收峰向着高波数方向移动，就表明硅酸盐更多地发生聚合。由此可知，在水泥中掺入电炉镍铁渣粉会增大浆体 C—S—H 凝胶中硅氧

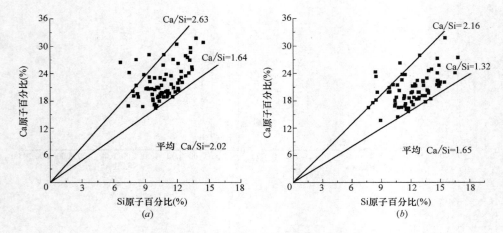

图 2-15　纯水泥和掺 30％电炉镍铁渣粉 1 号的硬化浆体中
C—S—H 凝胶的钙硅比（水胶比 0.4，标准养护）
(*a*) 纯水泥；(*b*) 70％水泥＋30％电炉镍铁渣粉 1 号

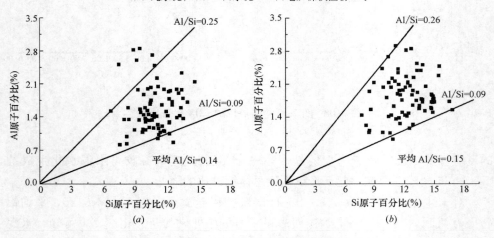

图 2-16　纯水泥和掺 30％电炉镍铁渣粉 1 号的硬化浆体中
C—S—H 凝胶的铝硅比（水胶比 0.4，标准养护）
(*a*) 纯水泥；(*b*) 70％水泥＋30％电炉镍铁渣粉 1 号

四面体单元的聚合度。另外，从图中还可以看出，掺不同电炉镍铁渣粉的三个组，硬化浆体中硅酸盐的聚合度差异不大。

图 2-18 显示了各组硬化浆体在 90d 龄期时的 ^{29}Si 固体核磁共振图谱。四个组的核磁共振图谱是类似的，都有三个主要的共振峰，其中化学位移在 $-68\sim$ -76ppm 范围内的为单硅酸盐（Q^0），化学位移在 $-76\sim-82$ppm 范围内的为二硅酸盐或链末端的硅酸盐（Q^1），化学位移在 $-82\sim-88$ppm 范围内的为链中间

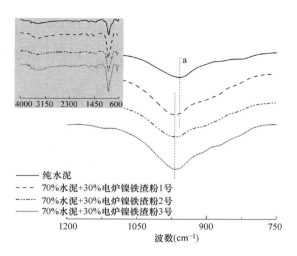

图 2-17　纯水泥和掺 30％电炉镍铁渣粉的硬化浆体在
90d 龄期时的 FTIR 光谱（水胶比 0.4，标准养护）

的硅酸盐（Q^2）。从图中可以看出，掺入电炉镍铁渣粉对三种硅酸盐单元的共振峰位置几乎没有影响，但是共振峰的强度 I（Q^n）却有比较明显的变化，掺 30％电炉镍铁渣粉的硬化浆体的 I（Q^1）以及 I（Q^1）/I（Q^2）的值都小于纯水泥组，说明掺入电炉镍铁渣粉会增大复合胶凝体系中硅酸盐的聚合程度。此外，通过对比可知，掺不同电炉镍铁渣粉的三个组，I（Q^1）以及 I（Q^1）/I（Q^2）的值相差不大，因此硬化浆体中硅酸盐的聚合度差异不大。

（3）硬化浆体孔结构

图 2-19 显示了各组硬化浆体在 90d 龄期时的孔径分布曲线。掺 30％电炉镍铁渣粉的硬化浆体的总孔隙率明显大于纯水泥组，孔径大于 100nm 的大毛细孔数量也相对更多，表明掺入电炉镍铁渣粉会导致硬化浆体的微观孔结构变差。其中，掺电炉镍铁渣粉 1 号的硬化浆体的孔隙率相比于掺另外两种电炉镍铁渣粉的组稍大一些，但是差别很小。在等水胶比条件下，硬化浆体的孔结构主要取决于水化产物的数量，水化产物的数量越多，浆体

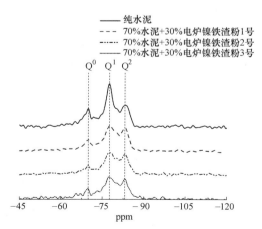

图 2-18　纯水泥和掺 30％电炉镍铁渣粉的硬化浆体在 90d 龄期时的 ^{29}Si 固体核磁共振图谱（水胶比 0.4，标准养护）

17

的微观结构越密实。由图 2-9 可知，在水胶比 0.4 条件下，掺电炉镍铁渣粉的硬化浆体的化学结合水含量明显低于纯水泥组，因此其水化产物的数量相对较少，被填充的孔隙也相对较少；图 2-13 的微观形貌也显示，掺电炉镍铁渣粉的硬化浆体中存在许多块状的未反应颗粒，这些因素都会对硬化浆体的孔结构产生不利影响。

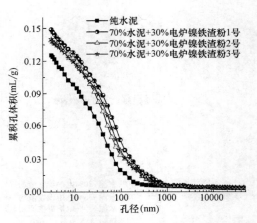

图 2-19　纯水泥和掺 30%电炉镍铁渣粉的硬化浆体在 90d 龄期时的孔径分布曲线（水胶比 0.4，标准养护）

2.2.3　砂浆强度

纯水泥和掺 30%电炉镍铁渣粉的砂浆的配合比如表 2-4 所示，水胶比包括 0.5、0.4 和 0.3，养护方式为标准养护（温度（20±1）℃，相对湿度 95%以上）。

纯水泥和掺 30%电炉镍铁渣粉的砂浆的配合比（g）　　　　表 2-4

水胶比	编号	水泥	镍铁渣粉	砂	水
0.5	C	450	0	1350	225
	E1	315	135（电炉镍铁渣粉 1 号）	1350	225
	E2	315	135（电炉镍铁渣粉 2 号）	1350	225
	E3	315	135（电炉镍铁渣粉 3 号）	1350	225
0.4	C	450	0	1350	180
	E1	315	135（电炉镍铁渣粉 1 号）	1350	180
	E2	315	135（电炉镍铁渣粉 2 号）	1350	180
	E3	315	135（电炉镍铁渣粉 3 号）	1350	180
0.3	C	450	0	1350	135
	E1	315	135（电炉镍铁渣粉 1 号）	1350	135
	E2	315	135（电炉镍铁渣粉 2 号）	1350	135
	E3	315	135（电炉镍铁渣粉 3 号）	1350	135

图 2-20～图 2-22 分别显示了各组砂浆在 7d、28d 和 90d 龄期时的抗压强度。从图中可以看出，无论在何种水胶比条件下，掺入 30%电炉镍铁渣粉都会明显降低砂浆各个龄期时的抗压强度，这说明掺有电炉镍铁渣粉的砂浆中水化产物相比于纯水泥砂浆较少，微结构更加疏松。另外，掺有不同电炉镍铁渣粉的三组砂浆的抗压强度差别不大，只是掺电炉镍铁渣粉 1 号的组略低一些，这也验证了三

種電炉鎳鉄渣粉的火山灰活性差異很小，与微观试験結果一致。

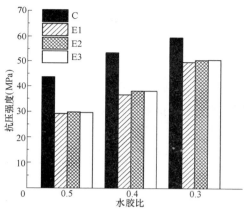

图 2-20　純水泥和掺 30%电炉镍铁渣粉的砂浆在 7d 龄期时的抗压强度

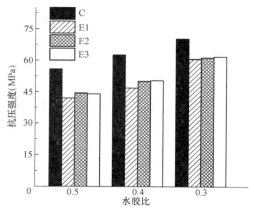

图 2-21　純水泥和掺 30%电炉镍铁渣粉的砂浆在 28d 龄期时的抗压强度

镍铁渣粉的强度活性指数（SAI）按照公式（2-1）进行定义。

$$SAI = \frac{f_{FS}}{f_C} \times 100\% \qquad (2\text{-}1)$$

式中　f_{FS}——掺 30%镍铁渣粉的试样的抗压强度；

　　　f_C——纯水泥试样的抗压强度。

通过计算可以得到三种电炉镍铁渣粉在砂浆中的强度活性指数，结果如表 2-5 所示。在相同水胶比条件下，三种电炉镍铁渣粉在砂浆中的强度活性指数都随着龄期的增长而增大，这表明随着龄期的增

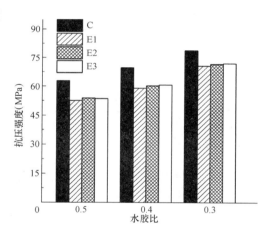

图 2-22　純水泥和掺 30%电炉镍铁渣粉的砂浆在 90d 龄期时的抗压强度

长，电炉镍铁渣粉的反应程度不断提高，对砂浆强度的贡献也随之增大。通过对比可以发现，不同电炉镍铁渣粉在砂浆中的强度活性指数差异很小，其中电炉镍铁渣粉 1 号的值稍小一些。

另外，在水胶比 0.5 和 0.4 条件下，电炉镍铁渣粉在砂浆中的强度活性指数非常接近，并且都小于水胶比 0.3 条件下的数值。在 7d 龄期时，电炉镍铁渣粉在砂浆中的强度活性指数在水胶比 0.5 和 0.4 条件下为 70%左右，而在水胶比 0.3 条件下已经接近 85%；到 90d 龄期时，电炉镍铁渣粉在砂浆中的强度活性指

数在水胶比 0.5 和 0.4 条件下为 85% 左右，而在水胶比 0.3 条件下已经接近或超过 90%。分析其原因主要是：一方面，在 0.3 这样相对较低的水胶比条件下，胶凝体系中提供给水泥水化的水分比较少，供水泥水化产物生长的空间也很小，由于电炉镍铁渣粉的反应程度较低，掺入后不仅减少了水泥的数量，还减少了对水的消耗，从而增大了胶凝体系中实际的水灰比；另一方面，电炉镍铁渣粉的掺入分散了水泥颗粒，从而增大了供水化产物生长的空间。因此，在较低水胶比条件下，电炉镍铁渣粉对水泥砂浆和混凝土强度发展的贡献不仅来源于自身的火山灰反应，还包括它对水泥水化的间接促进作用。

不同龄期时电炉镍铁渣粉在砂浆中的强度活性指数（%）　　表 2-5

水胶比	镍铁渣粉种类	7d 龄期	28d 龄期	90d 龄期
0.5	电炉镍铁渣粉 1 号	66.8	75.0	83.8
	电炉镍铁渣粉 2 号	68.3	79.3	85.7
	电炉镍铁渣粉 3 号	67.7	78.7	85.4
0.4	电炉镍铁渣粉 1 号	68.8	74.8	84.5
	电炉镍铁渣粉 2 号	71.6	80.0	86.4
	电炉镍铁渣粉 3 号	71.8	80.5	86.9
0.3	电炉镍铁渣粉 1 号	83.6	86.2	89.8
	电炉镍铁渣粉 2 号	84.9	87.2	90.9
	电炉镍铁渣粉 3 号	85.1	87.9	91.4

2.2.4　混凝土性能

（1）抗压强度

纯水泥和掺 30% 电炉镍铁渣粉的混凝土的配合比如表 2-6 所示，水胶比包括 0.5、0.4 和 0.3，养护方式为标准养护（温度（20±1）℃，相对湿度 95% 以上）。

纯水泥和掺 30% 电炉镍铁渣粉的混凝土的配合比（kg/m³）　　表 2-6

水胶比	编号	水泥	镍铁渣粉	砂	石	水
0.5	C	380	0	805	1025	190
	E1	266	114（电炉镍铁渣粉 1 号）	805	1025	190
	E2	266	114（电炉镍铁渣粉 2 号）	805	1025	190
	E3	266	114（电炉镍铁渣粉 3 号）	805	1025	190
0.4	C	420	0	769	1063	168
	E1	294	126（电炉镍铁渣粉 1 号）	769	1063	168
	E2	294	126（电炉镍铁渣粉 2 号）	769	1063	168
	E3	294	126（电炉镍铁渣粉 3 号）	769	1063	168

续表

水胶比	编号	水泥	镍铁渣粉	砂	石	水
0.3	C	500	0	720	1080	150
	E1	350	150（电炉镍铁渣粉1号）	720	1080	150
	E2	350	150（电炉镍铁渣粉2号）	720	1080	150
	E3	350	150（电炉镍铁渣粉3号）	720	1080	150

图2-23～图2-25分别显示了各组混凝土在7d、28d和90d龄期时的抗压强度。总体来看，电炉镍铁渣粉对混凝土抗压强度的影响规律与其对砂浆抗压强度

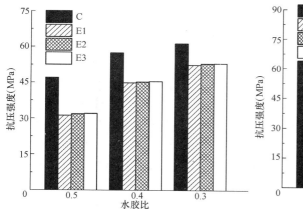

图 2-23 纯水泥和掺30%电炉镍铁渣粉的混凝土在7d龄期时的抗压强度

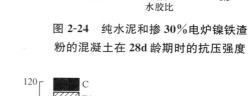

图 2-24 纯水泥和掺30%电炉镍铁渣粉的混凝土在28d龄期时的抗压强度

的影响规律是类似的，不同水胶比条件下，掺30%电炉镍铁渣粉的混凝土抗压强度在各个龄期都明显低于纯水泥组。另外，三种电炉镍铁渣粉对混凝土抗压强度的影响几乎没有差异，只是掺电炉镍铁渣粉1号的组抗压强度稍低一些。

电炉镍铁渣粉在混凝土中的强度活性指数如表2-7所示。与表2-5对比可知，在同一水胶比条件下，三种电炉镍铁渣粉在砂浆和混凝土中的强度活性指数非常接近，几乎不存在差异。

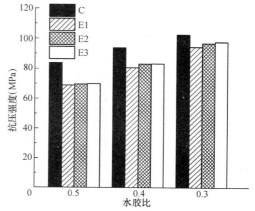

图 2-25 纯水泥和掺30%电炉镍铁渣粉的混凝土在90d龄期时的抗压强度

不同龄期时电炉镍铁渣粉在混凝土中的强度活性指数（%）　　　　表 2-7

水胶比	镍铁渣粉种类	7d 龄期	28d 龄期	90d 龄期
0.5	电炉镍铁渣粉 1 号	66.4	78.0	85.4
	电炉镍铁渣粉 2 号	67.7	78.7	86.2
	电炉镍铁渣粉 3 号	68.2	79.1	86.4
0.4	电炉镍铁渣粉 1 号	68.3	78.4	85.2
	电炉镍铁渣粉 2 号	69.1	79.5	86.9
	电炉镍铁渣粉 3 号	69.0	79.3	87.0
0.3	电炉镍铁渣粉 1 号	82.3	86.0	92.0
	电炉镍铁渣粉 2 号	83.2	88.6	94.4
	电炉镍铁渣粉 3 号	83.5	88.7	95.2

（2）氯离子渗透性

图 2-26 和图 2-27 分别显示了各组混凝土在 28d 和 90d 龄期时的 6h 电通量和相应的氯离子渗透性等级。在 28d 龄期时，电炉镍铁渣粉对混凝土抗氯离子渗透性能的改善作用并不明显，掺入电炉镍铁渣粉后混凝土的氯离子渗透性等级在水胶比 0.5 和 0.3 条件下并没有变化。但是在 90d 龄期时，掺电炉镍铁渣粉混凝土的氯离子渗透性均比纯水泥组低一个等级。值得注意的是，根据图 2-19，在 90d 龄期时，掺 30% 电炉镍铁渣粉的硬化浆体的孔隙率相比于纯水泥硬化浆体更大，因此可以推断，电炉镍铁渣粉的火山灰反应能够明显改善混凝土的界面过渡区结构，降低连通孔隙的数量，从而增强混凝土抗氯离子渗透的能力。

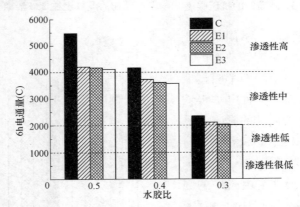

图 2-26　纯水泥和掺 30% 电炉镍铁渣粉的混凝土在 28d 龄期时的
6h 电通量和氯离子渗透性等级

另外还发现，无论在何种水胶比条件下，掺不同电炉镍铁渣粉的三组混凝土的 6h 电通量非常接近，氯离子渗透性都处于同一等级，这也再次表明三种不同电炉镍铁渣粉的活性差异非常小。

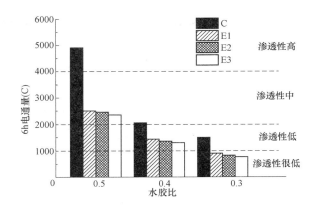

图 2-27　纯水泥和掺 30％电炉镍铁渣粉的混凝土在 90d
龄期时的 6h 电通量和氯离子渗透性等级

（3）干燥收缩

图 2-28 显示了 C 和 E1 两组混凝土在 150d 龄期内的干燥收缩发展情况。从图中可以看出，在水胶比 0.4 条件下，掺入 30％电炉镍铁渣粉会导致混凝土早期的干燥收缩变大，这主要是由于电炉镍铁渣粉的活性比较低，掺入后胶凝材料中的活性组分减少，早期浆体中的水化产物数量减少，浆体中的孔隙相比于纯水泥混凝土更多，因此毛细孔中的水分更容易蒸发。

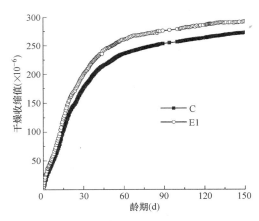

图 2-28　C 和 E1 两组混凝土的干
燥收缩曲线（水胶比 0.4）

掺电炉镍铁渣粉混凝土的干燥收缩值始终大于纯水泥混凝土，但是在后期（大约 45d 之后），两组混凝土的干燥收缩增长率非常接近，两组混凝土最终干燥收缩的差值主要是由于早期的收缩差异所导致的。由此可知，电炉镍铁渣粉在后期发生火山灰反应，一方面产生了更多的反应产物，可以在一定程度上弥补因为代替水泥而引起的水化产物减少的量；另一方面可以改善浆体的微观结构，减小孔隙率，毛细孔中水分的蒸发速率也会逐渐减小。

（4）抗硫酸盐侵蚀

用高炉矿渣粉来提高混凝土在硫酸盐侵蚀环境中的耐久性是工程中常用的方

法，因此研究电炉镍铁渣粉对混凝土抗硫酸盐侵蚀性能的影响时，选取了高炉矿渣粉作为对照组。高炉矿渣粉的反应产物能够改善混凝土的微结构，阻断混凝土中的连通孔隙，从而有效地抑制侵蚀性离子的渗透；此外，高炉矿渣粉的火山灰反应能够消耗一定量的 $Ca(OH)_2$，不仅可以改善界面过渡区性能，还能使复合胶凝材料水化产物中的 $Ca(OH)_2$ 含量降低，从而减少与硫酸盐反应生成的硫酸钙和钙矾石，这对于在硫酸盐侵蚀环境中减轻硫酸盐的化学腐蚀作用是有利的。同时，由于部分水泥被高炉矿渣粉替代，复合胶凝体系中的 C_3S、C_2S 以及 C_3A 被稀释，因此水化产物中的 $Ca(OH)_2$ 和水化铝酸钙含量减少，同样也能减少硫酸盐侵蚀产物的生成。

图 2-29 和图 2-30 分别显示了各组混凝土经历了 120 次和 160 次干湿循环后抗压强度损失率。很显然，干湿循环的次数越多，混凝土的损伤越严重。从图中可以看出，高炉矿渣粉可以增强混凝土的抗硫酸盐侵蚀能力，在 45% 掺量内，掺量越大，效果越好。而掺入电炉镍铁渣粉却会对混凝土抗硫酸盐侵蚀能力产生不利影响，而且掺量越大，这种不利影响越严重。由此可知，电炉镍铁渣粉对于混凝土微结构和连通孔隙的改善作用远不如高炉矿渣粉好。

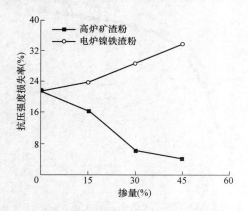

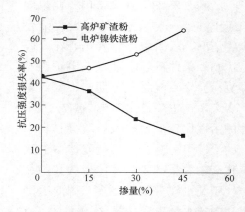

图 2-29　掺高炉矿渣粉和掺电炉镍铁渣粉的
混凝土经历 120 次干湿循环后的抗压强度损失率

图 2-30　掺高炉矿渣粉和掺电炉镍铁渣粉的
混凝土经历 160 次干湿循环后的抗压强度损失率

为了考虑不同的侵蚀环境，研究中还进行了高温浸泡试验，选用高浓度的 Na_2SO_4 溶液以及高温条件，以加快硫酸盐侵蚀的速度，高温浸泡试验的结果如图 2-31 所示。与干湿循环试验结果对比可知，硫酸盐浸泡对混凝土的裂化作用小于干湿循环，这是因为混凝土在经历干湿循环的过程中，不仅承受着干缩和湿胀的作用，而且还不断累积着不可逆的收缩，进而在内部形成连续贯通的孔隙，使其抵抗有害离子侵蚀的能力降低；同时，干湿循环过程明显加剧了硫酸盐的结晶破坏作用。总体而言，图 2-31 所显示的规律与图 2-29、图 2-30 是一致的，高炉矿渣粉可以明显提高混凝土的抗硫酸盐侵蚀能力，而掺入电炉镍铁渣粉则不利于混凝土抵抗硫酸盐侵蚀，不过在 15％和 30％掺量下其不利影响较小。

2.2.5　高温养护对活性的激发

　　研究高温养护对电炉镍铁渣粉活性的激发时，选取电炉镍铁渣粉 1 号进行试验，并采用一种与其粒径分布相近的石英粉作为参照。混凝土的配合比参照表 2-6，水胶比取 0.4，掺合料的掺量包括 15％、30％和 45％。

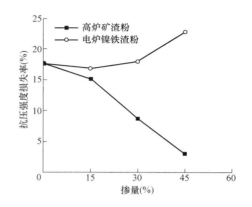

图 2-31　掺高炉矿渣粉和掺电炉镍铁渣粉的混凝土经历高温浸泡 360d 后的抗压强度损失率

　　（1）水化过程

　　图 2-32 和图 2-33 分别显示了常温（25℃）和高温（60℃）条件下不同胶凝材料的水化放热量曲线。通过对比可以发现，在高温条件下，各组胶凝材料的水化放热量曲线在 4d 龄期时都已经比较平缓，水化放热量也高于常温条件下的值，说明高温条件可以促进水泥基复合材料的水化进程，提高其水化速率。

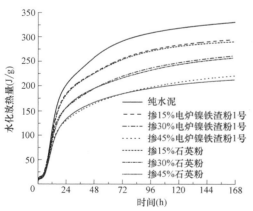

图 2-32　纯水泥、掺电炉镍铁渣粉 1 号、掺石英粉的复合胶凝材料的水化放热量曲线（水胶比 0.4，水化温度 25℃）

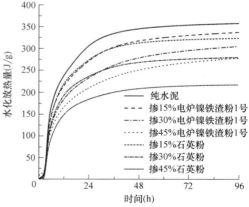

图 2-33　纯水泥、掺电炉镍铁渣粉 1 号、掺石英粉的复合胶凝材料的水化放热量曲线（水胶比 0.4，水化温度 60℃）

　　在常温条件下，掺电炉镍铁渣粉 1 号的复合胶凝材料的水化放热量与掺等量石英粉的组相差不大，只是稍高一点，这说明电炉镍铁渣粉的早期活性非常微弱，对水泥水化的促进几乎只有物理效应。而在高温条件下，掺石英粉的复合胶凝材料的水化放热量在 36h 之后都小于掺等量电炉镍铁渣粉 1 号的组，而且掺量越大，差距越明显。由于石英粉是惰性掺合料，并不会与浆体中的其他成分或产物发生反应，所以实际上仍然只是高温条件对水泥水化起到了促进作用，尤其是随着掺量的增加，复合胶凝体系中水泥的含量不断减少，高温条件对其水化的促进作用也越来越弱。由此可以推断，高温条件对电炉镍铁渣粉的早期活性具有一定的激发作用。

表 2-8 显示了各组硬化浆体在不同养护温度下的化学结合水含量，在此基础上，计算了各个龄期时，高温养护条件下硬化浆体的化学结合水含量相比于标准养护条件下的增长率，结果如表 2-9 所示。

在标准养护条件下，在早期，掺电炉镍铁渣粉 1 号的硬化浆体的化学结合水含量只是略高于掺石英粉的组，但是到了后期，随着其火山灰反应的进行，其化学结合水含量明显高于掺石英粉的组。由此可知，在水化初期，电炉镍铁渣粉的反应程度比较低，对水泥水化的促进作用主要基于成核、稀释等物理效应，但是到了后期，影响复合胶凝体系水化程度的主要是电炉镍铁渣粉的化学作用。

在高温养护条件下，各组硬化浆体的化学结合水含量相比于标准养护条件下都有所增加，尤其是在早期，化学结合水含量有明显的提高，这说明早期高温养护可以促进水泥的水化以及电炉镍铁渣粉的反应，提高复合胶凝体系的反应程度。从表 2-9 可以看出，在高温养护条件下，掺电炉镍铁渣粉 1 号的硬化浆体的化学结合水含量的增长率明显高于纯水泥组和掺石英粉的组，特别是在早龄期，掺电炉镍铁渣粉 1 号的硬化浆体的化学结合水含量增长率都在 25％以上，而且掺量越大，增长率越大，这表明高温养护对电炉镍铁渣粉的早期活性有明显的激发作用。到了 28d 和 90d 龄期，随着水化的进行和复合胶凝体系反应程度的提高，高温养护对电炉镍铁渣粉的作用有所减弱，但是掺电炉镍铁渣粉 1 号的硬化浆体的化学结合水含量相比于标准养护条件下仍然有一定的增长。

不同养护温度下纯水泥、掺电炉镍铁渣粉 1 号、
掺石英粉的硬化浆体的化学结合水含量（％）　　　　　　　表 2-8

胶凝材料组成	3d 龄期		28d 龄期		90d 龄期	
	标准养护 （20℃）	高温养护 （60℃）	标准养护 （20℃）	高温养护 （60℃）	标准养护 （20℃）	高温养护 （60℃）
纯水泥	12.70	15.62	17.25	17.70	18.25	18.38
掺 15％电炉镍铁渣粉 1 号	11.69	14.71	15.66	16.62	17.20	17.78
掺 30％电炉镍铁渣粉 1 号	10.72	13.67	14.55	15.76	16.28	16.92
掺 45％电炉镍铁渣粉 1 号	9.64	12.79	12.87	14.18	13.94	14.81
掺 15％石英粉	11.59	14.07	15.01	15.47	16.74	16.84
掺 30％石英粉	10.54	12.64	13.76	14.06	14.80	14.93
掺 45％石英粉	9.33	10.76	10.63	11.14	11.69	11.76

高温养护条件下纯水泥、掺电炉镍铁渣粉 1 号、掺石英粉的硬化浆体的
化学结合水含量相比于标准养护条件下的增长率（%）　　表 2-9

胶凝材料组成	3d 龄期	28d 龄期	90d 龄期
纯水泥	23.0	2.6	0.7
掺 15%电炉镍铁渣粉 1 号	25.8	6.1	3.4
掺 30%电炉镍铁渣粉 1 号	27.5	8.3	3.9
掺 45%电炉镍铁渣粉 1 号	32.7	10.2	6.3
掺 15%石英粉	21.4	3.1	0.6
掺 30%石英粉	19.9	2.2	0.9
掺 45%石英粉	15.3	4.8	0.6

（2）水化产物

图 2-34 显示了高温养护条件下纯水泥和掺 30%电炉镍铁渣粉 1 号的硬化浆体在 90d 龄期时的 XRD 图谱。通过对比可以发现，除了 $Ca(OH)_2$、AFt 和 AFm 等水化产物和一些未反应的水泥组分外，掺电炉镍铁渣粉 1 号的硬化浆体中还存在一些 Mg_2SiO_4 晶体，这是电炉镍铁渣粉中未反应的镁橄榄石。因此，在高温养护条件下，掺电炉镍铁渣粉的硬化浆体中也没有新的晶态矿物生成。

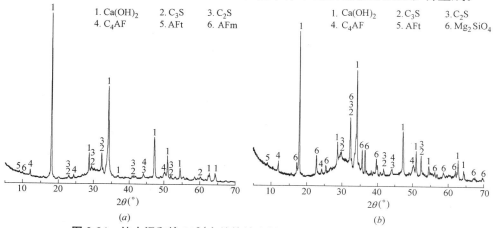

**图 2-34　纯水泥和掺 30%电炉镍铁渣粉 1 号硬化浆体在 90d 龄期时
的 XRD 图谱（水胶比 0.4，60℃养护）**

（a）纯水泥；（b）70%水泥＋30%电炉镍铁渣粉 1 号

图 2-35 和图 2-36 分别显示了在 28d 和 90d 龄期时不同养护温度下硬化浆体的热重曲线，通过热重曲线计算出各组试样中 $Ca(OH)_2$ 的含量，并得到高温养护条件下硬化浆体中 $Ca(OH)_2$ 含量相比于标准养护条件下的变化情况，结果如表 2-10 所示。从表中可以看出，无论是在 28d 还是 90d 龄期时，掺 30%电炉镍铁渣粉 1 号的硬化浆体中 $Ca(OH)_2$ 的含量都明显低于纯水泥组和掺 30%石英粉的组，这表明电炉镍铁渣粉的火山灰反应在 28d 龄期时已经发挥作用，消耗了水泥水化生成的

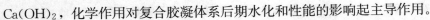

Ca(OH)$_2$，化学作用对复合胶凝体系后期水化和性能的影响起主导作用。

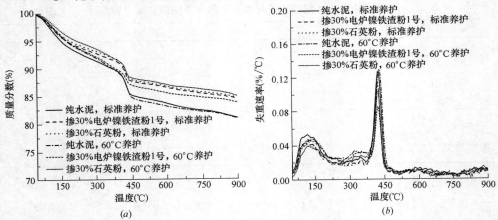

图 2-35　纯水泥、掺 30％电炉镍铁渣粉 1 号、掺 30％石英粉的硬化
浆体在 28d 龄期时的热重曲线（水胶比 0.4）

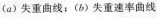

（a）失重曲线；（b）失重速率曲线

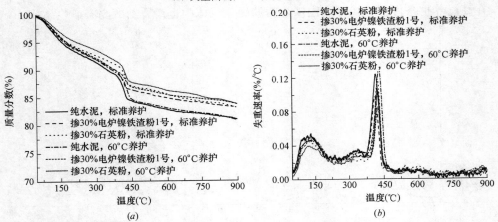

图 2-36　纯水泥、掺 30％电炉镍铁渣粉 1 号、掺 30％石英粉的硬化浆体在
90d 龄期时的热重曲线（水胶比 0.4）

（a）失重曲线；（b）失重速率曲线

　　对比不同养护温度下硬化浆体中 Ca(OH)$_2$ 的含量可以发现，高温养护条件下纯水泥硬化浆体以及掺 30％石英粉的硬化浆体中 Ca(OH)$_2$ 的含量都有所增加，而掺电炉镍铁渣粉 1 号的硬化浆体中 Ca(OH)$_2$ 的含量反而比标准养护条件下的更低。由此可知，高温养护对于电炉镍铁渣粉的火山灰活性具有激发作用，能够使复合胶凝体系中的电炉镍铁渣粉消耗更多的 Ca(OH)$_2$。

　　图 2-37 显示了掺 30％电炉镍铁渣粉 1 号的硬化浆体在 90d 龄期时的微观形貌。与标准养护条件下类似，高温养护条件下掺电炉镍铁渣粉的硬化浆体中也有

很多的非晶态凝胶产生，通过能谱分析可以确定其主要成分为 C—S—H 凝胶。此外，在硬化浆体的微观形貌中同样可以观察到一些被凝胶包裹的块状颗粒，其成分主要是镁橄榄石。由此可知，电炉镍铁渣粉中的镁橄榄石晶体比较稳定，在高温养护之后也基本没有发生反应。

不同养护温度下纯水泥、掺30%电炉镍铁渣粉1号、掺30%石
英粉的硬化浆体中 Ca(OH)₂ 的含量对比   表 2-10

胶凝材料组成	28d 龄期			90d 龄期		
	标准养护（20℃）	高温养护（60℃）	变化情况	标准养护（20℃）	高温养护（60℃）	变化情况
纯水泥	20.67%	22.43%	增大了 8.5%	22.14%	23.59%	增大了 6.5%
掺30%电炉镍铁渣粉1号	16.53%	14.72%	减小了10.9%	15.54%	13.73%	减小了 11.6%
掺30%石英粉	16.58%	17.64%	增大了6.4%	17.72%	18.58%	增大了 4.9%

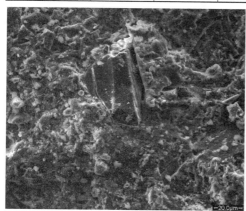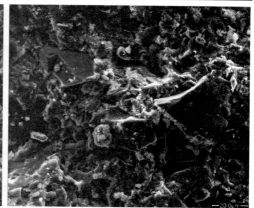

图 2-37   掺 30%电炉镍铁渣粉 1 号的硬化浆体在 90d
龄期时的微观形貌（水胶比 0.4，60℃养护）

对于高温养护条件下的纯水泥硬化浆体和掺 30%电炉镍铁渣粉 1 号的硬化浆体，采用 EDX 能谱仪对 C—S—H 凝胶进行能谱分析，得到两组试样中 C—S—H 凝胶的钙硅比和铝硅比，结果分别如图 2-38 和图 2-39 所示。

从图 2-38 可以看出，在高温养护条件下，掺电炉镍铁渣粉 1 号的硬化浆体中 C—S—H 凝胶的钙硅比比纯水泥组更小，这与标准养护条件下的规律是一致的。另外，对比标准养护条件下的结果（见图 2-15）可知，在高温养护条件下，掺电炉镍铁渣粉 1 号的硬化浆体中 C—S—H 凝胶的钙硅比都有所增大。两组试样在高温养护条件下铝硅比的大小关系与标准养护条件下的规律也是一致的：掺电炉镍铁渣粉 1 号的复合胶凝体系中 C—S—H 凝胶的铝硅比与纯水泥组非常接近。同时，对图 2-16 可知，经历早期高温养护之后，掺电炉镍铁渣粉 1 号的复合胶凝体系中 C—S—H 凝胶的铝硅比相比于标准养护条件下都有所减小，但

是减小的幅度并不大。

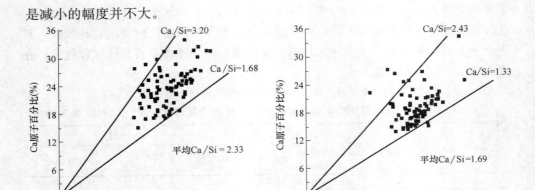

**图 2-38　纯水泥和掺 30%电炉镍铁渣粉 1 号的硬化浆体中
C—S—H 凝胶的钙硅比（水胶比 0.4，60℃养护）**

（a）纯水泥；（b）70%水泥＋30%电炉镍铁渣粉 1 号

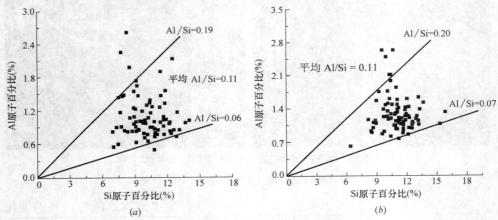

**图 2-39　纯水泥和掺 30%电炉镍铁渣粉 1 号的硬化浆体中
C—S—H 凝胶的铝硅比（水胶比 0.4，60℃养护）**

（a）纯水泥；（b）70%水泥＋30%电炉镍铁渣粉 1 号

图 2-40 显示了不同养护温度下纯水泥试样和掺 30%电炉镍铁渣粉 1 号的试样在 90d 龄期时的 FTIR 光谱。从图中可以看出，在高温养护条件下，两组试样中 C—S—H 凝胶 Si—O 键的伸缩振动吸收峰相比于标准养护条件下都往高波数方向迁移了一点，由此可以推断，其中硅氧四面体的聚合度也有所增加。另外，对比高温养护条件下两组试样的光谱可知，在高温养护条件下，掺入电炉镍铁渣粉会增大硬化浆体 C—S—H 凝胶中硅酸盐的聚合度，这与标准养护条件下的规律是一致的。

图 2-41 显示了不同养护温度下纯水泥试样和掺 30%电炉镍铁渣粉 1 号的试

样在 90d 龄期时的 ^{29}Si 固体核磁共振图谱。从图中可以看出，在高温养护条件下，两组试样中 Q^0 单元的共振峰都已经非常微弱，$I(Q^1)/I(Q^2)$ 的值相比于标准养护条件下有所减小，说明硅氧四面体结构的聚合度有明显的提高，也就是说，高温养护会增大复合胶凝体系的 C—S—H 凝胶中硅酸盐的聚合程度。另外，对比高温养护条件下两组试样的核磁共振图谱可知，在高温养护条件下，掺入电炉镍铁渣粉会增大硬化浆体 C—S—H 凝胶中硅酸盐的聚合度，这与标准养护条件下的规律也是一致的。

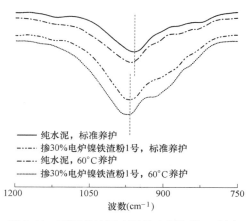

图 2-40　不同养护温度下纯水泥和掺 30％电炉镍铁渣粉 1 号的硬化浆体在 90d 龄期时的 FTIR 光谱（水胶比 0.4）

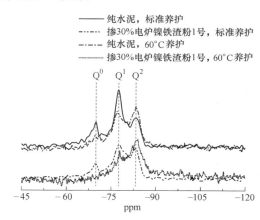

图 2-41　不同养护温度下纯水泥和掺 30％电炉镍铁渣粉 1 号的硬化浆体在 90d 龄期时的 ^{29}Si 固体核磁共振图谱（水胶比 0.4）

（3）混凝土抗压强度

图 2-42～图 2-44 分别显示了在 3d、28d 和 90d 龄期时，各组混凝土在不同养护温度下的抗压强度。在此基础上，计算了高温养护条件下混凝土抗压强度相比于标准养护条件下的增长率，结果如表 2-11 所示。

从图 2-42 可以看出，在标准养护条件下，掺电炉镍铁渣粉 1 号的混凝土的 3d 抗压强度与掺等量石英粉的组相差不大，只是略高一点，说明在标准养护条件下电炉镍铁渣粉的早期活性很低，对混凝土抗压强度的贡献主要来源于成核、稀释等物理作用。而在高温养护条件下，各组混凝土的 3d 抗压强度都有一定程度的增大，其中掺电炉镍铁渣粉 1 号的混凝土的抗压强度增长率明显高于掺石英粉的混凝土，而且掺量越大，高温养护条件下混凝土抗压强度的增长率也越大，这意味着高温养护可以激发电炉镍铁渣粉的早期活性。

到了 28d 和 90d 龄期时，混凝土抗压强度进一步增长，可以发现在标准养护

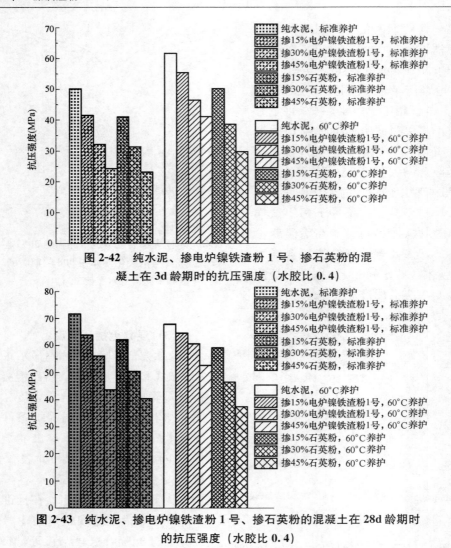

图 2-42　纯水泥、掺电炉镍铁渣粉 1 号、掺石英粉的混
凝土在 3d 龄期时的抗压强度（水胶比 0.4）

图 2-43　纯水泥、掺电炉镍铁渣粉 1 号、掺石英粉的混凝土在 28d 龄期时
的抗压强度（水胶比 0.4）

条件下，随着电炉镍铁渣粉后期火山灰反应的进行，掺电炉镍铁渣粉 1 号的混凝土的抗压强度明显高于掺石英粉的组，尤其是在掺量较大的情况下。这说明在后期，相比于物理效应，电炉镍铁渣粉的化学反应对混凝土抗压强度的增长起主导作用。值得注意的是，在高温养护条件下，纯水泥混凝土和掺石英粉的混凝土的抗压强度增长率在 28d 和 90d 变成了负值，也就是说混凝土的抗压强度相比于标准养护条件下反而降低了。对于掺电炉镍铁渣粉 1 号的混凝土，虽然高温养护在 28d 龄期时还可以提高其抗压强度，但是到 90d 龄期时，掺量 15％和 30％的两组，抗压强度增长率也变成了负值。有研究[5,6]发现：早期的高温养护会对水泥混凝土的后期抗压强度产生不利影响，其主要原因有两点，一方面是早期的高温

养护在促进水泥水化的同时会产生致密的 C—S—H 凝胶层,有可能会影响水泥和其他材料的后期反应;另一方面,高温养护可能会使胶凝体系中的水化产物分布不均匀,容易在混凝土的微结构中形成一些大的孔隙,这些孔隙也会导致其后期抗压强度降低。因此,尽管电炉镍铁渣粉在后期可以发生火山灰反应,消耗部分 Ca(OH)$_2$,产生一定量的 C—S—H 凝胶,但是并不一定能弥补早期高温养护对混凝土抗压强度造成的不利影响。

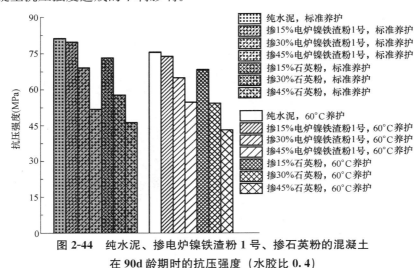

图 2-44 纯水泥、掺电炉镍铁渣粉 1 号、掺石英粉的混凝土
在 90d 龄期时的抗压强度(水胶比 0.4)

高温养护条件下纯水泥、掺电炉镍铁渣粉 1 号、掺石英粉的混凝土
抗压强度相比于标准养护条件下的增长率(%)   表 2-11

胶凝材料组成	3d 龄期增长率	28d 龄期增长率	90d 龄期增长率
纯水泥	23.4	−5.2	−6.9
掺 15%电炉镍铁渣粉 1 号	33.8	1.2	−7.3
掺 30%电炉镍铁渣粉 1 号	44.7	8.1	−6.1
掺 45%电炉镍铁渣粉 1 号	69.1	20.4	5.8
掺 15%石英粉	22.7	−4.8	−6.6
掺 30%石英粉	23.3	−7.9	−6.6
掺 45%石英粉	28.4	−7.5	−6.7

(4) 混凝土氯离子渗透性

图 2-45 和图 2-46 分别显示了在 28d 和 90d 龄期时不同养护温度下各组混凝土的 6h 电通量和相应的氯离子渗透性等级。

根据本小节混凝土抗压强度的试验结果可知,早期高温养护会对纯水泥混凝土和掺石英粉的混凝土的后期抗压强度产生不利影响,氯离子渗透性的试验结果也证明了这一点。在高温养护条件下,纯水泥混凝土和掺石英粉的混凝土的 6h 电通量都高于标准养护条件下的值,到 90d 龄期时,掺石英粉的混凝土的氯离子渗透性仍然处于"高"的等级，这说明早期高温养护对于水泥混凝土后期的孔隙率和抗氯离子渗透性能是不利的。不过，高温养护对于掺电炉镍铁渣粉 1 号的混凝土的抗氯离子渗透性能却没有不利影响，高温养护条件下的 6h 电通量都低于标准养护条件下的值，在 28d 龄期时，高温养护条件下掺电炉镍铁渣粉 1 号的混凝土的氯离子渗透性相比于标准养护条件下都降低了一个等级，在 90d 龄期时，高温养护条件下掺 45％电炉镍铁渣粉 1 号的混凝土的氯离子渗透性也比标准养护条

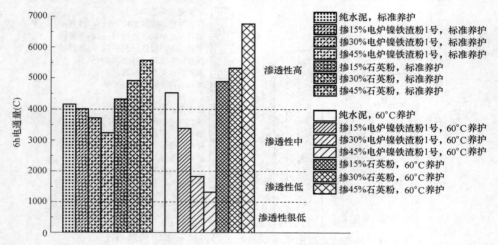

图 2-45　纯水泥、掺电炉镍铁渣粉 1 号、掺石英粉的混凝土在 28d 龄期时的
6h 电通量和氯离子渗透性等级（水胶比 0.4）

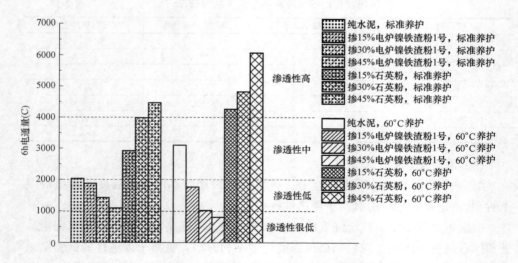

图 2-46　纯水泥、掺电炉镍铁渣粉 1 号、掺石英粉的混凝土在 90d 龄
期时的 6h 电通量和氯离子渗透性等级（水胶比 0.4）

件下低了一个等级。由本小节热重分析的结果可知，在后期高温养护条件下，纯水泥硬化浆体和掺石英粉的硬化浆体中 $Ca(OH)_2$ 的含量相比于标准养护条件下有所增加，而掺电炉镍铁渣粉 1 号的硬化浆体中 $Ca(OH)_2$ 的含量却比标准养护条件下更低。由此可知，早期高温养护对电炉镍铁渣粉火山灰反应的促进作用可以弥补对混凝土后期抗氯离子渗透性能的不利影响，在掺量合适的情况下甚至能改善混凝土抵抗氯离子渗透的能力。

2.2.6 大掺量电炉镍铁渣粉混凝土

超高层建筑的基础底板往往是典型的大体积混凝土结构，由于水泥的水化放热，早期混凝土内部的温度很高，降温过程中可能会产生比较大的温度应力，引起混凝土开裂。为了降低混凝土的水化温升及开裂风险，通常会使用大掺量的矿物掺合料，并采取一系列的温度控制技术。本小节以粉煤灰作为对照，选取电炉镍铁渣粉 1 号进行试验，研究大掺量电炉镍铁渣粉混凝土的性能，并探讨电炉镍铁渣粉在大体积混凝土结构中应用的可行性。

试验选用的水胶比为 0.4，掺合料掺量均为 50%，其中掺电炉镍铁渣粉 1 号的为试验组，记为"FS"；掺粉煤灰的为对照组，记为"FA"。混凝土的配合比如表 2-12 所示。

大掺量电炉镍铁渣粉混凝土的配合比（kg/m³）   表 2-12

编号	水泥	粉煤灰	电炉镍铁渣粉 1 号	砂	石	水
FA	210	210	0	780	1034	168
FS	210	0	210	780	1034	168

试验中采用两种不同的养护方式：（1）标准养护；（2）温度匹配养护，试样成型后放入可调控温度的水浴锅（净浆试样）或蒸养箱（混凝土试样）内，实时调节使其内部温度与混凝土绝热温升曲线基本保持一致，7d 之后自然冷却，然后标准养护至测试龄期。温度匹配养护主要用来模拟实际结构中大体积混凝土内部的真实温度环境。

（1）水化热

图 2-47 和图 2-48 分别显示了两组不同复合胶凝材料在 25℃和 50℃条件下的水化放热速率曲线和水化放热量曲线，其中 50℃用来简化模拟大体积混凝土结构中早期的高温环境。从图 2-47 可以看出，无论是在 25℃还是 50℃条件下，大掺量电炉镍铁渣粉胶凝体系的第二放热峰都比粉煤灰组更早出现，这说明电炉镍铁渣粉在复合胶凝材料水化初始阶段的活性高于粉煤灰。另外，对比水化放热量可知，在高温条件下，掺电炉镍铁渣粉 1 号和粉煤灰的复合胶凝体系的水化放热量都有明显的提高。在 25℃条件下，大掺量电炉镍铁渣粉复合胶凝材料在 1d 之

后的水化放热量与大掺量粉煤灰组比较接近，但是在 50℃ 条件下，大掺量电炉镍铁渣粉组在 1d 之后的水化放热量却明显低于大掺量粉煤灰组，由此可知，高温条件对电炉镍铁渣粉的激发作用不如其对粉煤灰的激发作用明显。

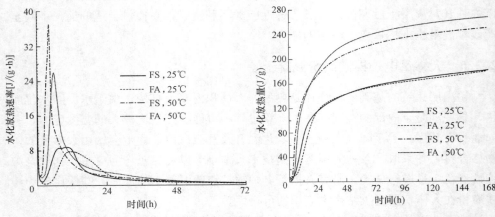

图 2-47　FS 组和 FA 组复合胶凝材料的
水化放热速率曲线（水胶比 0.4）

图 2-48　FS 组和 FA 组复合胶凝材料的
水化放热量曲线（水胶比 0.4）

（2）混凝土绝热温升

图 2-49 显示了两组混凝土在 7d 内的绝热温升曲线，通过计算得到 FS 组和 FA 组混凝土的 7d 绝热温升值分别为 36.55℃ 和 37.48℃。从图中可以看出，大掺量电炉镍铁渣粉混凝土在初始 2d 内的温度高于大掺量粉煤灰组，随后温度增长缓慢，到 7d 时两组温度接近。由此可知，电炉镍铁渣粉降低混凝土早期水化温升的效果与粉煤灰相当。

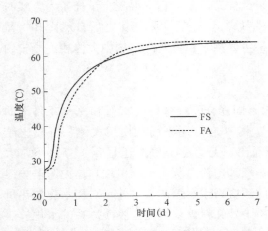

图 2-49　FS 组和 FA 组混凝土的绝热温升曲线

（3）水化产物

图 2-50 和图 2-51 分别显示了在 28d 和 90d 龄期时，两组硬化浆体在不同养护方式下的热重曲线。通过计算得到试样中 $Ca(OH)_2$ 的含量以及温度匹配养护组相比于标准养护组的变化情况，结果如表 2-13所示。

在 28d 和 90d 龄期时，无论是在何种养护条件下，含大掺量粉煤灰的硬化浆体中 $Ca(OH)_2$ 的含量都明显低于含大掺量电炉镍铁渣粉的组，这说明电炉镍铁渣粉火山灰反应所消耗的 $Ca(OH)_2$ 量不如粉煤灰消耗得多。另外，在温度匹配养护条件下，两种硬化浆体中 $Ca(OH)_2$ 的含量均低于标准养护组，其中大掺量粉煤灰组 $Ca(OH)_2$ 含量降低的程度更大。由此可知，温度匹配养护可以促进粉煤灰和电炉镍铁渣粉后期的火山灰反应，消耗更多的 $Ca(OH)_2$，相比之下，温度匹配养护对粉煤灰的激发作用更加明显。

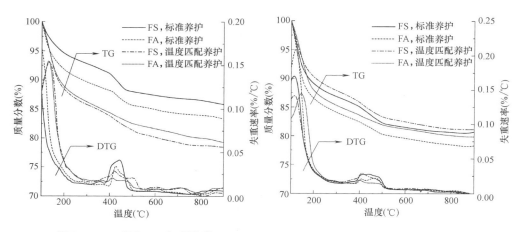

图 2-50 FS 组和 FA 组硬化浆体在 28d 龄期时的热重曲线　　图 2-51 FS 组和 FA 组硬化浆体在 90d 龄期时的热重曲线

两种养护方式下 FS 组和 FA 组硬化浆体中 $Ca(OH)_2$ 的含量对比　　表 2-13

编号	28d 龄期			90d 龄期		
	标准养护	温度匹配养护	变化情况	标准养护	温度匹配养护	变化情况
FS	11.24%	9.88%	减小了 12.1%	10.54%	9.51%	减小了 9.8%
FA	9.20%	7.21%	减小了 21.6%	8.20%	6.39%	减小了 22.1%

（4）硬化浆体孔结构

图 2-52～图 2-54 分别显示了不同养护条件下两组硬化浆体在 3d、28d 和 90d 龄期时的孔径分布曲线。从图中可以看出，无论是在标准养护条件下还是在温度匹配养护条件下，大掺量电炉镍铁渣粉组硬化浆体的孔隙率在各个龄期都明显大于大掺量粉煤灰组硬化浆体的孔隙率，这说明电炉镍铁渣粉的反应活性和反应程度明显比粉煤灰低，掺电炉镍铁渣粉 1 号的复合胶凝体系中水化产物更少。另外，相比于标准养护条件，温度匹配养护条件下两种硬化浆体的孔结构都得到了改善，孔隙率有所减小，这说明温度匹配养护对粉煤灰和电炉镍铁渣粉的活性都有激发作用。

（5）混凝土力学性能

图 2-55 显示了两组混凝土在不同养护条件下的抗压强度。从图中可以看出，

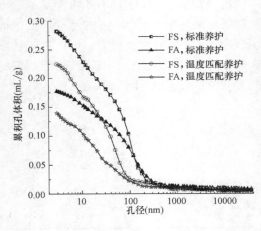

图 2-52　FS 组和 FA 组硬化浆
体在 3d 龄期时的孔径分布曲线

在所有龄期，温度匹配养护条件下两组混凝土的抗压强度都明显高于标准养护条件下的值，这说明温度匹配养护对掺电炉镍铁渣粉 1 号和粉煤灰的复合胶凝体系都有激发作用，可以提高复合胶凝材料的反应程度，生成更多的水化产物，从而提高混凝土的抗压强度。由于温度匹配养护条件更接近于实际工程中大体积混凝土结构内部的温度环境，所以采用温度匹配养护条件下混凝土的抗压强度来评价实际结构中大体积混凝土的力学性能更为合理。

通过对比还可以发现，无论是在标准养护条件下还是在温度匹配养护条件下，大掺量电炉镍铁渣粉混凝土的抗压强度在 1d 龄期时比大掺量粉煤灰混凝土高，但是在 3d 龄期以后却低于大掺量粉煤灰组。尤其是在温度匹配养护条件下，大掺量电炉镍铁渣粉混凝土与大掺量粉煤灰混凝土的抗压强度存在显著的差距。

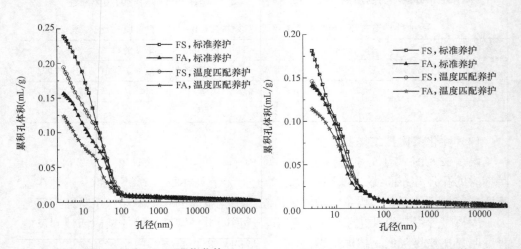

图 2-53　FS 组和 FA 组硬化浆体
在 28d 龄期时的孔径分布曲线

图 2-54　FS 组和 FA 组硬化浆体
在 90d 龄期时的孔径分布曲线

表 2-14 显示了温度匹配养护条件下两组混凝土的抗压强度相比于标准养护条件下的增长率。从表中可以看出，温度匹配养护对两组混凝土早期抗压强度的提高作用都非常明显。在 3d 龄期以后，大掺量粉煤灰组的增长率明显高于大掺

量电炉镍铁渣粉组，由此可知，温度匹配养护对电炉镍铁渣粉活性的激发作用不如其对粉煤灰的激发作用明显，这与微观试验的结果是一致的。

温度匹配养护条件下 FS 组和 FA 组混凝土的抗压强度
相比于标准养护条件下的增长率（%）　　　　表 2-14

龄期(d)	FS	FA
1	88.2	81.5
3	69.1	117.7
7	53.1	79.5
28	20.3	28.4
56	11.0	15.7
90	5.8	10.6

图 2-56 显示了两组混凝土在不同养护条件下的劈裂抗拉强度。总体而言，不同养护条件下两组混凝土劈裂抗拉强度的发展规律与抗压强度是类似的，在所有龄期，温度匹配养护条件下混凝土的劈裂抗拉强度都明显高于标准养护条件下的值，说明复合胶凝体系在温度匹配养护条件下都得到了激发，反应程度提高，生成了更多的反应产物。同时，除 1d 龄期外，大掺量粉煤灰混凝土的劈裂抗拉强度都要高于大掺量电炉镍铁渣粉混凝土的值。

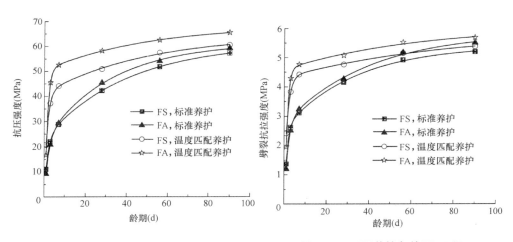

图 2-55　不同养护条件下 FS 组
和 FA 组混凝土的抗压强度

图 2-56　不同养护条件下 FS 组
和 FA 组混凝土的劈裂抗拉强度

表 2-15 显示了温度匹配养护条件下两组混凝土的劈裂抗拉强度相比于标准养护条件下的增长率。总体规律也类似于抗压强度的结果，在 3d 龄期以后，大掺量粉煤灰组的增长率基本都大于大掺量电炉镍铁渣粉组。

温度匹配养护条件下 FS 组和 FA 组混凝土的劈裂抗
拉强度相比于标准养护条件下的增长率（%）　　　　　表 2-15

龄期(d)	FS	FA
1	76.6	63.3
3	46.2	70.2
7	41.7	46.9
28	14.4	18.7
56	4.7	6.8
90	3.5	3.3

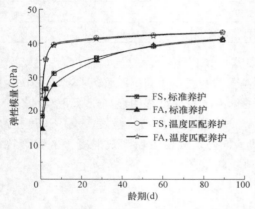

图 2-57　不同养护条件下 FS 组
和 FA 组混凝土的弹性模量

图 2-57 显示了两组混凝土在不同养护条件下的弹性模量。与强度一样，温度匹配养护条件下混凝土的弹性模量均明显高于标准养护条件下的值，再次表明掺电炉镍铁渣粉 1 号和粉煤灰的复合胶凝体系在温度匹配养护条件下可以得到一定程度的激发。在早期，大掺量电炉镍铁渣粉混凝土的弹性模量在标准养护条件下明显高于大掺量粉煤灰组，不过在温度匹配养护条件下两者的值比较接近。而到了后期，无论是在何种养护条件下，两组混凝土的弹性模量都非常接近。

表 2-16 显示了温度匹配养护条件下两组混凝土的弹性模量相比于标准养护条件下的增长率。同样可以发现，混凝土的早期弹性模量在温度匹配养护条件下有显著的提高，不过弹性模量的增长率相比于抗压强度和劈裂抗拉强度的增长率明显更小一些。总体上看，大掺量粉煤灰组的增长率高于大掺量电炉镍铁渣粉组，不过在 56d 和 90d 龄期时，大掺量粉煤灰组的增长率相比之下稍小一些。

温度匹配养护条件下 FS 组和 FA 组混凝土的弹性模量相比于标准养护条件下的增长率（%）

表 2-16

龄期(d)	FS	FA
1	39.7	61.3
3	32.9	49.4
7	27.4	41.9
28	16.5	18.4

续表

龄期(d)	FS	FA
56	8.4	7.2
90	5.6	4.8

（6）混凝土氯离子渗透性

图 2-58 显示了两组混凝土在不同养护条件下的 6h 电通量和氯离子渗透性试验结果。从图中可以看出，在 28d 龄期时，标准养护条件下两组混凝土的氯离子渗透性都处于"中"的水平，但是在温度匹配养护条件下，大掺量电炉镍铁渣粉混凝土的氯离子渗透性等级为"低"，而大掺量粉煤灰混凝土的氯离子渗透性已经达到"很低"的水平。由此可知，在温度匹配养护条件下，电炉镍铁渣粉和粉煤灰的火山灰活性都能得到明显的激发，更多地消耗了水泥水化生成的 $Ca(OH)_2$，从而使混凝土过渡区的微结构得到了改善，并降低了其连通孔隙率，相比之下，温度匹配养护对粉煤灰的激发作用更强。

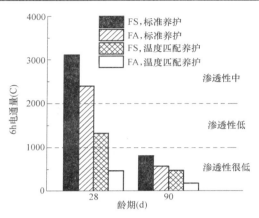

图 2-58　不同养护条件下 FS 组和 FA 组混凝土的 6h 电通量和氯离子渗透性等级

在 90d 龄期时，无论是在标准养护条件下还是在温度匹配养护条件下，两组混凝土的氯离子渗透性都达到了"很低"的水平，表明两者都具有较好的抗氯离子渗透性能，可以满足实际工程的需要。

（7）小结

在水胶比 0.4 条件下，大掺量电炉镍铁渣粉混凝土的早期水化温升与大掺量粉煤灰混凝土相当，在温度匹配养护条件下，两者的早期弹性模量相差不大，后期氯离子渗透性也处于同一等级，但是大掺量电炉镍铁渣粉混凝土的后期强度低于大掺量粉煤灰组。不过适当减小水胶比后，两组混凝土的强度差距可能会缩小，大掺量电炉镍铁渣粉混凝土有可能适合在大体积混凝土结构中应用。

2.3　高炉镍铁渣粉

2.3.1　基本性能

（1）组成

选取两种不同产地的高炉镍铁渣粉原材料，分别标记为高炉镍铁渣粉 1 号和高炉镍铁渣粉 2 号。两种高炉镍铁渣粉的化学成分如表 2-17 所示。从表中可以看出，高炉镍铁渣粉的主要化学成分是 CaO、SiO_2、Al_2O_3 和 MgO。其中 CaO 的含量明显高于电炉镍铁渣粉，不过与水泥相比仍然低很多；SiO_2 的含量明显低于电炉镍铁渣粉，但是略高于水泥；Al_2O_3 的含量占到了 20% 以上，而 MgO 的含量则在 10% 左右。

高炉镍铁渣粉的化学成分（%）　　　　　　表 2-17

镍铁渣粉种类	CaO	SiO_2	Fe_2O_3	Al_2O_3	MgO	MnO	Cr_2O_3	SO_3	Na_2O	K_2O
高炉镍铁渣粉 1 号	25.19	29.95	1.55	26.31	8.93	2.25	2.30	0.90	0.19	0.40
高炉镍铁渣粉 2 号	22.50	33.15	2.15	21.94	12.54	2.36	2.08	1.31	0.32	0.36

图 2-59 显示了两种高炉镍铁渣粉的 XRD 图谱，图谱上没有出现方镁石晶体的衍射峰，高炉镍铁渣粉中的主要晶态矿物成分是尖晶石（$MgAl_2O_4$）。另外，高炉镍铁渣粉 1 号中含有少量的 Ca_2SiO_4 和 $MgSiO_3$ 晶体，而高炉镍铁渣粉 2 号中含有一些 $CaCO_3$ 晶体。相比于电炉镍铁渣粉 XRD 图谱，高炉镍铁渣粉 XRD 图谱中的"驼峰"更为显著，衍射强度更高，由此可知高炉镍铁渣粉中非晶态组分的含量明显比电炉镍铁渣粉中多。

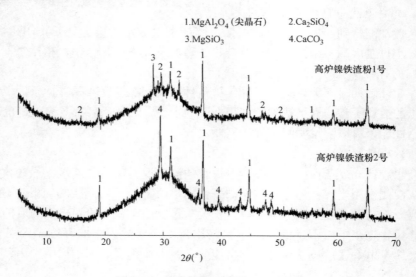

图 2-59　高炉镍铁渣粉的 XRD 图谱

（2）细度与形貌

两种高炉镍铁渣粉和基准水泥的粒径分布情况如图 2-60 所示。从图中可以看出，高炉镍铁渣粉 1 号与基准水泥的粒径分布非常接近，两者的细度相比于高炉镍铁渣粉 2 号要稍小一些。高炉镍铁渣粉典型的微观形貌（见图 2-61）与电炉镍铁渣粉类似，其颗粒在微观上也呈现为大小不等、形状不规则的多面体。

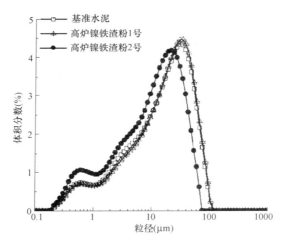

图 2-60 高炉镍铁渣粉和基准水泥的粒径分布

图 2-61 高炉镍铁渣粉的微观形貌

（3）安定性与浸出毒性

按照 30％的掺量，分别用两种高炉镍铁渣粉制备了水泥胶砂试件，依据《水泥压蒸安定性试验方法》GB/T 750—1992 开展压蒸安定性试验研究，试验结果如表 2-18 所示。与表 2-2 中的结果对比可知，掺高炉镍铁渣粉的胶砂试件的压蒸膨胀率与掺电炉镍铁渣粉的组非常接近，也远小于 0.80％的限值。因此，高炉镍铁渣粉用作矿物掺合料使用时其安定性是合格的。

针对两种高炉镍铁渣粉，在 30％掺量条件下，分别制备水泥胶砂试件开展了 Cr 元素的浸出毒性试验，试验方法和过程遵循《水泥胶砂中可浸出重金属的测定方法》GB/T 30810—2014，试验结果如表 2-19 所示。从表中可以看出，两种掺 30％高炉镍铁渣粉的水泥胶砂试件的可浸出 Cr 含量都小于《水泥窑协同处置固体废物技术规范》GB/T 30760—2014 中规定的限值 0.2mg/L。因此，高炉镍铁渣粉中的 Cr 元素没有浸出毒性。

高炉镍铁渣粉的压蒸安定性试验结果　　　　表 2-18

镍铁渣粉种类	试件压蒸后膨胀率（%）	《水泥压蒸安定性试验方法》GB/T 750—1992 限值（%）
高炉镍铁渣粉 1 号	0.03	0.80
高炉镍铁渣粉 2 号	0.02	

值得注意的是，对比表 2-1 和表 2-17 可知，电炉镍铁渣粉 1 号和电炉镍铁渣粉 2 号中 Cr 的含量明显低于高炉镍铁渣粉 1 号和高炉镍铁渣粉 2 号中 Cr 的含量，但是根据表 2-3 和表 2-19 可知，在等掺量条件下，掺电炉镍铁渣粉的水泥胶砂试件可浸出 Cr 含量却明显比掺高炉镍铁渣粉的组高。有研究指出：包括 Cr 在内的一些有害重金属离子，可以被水泥基复合胶凝材料产生的 C—S—H 凝胶通过物理包裹、离子交换、吸附、沉淀等作用固化和束缚住[7,8]，水泥的其他水化产物，例如 AFt 和 AFm 等，也能固化一部分重金属离子[9,10]。由此可以推断，在掺入高炉镍铁渣粉后，硬化浆体中的水化产物数量可能比掺电炉镍铁渣粉的硬化浆体中要多，从而固化和束缚了更多的 Cr 离子。

高炉镍铁渣粉可浸出 Cr 含量试验结果　　　　表 2-19

镍铁渣粉种类	可浸出 Cr 含量（mg/L）	《水泥窑协同处置固体废物技术规范》GB/T 30760—2014 限值（mg/L）
高炉镍铁渣粉 1 号	0.0389	0.2
高炉镍铁渣粉 2 号	0.0368	

（4）流动度比

选取两种高炉镍铁渣粉，按照 30% 的掺量进行流动度比试验，试验方法参照《水泥砂浆和混凝土用天然火山灰质材料》JG/T 315—2011 附录 A 中的规定。试验结果显示，高炉镍铁渣粉 1 号和高炉镍铁渣粉 2 号的流动度比分别为 103% 和 101%。因此，高炉镍铁渣粉在水泥砂浆和混凝土中使用时的需水量比较小，对试样流动性的影响与电炉镍铁渣粉相比没有太大差异。

（5）自身胶凝性能

选取两种高炉镍铁渣粉，分别与水混合制备净浆试样，其中水与高炉镍铁渣粉的质量比为 0.3:1。试样制备后分成两组，一组在标准养护室内进行 20℃ 常温养护，另一组则在温度为（80±1）℃ 的水浴锅内进行高温养护。

两种高炉镍铁渣粉净浆试样在常温条件下养护 360d 后都没有完全硬化，但是在 80℃ 高温条件下养护 150d 后，浆体已经初步硬化。选取 80℃ 高温养护 150d 后的高炉镍铁渣粉 2 号净浆试样，在扫描电子显微镜下观察了其微观形貌，结果如图 2-62 所示。从图中可以看出，浆体中已经有一定量的水化产物生成，由能谱分析（见图 2-63）可知反应产物主要是一类 C—A—S—H 凝胶。不过，高炉镍铁渣粉净浆中的水化产物并不是很多，因此可以推断，非碱性条件下高炉镍铁渣粉的活性也比较低，尤其是在常温环境下，高炉镍铁渣粉自身的胶凝性非常弱，所以在水泥基复合胶凝体系中，高炉镍铁渣粉与水的反应可以忽略。

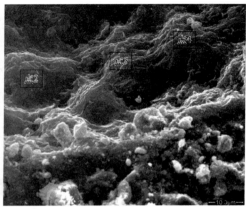

图 2-62　80℃高温养护 150d 后高炉镍铁渣粉 2 号净浆试样的微观形貌

2.3.2　复合胶凝材料的水化机理

（1）水化过程

图 2-64 和图 2-65 分别显示了各组复合胶凝材料的水化放热速率曲线和水化放热量曲线。从图中可以看出，掺 30％高炉镍铁渣粉的复合胶凝材料的水化过程也与纯水泥类似，但是其第二放热峰明显不如纯水泥组高，7d 的水化放热量也明显低于纯水泥组高，说明高炉镍铁渣粉的早期活性比水泥低。不过，对比图 2-7 和图 2-8 可知，掺高炉镍铁渣粉的复合胶凝材料在水化 24h 之后放热速率明显高于掺电炉镍铁渣粉的组，7d 的水化放热总量也高于掺电炉镍铁渣粉的组，因此可以推断：高炉镍铁渣粉的早期活性明显高于电炉镍铁渣粉。

另外，掺高炉镍铁渣粉 1 号的复合胶凝材料，在 23～60h 这个时间段的水化放热速率稍高于掺高炉镍铁渣粉 2 号的组，7d 的水化放热总量也略高于掺高炉镍铁渣粉 2 号的组，表明高炉镍铁渣粉 1 号的早期活性稍高于高炉镍铁渣粉 2 号。由表 2-17 可知，高炉镍铁渣粉 1 号中的 CaO 和 Al_2O_3 的含量比高炉镍铁渣粉 2 号中的高，而 MgO 和 Fe_2O_3 的含量则相对较低，这说明高炉镍铁渣粉中活性组分的含量会对其早期活性产生影响，CaO 和 Al_2O_3 等活性组分含量高、而 MgO 和 Fe_2O_3 等非活性组分含量低的高炉镍铁渣粉表现出更高的早期活性。

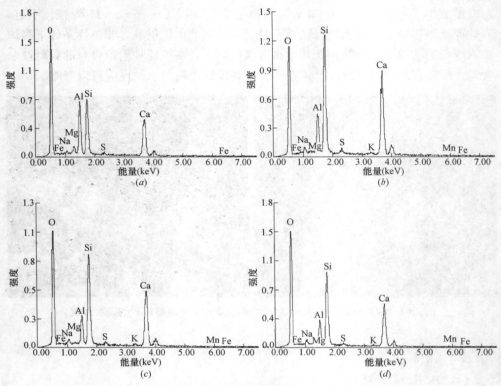

图 2-63　图 2-62 中各点位的 EDX 能谱结果

(*a*) 点 1；(*b*) 点 2；(*c*) 点 3；(*d*) 点 4

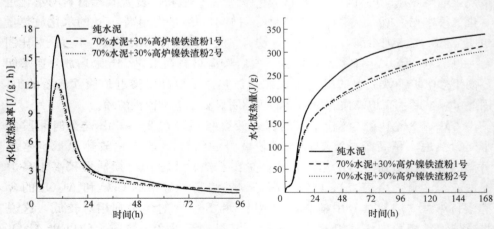

图 2-64　纯水泥和掺 30％高炉镍铁
渣粉的复合胶凝材料的水化放热速率曲线
（水胶比 0.4，水化温度 25℃）

图 2-65　纯水泥和掺 30％高炉镍铁
渣粉的复合胶凝材料的水化放热量曲线
（水胶比 0.4，水化温度 25℃）

图 2-66 和图 2-67 分别显示了水胶比为 0.4 和 0.3 的净浆试样在各个龄期时的化学结合水含量。总体而言，高炉镍铁渣粉对复合胶凝材料水化速率的影响规律与电炉镍铁渣粉类似。相比于纯水泥浆体，掺入高炉镍铁渣粉的复合胶凝体系的化学结合水含量在 28d 以内增长更慢，但是在 28d 龄期以后，其化学结合水含量的增长速率则高于纯水泥组，这说明掺入高炉镍铁渣粉会降低复合胶凝体系在 28d 以内的水化速率，而在后期，高炉镍铁渣粉的物理作用和化学反应可以使复合胶凝体系的水化程度有较为明显的提高。

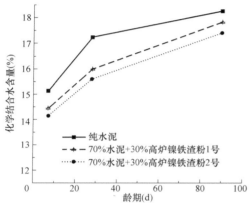

图 2-66 纯水泥和掺 30%高炉镍铁渣粉的
硬化浆体的化学结合水含量
（水胶比 0.4，标准养护）

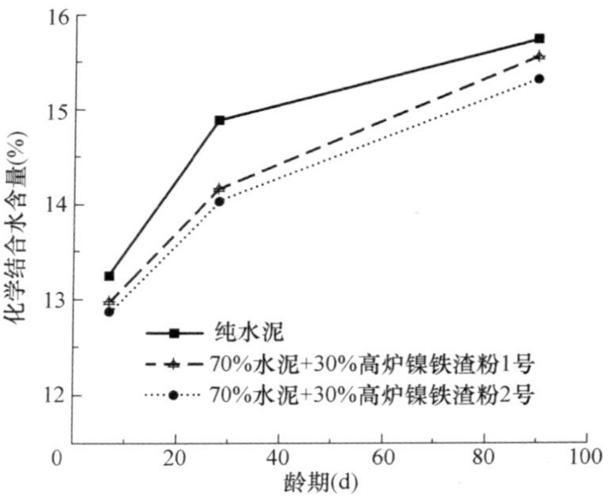

图 2-67 纯水泥和掺 30%高炉镍铁渣粉的
硬化浆体的化学结合水含量
（水胶比 0.3，标准养护）

对比图 2-9 和图 2-10 可知，无论是在水胶比 0.4 还是水胶比 0.3 条件下，掺 30%高炉镍铁渣粉的组化学结合水含量在任何龄期都明显高于掺 30%电炉镍铁渣粉的组，这说明掺高炉镍铁渣粉的复合胶凝体系的水化程度相比之下更高，尤其是在后期，掺高炉镍铁渣粉的复合胶凝体系的化学结合水含量与纯水泥组已经比较接近。由此也可以判断，在掺量相等的情况下，高炉镍铁渣粉在水泥基复合胶凝材料中的反应程度明显高于电炉镍铁渣粉。另外，掺高炉镍铁渣粉 1 号的组化学结合水含量比掺高炉镍铁渣粉 2 号的组更高一些，考虑到高炉镍铁渣粉 1 号的颗粒粒径相比于高炉镍铁渣粉 2 号更大，可以推断高炉镍铁渣粉 1 号的活性高于高炉镍铁渣粉 2 号。

（2）水化产物

图 2-68 显示了两种掺高炉镍铁渣粉的硬化浆体在各个龄期时的 XRD 图谱。从图中可以看出，与纯水泥硬化浆体相比，掺高炉镍铁渣粉的两种硬化浆体中并没有新的晶态矿物生成，都存在一些 $MgAl_2O_4$ 晶体，主要是高炉镍铁渣粉中未反应的尖晶石。

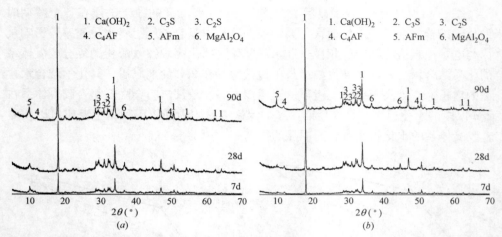

图 2-68　掺 30%高炉镍铁渣粉的硬化浆体在不同龄期时的 XRD 图谱（水胶比 0.4，标准养护）
（*a*）70%水泥＋30%高炉镍铁渣粉 1 号；（*b*）70%水泥＋30%高炉镍铁渣粉 2 号

　　图 2-69 显示了各组硬化浆体在 90d 龄期时的热重曲线。与电炉镍铁渣粉类似，掺入高炉镍铁渣粉的硬化浆体在失重速率曲线上主要吸热峰的位置与纯水泥组、掺石英粉组差异不大，其中掺高炉镍铁渣粉的两组硬化浆体中 $Ca(OH)_2$ 的吸热峰明显更低一些。

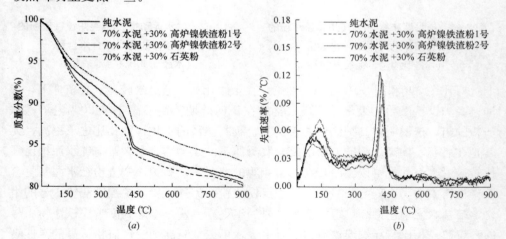

图 2-69　纯水泥、掺 30%高炉镍铁渣粉、掺 30%石英粉的硬化浆体在 90d 龄期时的热重曲线（水胶比 0.4，标准养护）
（*a*）失重曲线；（*b*）失重速率曲线

　　通过计算得到纯水泥硬化浆体中 $Ca(OH)_2$ 的含量为 22.14%，掺入 30%石英粉、30%高炉镍铁渣粉 1 号、30%高炉镍铁渣粉 2 号的三个组，$Ca(OH)_2$ 的含量分别为 17.72%、12.74%和 13.34%，分别为纯水泥组 $Ca(OH)_2$ 含量的

80.0％、57.5％和60.3％。显然，高炉镍铁渣粉在复合胶凝体系中发生了火山灰反应，消耗水泥的水化产物Ca(OH)$_2$。对比电炉镍铁渣粉的试验结果可知，高炉镍铁渣粉反应所消耗的Ca(OH)$_2$明显比电炉镍铁渣粉多，可以推断其火山灰活性高于电炉镍铁渣粉，这主要是由于镍铁渣粉的成分差异造成的，相比于电炉镍铁渣粉，高炉镍铁渣粉中CaO和Al$_2$O$_3$等活性组分的含量更高、而MgO和Fe$_2$O$_3$等非活性组分的含量更低，因此其火山灰活性明显高于电炉镍铁渣粉。从试验结果还可以得出，高炉镍铁渣粉1号的活性相比于高炉镍铁渣粉2号更高一些。

图2-70显示了掺30％高炉镍铁渣粉2号的硬化浆体在90d龄期时的微观形貌。与掺电炉镍铁渣粉的组类似，掺高炉镍铁渣粉的硬化浆体中也有很多C—S—H凝胶生成。从图中还可以看到一些表面光滑的块状颗粒被凝胶包裹着，这些颗粒的EDX能谱分析结果（见图2-71）表明，其主要成分是高炉镍铁渣粉中未反应的尖晶石。

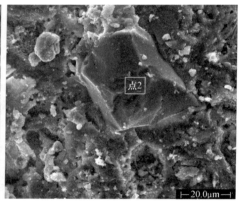

图2-70　掺30％高炉镍铁渣粉2号的硬化浆体在90d
龄期时的微观形貌（水胶比0.4，标准养护）

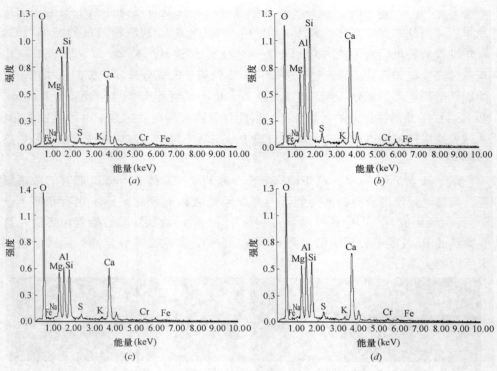

图 2-71　图 2-70 中各点位的 EDX 能谱结果

(a) 点 1；(b) 点 2；(c) 点 3；(d) 点 4

图 2-72 显示了掺 30% 高炉镍铁渣粉 2 号的硬化浆体中 C—S—H 凝胶的钙硅比，范围为 1.37~2.34，平均钙硅比为 1.74，明显低于纯水泥组的值见图 2-15 (a)，这表明使用高炉镍铁渣粉替代部分水泥会导致胶凝体系中 C—S—H 凝胶的钙硅比降低。高炉镍铁渣粉中 CaO 的含量低于基准水泥，而 SiO_2 的含量则高于基准水泥，由此可以推断，高炉镍铁渣粉中的 CaO 和 SiO_2 参与了反应，并且在 90d 龄期时有一定的反应程度，其反应产物主要是 C—S—H 凝胶，这些凝胶与水泥水化生成的 C—S—H 凝胶混合在一起，最终导致总体钙硅比的降低。另外，掺高炉镍铁渣粉的复合胶凝体系中，C—S—H 凝胶的钙硅比相比于掺电炉镍铁渣粉的组 (见图 2-15 (b)) 更高一些，推测主要是因为高炉镍铁渣粉中 CaO 的含量比电炉镍铁渣粉中高，而 SiO_2 的含量则相对低。

图 2-73 显示了掺 30% 高炉镍铁渣粉 2 号的硬化浆体中 C—S—H 凝胶的铝硅比，范围为 0.16~0.55，平均铝硅比为 0.28，明显高于纯水泥组的值 (见图 2-16 (a))，所以掺入高炉镍铁渣粉会导致复合胶凝体系中 C—S—H 凝胶的铝硅比增大。由表 2-17 可知，高炉镍铁渣粉中 Al_2O_3 的含量在 20% 以上，而水泥中 Al_2O_3 的含量非常低，从铝硅比的结果可以推测高炉镍铁渣粉中的 Al_2O_3 在后

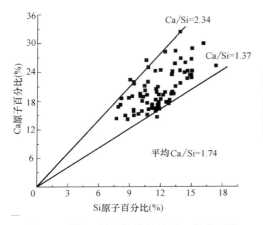

图 2-72　掺 30% 高炉镍铁渣粉 2 号的硬化
浆体中 C—S—H 凝胶的钙硅比
（水胶比 0.4，标准养护）

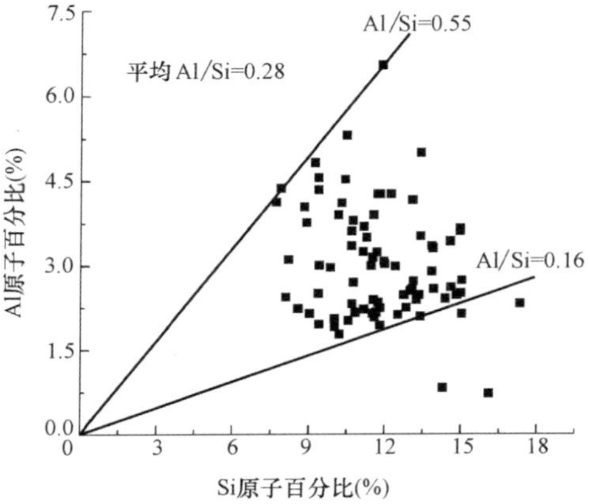

图 2-73　掺 30% 高炉镍铁渣粉 2 号的硬化
浆体中 C—S—H 凝胶的铝硅比
（水胶比 0.4，标准养护）

期发生了反应，并且反应的主要产物是 C—S—H 凝胶，这些凝胶与水泥水化生
成的 C—S—H 凝胶混合在一起，最终导致总体铝硅比的提高。

　　图 2-74 显示了各组硬化浆体在 90d 龄期时的傅里叶变换红外（FTIR）光
谱。与电炉镍铁渣粉的试验结果类似，掺 30% 高炉镍铁渣粉的硬化浆体的红外
波谱的形状以及主要的特征峰都与纯水泥硬化浆体相差不大，其中 C—S—H 凝
胶 Si—O 键的伸缩振动吸收峰相比于纯水泥组也向着更高的波数迁移。由此可知，
在水泥中掺入高炉镍铁渣粉也会增大浆体 C—S—H 凝胶中硅氧四面体单元的聚
合度。另外，对比图 2-17 还可以发现，掺电炉镍铁渣粉的硬化浆体中，C—S—

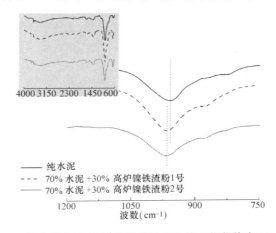

图 2-74　纯水泥和掺 30% 高炉镍铁渣粉的硬化浆体在 90d 龄期
时的 FTIR 光谱（水胶比 0.4，标准养护）

H 凝胶 Si-O 键的伸缩振动吸收峰往高波数方向迁移的程度比掺高炉镍铁渣粉的组更高，由此可以推断其 C—S—H 凝胶中硅氧四面体的聚合度相对更高。

图 2-75 显示了各组硬化浆体在 90d 龄期时的 ^{29}Si 固体核磁共振图谱。从图中可以看出，掺入高炉镍铁渣粉对三种硅酸盐单元的共振峰位置几乎没有影响，但是共振峰的强度 $I(Q^n)$ 却有比较明显的变化，掺 30%高炉镍铁渣粉的硬化浆体 $I(Q^1)$ 以及 $I(Q^1)/I(Q^2)$ 值都小于纯水泥组，因此掺入高炉镍铁渣粉会增大复合胶凝体系中硅酸盐的聚合程度。对比图 2-18 还可以发现，掺高炉镍铁渣粉的硬化浆体 C—S—H 凝胶中硅氧四面体的聚合度相比于掺电炉镍铁渣粉的组更小一些。

（3）硬化浆体孔结构

图 2-76 显示了各组硬化浆体在 90d 龄期时的孔径分布曲线。不同于电炉镍铁渣粉对硬化浆体微观结构的作用，掺入 30%高炉镍铁渣粉并不会使净浆的孔结构变差。从图中可以看出，掺高炉镍铁渣粉的硬化浆体中大毛细孔的数量与纯水泥组相差不大，掺高炉镍铁渣粉 1 号的硬化浆体的孔隙率甚至还略低于纯水泥组，这表明在水泥中掺入高炉镍铁渣粉不仅不会对硬化浆体孔结构产生不利影响，反而可能有助于改善其微观结构。由此可以推断，掺高炉镍铁渣粉的硬化浆体在后期有比较多的反应产物生成，填充了其中的毛细孔；另一方面，高炉镍铁渣粉的火山灰反应可以消耗一定量的 $Ca(OH)_2$，从而改善硬化浆体的微观结构。对比图 2-19 可知，高炉镍铁渣粉后期在复合胶凝体系中的反应程度明显高于电炉镍铁渣粉。

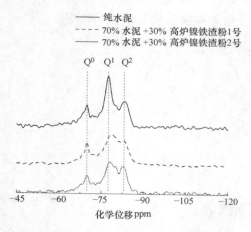

图 2-75　纯水泥和掺 30%高炉镍铁渣粉的硬化浆体在 90d 龄期时的 ^{29}Si 固体核磁共振图谱（水胶比 0.4，标准养护）

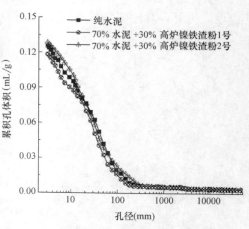

图 2-76　纯水泥和掺 30%高炉镍铁渣粉的硬化浆体在 90d 龄期时的孔径分布曲线（水胶比 0.4，标准养护）

2.3.3　砂浆强度

纯水泥和掺 30% 高炉镍铁渣粉的砂浆的配合比如表 2-20 所示，养护方式为标准养护。

纯水泥和掺 30% 高炉镍铁渣粉的砂浆的配合比（g）　　　　表 2-20

水胶比	编号	水泥	镍铁渣粉	砂	水
0.5	C	450	0	1350	225
	B1	315	135（高炉镍铁渣粉 1 号）	1350	225
	B2	315	135（高炉镍铁渣粉 2 号）	1350	225
0.4	C	450	0	1350	180
	B1	315	135（高炉镍铁渣粉 1 号）	1350	180
	B2	315	135（高炉镍铁渣粉 2 号）	1350	180
0.3	C	450	0	1350	135
	B1	315	135（高炉镍铁渣粉 1 号）	1350	135
	B2	315	135（高炉镍铁渣粉 2 号）	1350	135

图 2-77～图 2-79 分别显示了各组砂浆在 7d、28d 和 90d 龄期时的抗压强度。对比图 2-20 可知，在 7d 龄期时，掺高炉镍铁渣粉的砂浆的抗压强度明显高于掺电炉镍铁渣粉的组，但是仍然比纯水泥组要低。由此可见，虽然高炉镍铁渣粉的早期活性比电炉镍铁渣粉高，但是在早期其反应程度仍然比水泥低，生成的反应产物并不能弥补由于其替代水泥所导致的水化产物减少的量，从而导致砂浆抗压强度的降低。

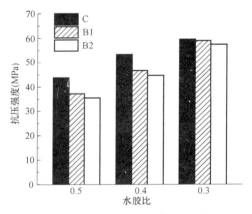

图 2-77　纯水泥和掺 30% 高炉镍铁渣粉的砂浆在 7d 龄期时的抗压强度

随着龄期的增长，高炉镍铁渣粉的火山灰反应生成越来越多的产物，同时消耗水泥水化生成的 $Ca(OH)_2$，改善过渡区微结构，所以到 28d 和 90d 龄期时，掺高炉镍铁渣粉的砂浆抗压强度与纯水泥组非常接近，掺高炉镍铁渣粉 1 号的砂浆抗压强度甚至还稍高于纯水泥组。另一方面，两种高炉镍铁渣粉的火山灰活性有明显的差别，这一点在砂浆抗压强度的试验结果中也体现了出来。

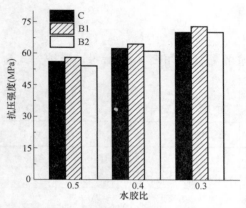

图 2-78　纯水泥和掺 30％高炉镍铁渣
粉的砂浆在 28d 龄期时的抗压强度

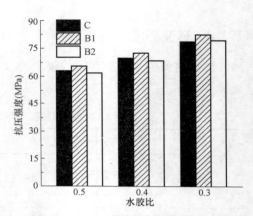

图 2-79　纯水泥和掺 30％高炉镍铁渣
粉的砂浆在 90d 龄期时的抗压强度

表 2-21 显示了两种高炉镍铁渣粉在砂浆中的强度活性指数。在 7d 龄期时，高炉镍铁渣粉在水胶比 0.3 条件下的强度活性指数明显高于在水胶比 0.5 和 0.4 条件下的值，这主要是因为在早期高炉镍铁渣粉的反应程度较低，对水泥水化的间接促进作用能够体现出来。而到了后期（28d 和 90d 龄期），高炉镍铁渣粉的火山灰反应程度相对较高，它对砂浆强度的发展有很大的贡献，此时高炉镍铁渣粉对水泥水化的间接促进作用可以被忽略，所以不同水胶比条件下的强度活性指数相差很小。

不同龄期时高炉镍铁渣粉在砂浆中的强度活性指数（％）　表 2-21

水胶比	镍铁渣粉种类	7d 龄期	28d 龄期	90d 龄期
0.5	高炉镍铁渣粉 1 号	85.0	104.1	104.4
	高炉镍铁渣粉 2 号	80.8	96.8	98.5
0.4	高炉镍铁渣粉 1 号	87.4	103.2	104.2
	高炉镍铁渣粉 2 号	83.7	97.8	98.3
0.3	高炉镍铁渣粉 1 号	99.2	103.6	104.9
	高炉镍铁渣粉 2 号	96.5	99.7	100.8

2.3.4　混凝土性能

（1）抗压强度

纯水泥和掺 30％高炉镍铁渣粉的混凝土的配合比如表 2-22 所示，养护方式为标准养护。

纯水泥和掺30%高炉镍铁渣粉的混凝土的配合比（kg/m³） 表2-22

水胶比	编号	水泥	镍铁渣粉	砂	石	水
0.5	C	380	0	805	1025	190
	B1	266	114（高炉镍铁渣粉1号）	805	1025	190
	B2	266	114（高炉镍铁渣粉2号）	805	1025	190
0.4	C	420	0	769	1063	168
	B1	294	126（高炉镍铁渣粉1号）	769	1063	168
	B2	294	126（高炉镍铁渣粉2号）	769	1063	168
0.3	C	500	0	720	1080	150
	B1	350	150（高炉镍铁渣粉1号）	720	1080	150
	B2	350	150（高炉镍铁渣粉2号）	720	1080	150

图2-80～图2-82分别显示了各组混凝土在各个龄期时的抗压强度。在7d和28d龄期时，掺30%高炉镍铁渣粉的混凝土的抗压强度低于纯水泥混凝土，不过在28d龄期时两者的差距已经很小。到90d龄期时，掺高炉镍铁渣粉的混凝土的抗压强度与纯水泥组非常接近，掺高炉镍铁渣粉1号的混凝土的抗压强度甚至略高于纯水泥组。

对比掺两类镍铁渣粉的混凝土的抗压强度可知，高炉镍铁渣粉的活性

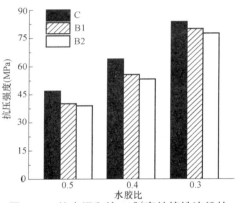

图2-80 纯水泥和掺30%高炉镍铁渣粉的混凝土在7d龄期时的抗压强度

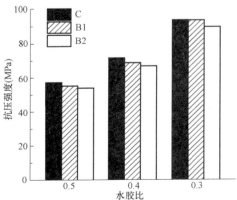

图2-81 纯水泥和掺30%高炉镍铁渣粉的混凝土在28d龄期时的抗压强度

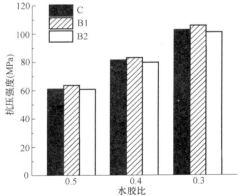

图2-82 纯水泥和掺30%高炉镍铁渣粉的混凝土在90d龄期时的抗压强度

明显高于电炉镍铁渣粉，在相同龄期时高炉镍铁渣粉的反应程度也比电炉镍铁渣粉的更高。另外，掺高炉镍铁渣粉 1 号的混凝土相比于掺高炉镍铁渣粉 2 号的混凝土抗压强度更高，这与微观性能的分析结果是一致的。

表 2-23 显示了高炉镍铁渣粉在混凝土中的强度活性指数。从表中可以看出，不同水胶比条件下高炉镍铁渣粉在混凝土中的强度活性指数之间的关系与在砂浆中的情况类似。但是高炉镍铁渣粉在砂浆中的强度活性指数相比于在混凝土中发展得更快。在 28d 龄期时，高炉镍铁渣粉在砂浆中的强度活性指数已经接近或超过 100%，并且之后到 90d 龄期几乎没有变化；而在混凝土中，虽然高炉镍铁渣粉的强度活性指数在 90d 龄期时也能达到 100% 左右，但是在 28d 龄期时却小于其在砂浆中的强度活性指数。推测主要是因为砂浆中界面过渡区的体积相比于混凝土中更小一些，当高炉镍铁渣粉的反应程度相同时，它对砂浆界面过渡区的改善作用更加明显，因此在砂浆中的强度活性指数相比于在混凝土中发展得更快。

不同龄期时高炉镍铁渣粉在混凝土中的强度活性指数（%） 表 2-23

水胶比	镍铁渣粉种类	7d 龄期	28d 龄期	90d 龄期
0.5	高炉镍铁渣粉 1 号	85.8	96.2	103.9
	高炉镍铁渣粉 2 号	82.8	93.8	98.6
0.4	高炉镍铁渣粉 1 号	86.9	96.3	102.4
	高炉镍铁渣粉 2 号	83.2	93.5	98.2
0.3	高炉镍铁渣粉 1 号	95.5	99.9	103.3
	高炉镍铁渣粉 2 号	92.6	95.6	98.4

（2）氯离子渗透性

图 2-83 和图 2-84 分别显示了各组混凝土在 28d 和 90d 龄期时的 6h 电通量和

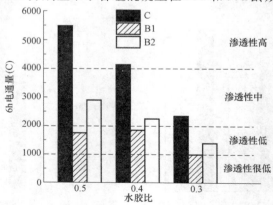

图 2-83 纯水泥和掺 30% 高炉镍铁渣粉的混凝土在 28d 龄期
时的 6h 电通量和氯离子渗透性等级

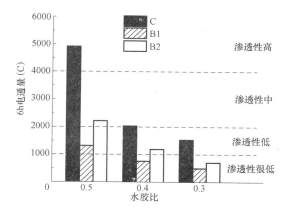

图 2-84 纯水泥和掺 30％高炉镍铁渣粉的混凝土在 90d 龄期时的 6h 电通量和氯离子渗透性等级

相应的氯离子渗透性等级。在 28d 龄期时，无论在何种水胶比条件下，掺入 30％高炉镍铁渣粉可以显著减小混凝土的 6h 电通量、降低其氯离子渗透性等级，其中掺高炉镍铁渣粉 1 号的混凝土的氯离子渗透性相比于掺高炉镍铁渣粉 2 号的组都要低一个等级。这部分的试验结果再次表明，在 28d 龄期时，高炉镍铁渣粉的反应程度明显高于电炉镍铁渣粉，并且高炉镍铁渣粉 1 号的活性比高炉镍铁渣粉 2 号更高。

对比图 2-27 和图 2-84 可以发现，在水胶比 0.3 条件下，掺高炉镍铁渣粉和掺电炉镍铁渣粉的混凝土在 90d 龄期时的氯离子渗透性处于同一等级，这主要是因为在较低水胶比条件下，混凝土的微结构本来就非常密实，而且在后期两类镍铁渣粉的反应程度都比较高，对混凝土抗氯离子侵蚀能力的改善效果都很明显，所以此时它们之间的活性差异没有体现出来。

（3）干燥收缩

图 2-85 显示了 C 和 B2 两组混凝土在 150d 龄期内的干燥收缩发展情况。从图中可以看出，掺入 30％高炉镍铁渣粉会导致混凝土早期的干燥收缩变大，大约 20d 之后，掺高炉镍铁渣粉的混凝土的干燥收缩增长速度明显减小，干燥收缩值也逐渐跟纯水泥组接近，在

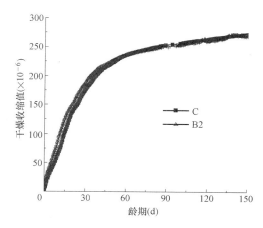

图 2-85 C 和 B2 两组混凝土的干燥收缩曲线（水胶比 0.4）

60d 龄期后，B2 组和 C 组混凝土的干燥收缩曲线几乎重合在一起。由此可见，高炉镍铁渣粉在后期的火山灰反应可以生成一定量的反应产物，从而弥补因为代替水泥而引起的水化产物减少的量。此外，掺入高炉镍铁渣粉并不会对硬化浆体孔结构产生不利影响，掺高炉镍铁渣粉的混凝土的氯离子渗透性等级明显低于纯水泥组，所以混凝土的后期干燥收缩值会跟纯水泥组相近。

（4）抗硫酸盐侵蚀

图 2-86 和图 2-87 分别显示了各组混凝土经历了 120 次和 160 次干湿循环后

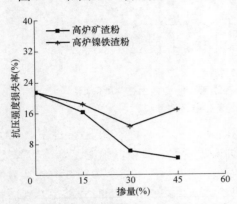

图 2-86　掺高炉矿渣粉和掺高炉镍铁渣粉的混凝土经历 120 次干湿循环后的抗压强度损失率

的抗压强度损失率。不同于电炉镍铁渣粉，掺入高炉镍铁渣粉有助于改善混凝土的抗硫酸盐侵蚀性能，在掺量为 30％范围内，随着掺量的增大，混凝土的抗硫酸盐侵蚀性能越来越强，掺量从 30％增大至 45％时，高炉镍铁渣粉对混凝土抗硫酸盐侵蚀性能的增强效果变弱。在掺量为 15％时，高炉镍铁渣粉对混凝土抗硫酸盐侵蚀性能的改善作用与高炉矿渣粉相当，但掺量更大时，高炉镍铁渣粉的作用效果明显小于高炉矿渣粉。

图 2-88 显示了各组混凝土高温浸泡 360d 后的抗压强度损失率。总体而言，高温浸泡试验所得到的规律与干湿循环试验的结果是一致的，掺入高炉镍铁渣粉能够改善混凝土的抗硫酸盐侵蚀性

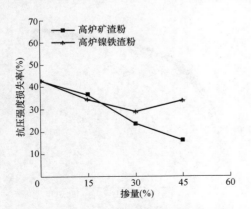

图 2-87　掺高炉矿渣粉和掺高炉镍铁渣粉的混凝土经历 160 次干湿循环后的抗压强度损失率

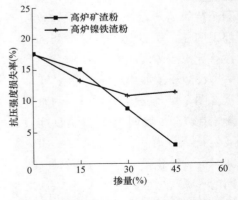

图 2-88　掺高炉矿渣粉和掺高炉镍铁渣粉的混凝土经历高温浸泡 360d 后的抗压强度损失率

能，但是当掺量超过 15％时，其作用效果明显小于高炉矿渣粉。

2.3.5 高温养护对活性的激发

研究高温养护对高炉镍铁渣粉活性的激发时，选取高炉镍铁渣粉 2 号进行试验，并采用一种与其粒径分布相近的石英粉作为参照。混凝土的配合比参照表 2-22，水胶比取 0.4，掺合料的掺量包括 15％、30％和 45％。

（1）水化过程

图 2-89 和图 2-90 分别显示了常温（25℃）和高温（60℃）条件下不同胶凝材料的水化放热量曲线。在常温条件下，掺高炉镍铁渣粉 2 号的复合胶凝材料的水化放热量明显高于掺等量电炉镍铁渣粉 1 号和石英粉的组，掺 15％高炉镍铁渣粉 2 号的组 7d 放热量与纯水泥组非常接近，这一结果再次证明了高炉镍铁渣粉的早期活性比电炉镍铁渣粉高，除了成核、稀释等物理作用外，高炉镍铁渣粉在早期发生了化学反应，对水泥水化有一定的促进作用。

通过对比还可以发现，高温条件对高炉镍铁渣粉活性的激发作用相比于对电炉镍铁渣粉更加明显，掺 15％和 30％高炉镍铁渣粉 2 号的复合胶凝体系在 36h 之后水化放热量都明显超过了纯水泥组，掺 45％高炉镍铁渣粉 2 号的复合胶凝体系在 4d 内的水化放热量也只是略低于纯水泥组。

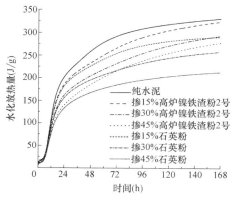

图 2-89　纯水泥、掺高炉镍铁渣粉 2 号、掺石英粉的复合胶凝材料的水化放热量曲线（水胶比 0.4，水化温度 25℃）

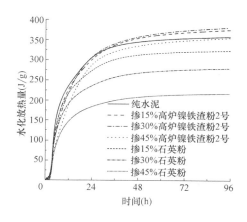

图 2-90　纯水泥、掺高炉镍铁渣粉 2 号、掺石英粉的复合胶凝材料的水化放热量曲线（水胶比 0.4，水化温度 60℃）

表 2-24 显示了各组硬化浆体在不同养护温度下的化学结合水含量，表 2-25 显示了高温养护条件下硬化浆体的化学结合水含量相比于标准养护条件下的增长率。对比表 2-8 可知，在标准养护条件下，尽管掺入高炉镍铁渣粉也会导致复合胶凝体系的化学结合水含量降低，但是相比之下，掺高炉镍铁渣粉 2 号的硬化浆

体的化学结合水含量明显高于掺电炉镍铁渣粉 1 号和石英粉的组，说明其反应活性和反应程度都比较高。

表 2-25 与表 2-9 对比的结果也表明，高温养护对高炉镍铁渣粉活性的激发作用比其对电炉镍铁渣粉的激发作用更加明显。在高温养护条件下，掺高炉镍铁渣粉 2 号的硬化浆体的化学结合水含量已经与纯水泥组非常接近，尤其是在 28d 和 90d 龄期时，掺 15％高炉镍铁渣粉 2 号的硬化浆体的化学结合水含量甚至超过了纯水泥组，这意味着在后期，掺高炉镍铁渣粉的复合胶凝体系具有较高的反应程度。

不同养护温度下纯水泥、掺高炉镍铁渣粉 2 号的硬化浆体的化学结合水含量（％）

表 2-24

胶凝材料组成	3d 龄期		28d 龄期		90d 龄期	
	标准养护（20℃）	高温养护（60℃）	标准养护（20℃）	高温养护（60℃）	标准养护（20℃）	高温养护（60℃）
纯水泥	12.70	15.62	17.25	17.70	18.25	18.38
掺 15％高炉镍铁渣粉 2 号	12.04	15.56	16.41	17.73	17.70	18.64
掺 30％高炉镍铁渣粉 2 号	11.43	15.43	15.59	17.16	17.40	18.23
掺 45％高炉镍铁渣粉 2 号	10.61	14.98	15.10	16.34	17.24	17.97

高温养护条件下纯水泥、掺高炉镍铁渣粉 2 号的硬化浆体的化学结合水含量相比于标准养护条件下的增长率（％）

表 2-25

胶凝材料组成	3d 龄期	28d 龄期	90d 龄期
纯水泥	23.0	2.6	0.7
掺 15％高炉镍铁渣粉 2 号	29.2	8.0	5.3
掺 30％高炉镍铁渣粉 2 号	35.0	10.1	4.8
掺 45％高炉镍铁渣粉 2 号	41.2	8.2	4.2

（2）水化产物

图 2-91 显示了高温养护条件下掺 30％高炉镍铁渣粉 2 号的硬化浆体在 90d 龄期时的 XRD 图谱。对比图 2-34（a）可知，除了 $Ca(OH)_2$、AFt 和 AFm 等水化产物和一些未反应的水泥组分外，掺高炉镍铁渣粉 2 号的硬化浆体中还存在一些 $MgAl_2O_4$ 和 $CaCO_3$ 晶体，它们都是高炉镍铁渣粉中的未反应组分。因此，在高温养护条件下，掺高炉镍铁渣粉的硬化浆体中也没有新的晶态矿物生成。

图 2-92 和图 2-93 分别显示了在 28d 和 90d 龄期时不同养护温度下硬化浆体的热重曲线，表 2-26 显示了高温养护条件下硬化浆体中 $Ca(OH)_2$ 含量相比于标

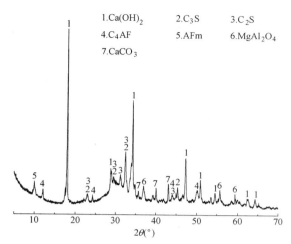

1.Ca(OH)$_2$　　2.C$_3$S　　3.C$_2$S
4.C$_4$AF　　5.AFm　　6.MgAl$_2$O$_4$
7.CaCO$_3$

**图 2-91　掺 30％高炉镍铁渣粉 2 号的硬化浆体在 90d
龄期时的 XRD 图谱（水胶比 0.4，60℃养护）**

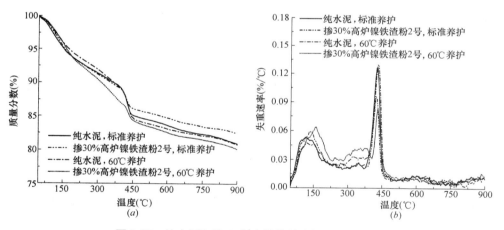

**图 2-92　纯水泥和掺 30％高炉镍铁渣粉 2 号的硬化
浆体在 28d 龄期时的热重曲线（水胶比 0.4）**
（a）失重曲线；（b）失重速率曲线

准养护条件下的变化情况。通过对比可知，无论是在标准养护条件下还是在高温
养护条件下，掺 30％高炉镍铁渣粉 2 号的硬化浆体中 Ca(OH)$_2$ 的含量都明显低
于掺 30％电炉镍铁渣粉 1 号的组，由此可知，高炉镍铁渣粉的反应程度比电炉
镍铁渣粉更高，消耗的 Ca(OH)$_2$ 也明显更多。另外，在高温养护条件下，掺高
炉镍铁渣粉 2 号的硬化浆体中 Ca(OH)$_2$ 的含量比标准养护条件下更低，再次证
明了高温养护对于高炉镍铁渣粉的火山灰活性具有激发作用。

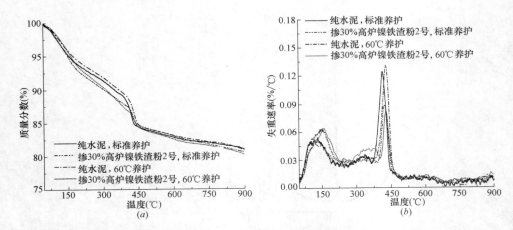

图 2-93　纯水泥和掺 30％高炉镍铁渣粉 2 号的硬化浆体在 90d 龄期时的热重曲线（水胶比 0.4）
（a）失重曲线；（b）失重速率曲线

不同养护温度下纯水泥和掺 30％高炉镍铁渣粉 2 号的硬化浆体中 Ca(OH)₂ 的含量对比

表 2-26

胶凝材料组成	28d 龄期			90d 龄期		
	标准养护（20℃）	高温养护（60℃）	变化情况	标准养护（20℃）	高温养护（60℃）	变化情况
纯水泥	20.67％	22.43％	增大了 8.5％	22.14％	23.59％	增大了 6.5％
掺 30％高炉镍铁渣粉 2 号	15.14％	13.54％	减小了 10.6％	13.34％	12.59％	减小了 5.6％

图 2-94 显示了掺 30％高炉镍铁渣粉 2 号的硬化浆体在 90d 龄期时的微观形

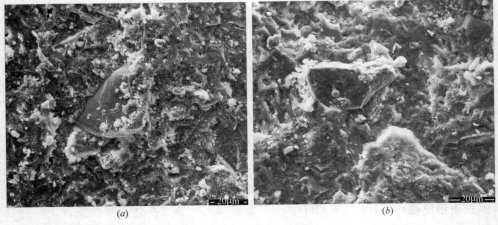

图 2-94　掺 30％高炉镍铁渣粉 2 号的硬化浆体在 90d 龄期时的微观形貌
（水胶比 0.4，高温养护）

貌。与标准养护条件下类似，高温养护条件下掺高炉镍铁渣粉 2 号的硬化浆体中也有很多的非晶态 C—S—H 凝胶生成，同时可以观察到有一些块状颗粒被凝胶包裹着，能谱分析结果表明其成分主要是尖晶石。由此可知，高炉镍铁渣粉中的尖晶石晶体化学性质比较稳定，在高温养护之后也基本没有发生反应。

图 2-95 显示了高温养护条件下掺 30％高炉镍铁渣粉 2 号的硬化浆体中 C—S—H 凝胶的钙硅比，范围为 1.48～2.83，平均钙硅比为 1.89，与电炉镍铁渣粉的情况类似，高温养护条件下的钙硅比明显高于标准养护条件下的值（见图 2-72），这表明高温养护会导致掺高炉镍铁渣粉的复合胶凝体系中 C—S—H 凝胶的钙硅比增大。另外，在高温养护条件下，掺高炉镍铁渣粉 2 号的硬化浆体中 C—S—H 凝胶的钙硅比相比于纯水泥组更小，这与标准养护条件下的规律是一致的。

图 2-96 显示了高温养护条件下掺 30％高炉镍铁渣粉 2 号的硬化浆体中 C—S—H 凝胶的铝硅比，范围为 0.13～0.41，平均铝硅比为 0.25，与电炉镍铁渣粉的情况类似，高温养护条件下的铝硅比相比于标准养护条件下有所减小，但是减小的幅度并不大。另外，在高温养护条件下，掺高炉镍铁渣粉 2 号的硬化浆体中 C—S—H 凝胶的铝硅比相比于纯水泥组和掺电炉镍铁渣粉 1 号的组都更大一些，这也与标准养护条件下的规律是一致的。

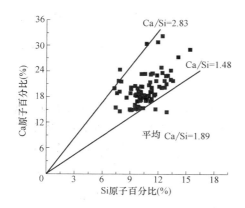

图 2-95　掺 30％高炉镍铁渣粉 2 号的硬化浆体中 C—S—H 凝胶的钙硅比（水胶比 0.4，60℃养护）

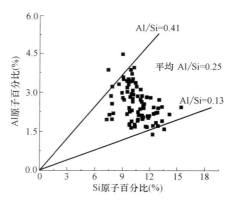

图 2-96　掺 30％高炉镍铁渣粉 2 号的硬化浆体中 C—S—H 凝胶的铝硅比（水胶比 0.4，60℃养护）

图 2-97 显示了不同养护温度下纯水泥试样和掺 30％高炉镍铁渣粉 2 号的试样在 90d 龄期时的 FTIR 光谱。与电炉镍铁渣粉的情况类似，在高温养护条件下，掺高炉镍铁渣粉 2 号的试样中 C—S—H 凝胶 Si—O 键的伸缩振动吸收峰相比于标准养护条件下也往高波数方向迁移了一点，由此可以推断，其中硅氧四面

体的聚合度也有所增加。另外，对比高温养护条件下两组试样的光谱可知，在高温养护条件下，掺入高炉镍铁渣粉会增大硬化浆体 C—S—H 凝胶中硅酸盐的聚合度，这与标准养护条件下的规律是一致的。

图 2-98 显示了不同养护温度下纯水泥试样和掺 30％高炉镍铁渣粉 2 号的试样在 90d 龄期时的 ^{29}Si 固体核磁共振图谱。与电炉镍铁渣粉的情况类似，在高温养护条件下，掺高炉镍铁渣粉 2 号的试样中 Q^0 单元的共振峰已经非常微弱，$I(Q^1)/I(Q^2)$ 的值相比于标准养护条件下有所减小，说明硅氧四面体结构的聚合度有明显的提高，也就是说，高温养护会增大掺高炉镍铁渣粉复合胶凝体系的 C—S—H 凝胶中硅酸盐的聚合程度。另外，对比高温养护条件下两组试样的核磁共振图谱可知，在高温养护条件下，掺入高炉镍铁渣粉会增大硬化浆体 C—S—H 凝胶中硅酸盐的聚合度，这与标准养护条件下的规律也是一致的。

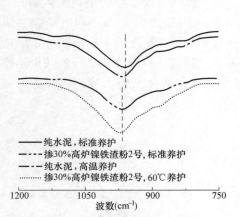

图 2-97　不同养护温度下纯水泥和掺 30％高炉镍铁渣粉 2 号的硬化浆体在 90d 龄期时的 FTIR 光谱（水胶比 0.4）

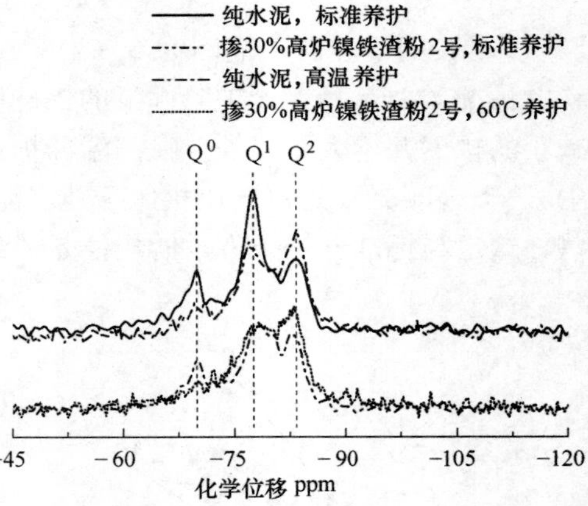

图 2-98　不同养护温度下纯水泥和掺 30％高炉镍铁渣粉 2 号的硬化浆体在 90d 龄期时的 ^{29}Si 固体核磁共振图谱（水胶比 0.4）

(3) 混凝土抗压强度

图 2-99～图 2-101 分别显示了在 3d、28d 和 90d 龄期时，各组混凝土在不同养护温度下的抗压强度。表 2-27 显示了高温养护条件下各组混凝土抗压强度相比于标准养护条件下的增长率。

在标准养护条件下，掺高炉镍铁渣粉 2 号的混凝土的 3d 抗压强度相比之下高于掺电炉镍铁渣粉 1 号和掺石英粉的组，尤其是在 30％和 45％掺量下，可以看到很明显的差距，表明高炉镍铁渣粉已经发生了一定程度的反应，其化学作用对混凝土早期强度的增长有一定的贡献。在高温养护条件下，掺高炉镍铁渣粉 2 号的混凝土的 3d 抗压强度增长率明显高于掺石英粉的混凝土，而且掺量越大，高温养护条件下混凝土抗压强度的增长率也越大，这意味着高温养护可以激发高

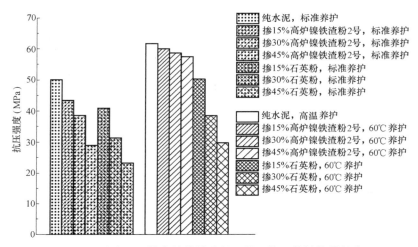

图 2-99　纯水泥、掺高炉镍铁渣粉 2 号、掺石英粉的混凝土
在 3d 龄期时的抗压强度（水胶比 0.4）

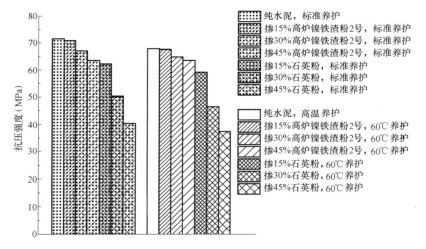

图 2-100　纯水泥、掺高炉镍铁渣粉 2 号、掺石英粉的混凝土
在 28d 龄期时的抗压强度（水胶比 0.4）

炉镍铁渣粉的早期活性。另外，相比于电炉镍铁渣粉，高温养护对高炉镍铁渣粉活性的激发作用更加明显，在高温养护条件下，掺 45％高炉镍铁渣粉 2 号的混凝土的 3d 抗压强度已经超过了掺 15％电炉镍铁渣粉 1 号的组，掺 45％高炉镍铁渣粉 2 号的混凝土在高温养护条件下的 3d 抗压强度增长率已经接近 100％。

在 28d 和 90d 龄期时，可以发现在标准养护条件下，掺高炉镍铁渣粉 2 号的混凝土抗压强度明显高于掺石英粉的组，尤其是在掺量较大的情况下，这说明在后期高炉镍铁渣粉的化学反应对混凝土抗压强度增长起主导作用。另外，在后

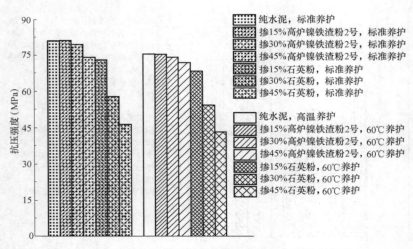

图 2-101　纯水泥、掺高炉镍铁渣粉 2 号、掺石英粉的混凝土
在 90d 龄期时的抗压强度（水胶比 0.4）

期，高温养护条件下掺高炉镍铁渣粉 2 号的混凝土抗压强度相比于标准养护条件
下的增长率也变成了负值。由此可见，尽管高炉镍铁渣粉在后期发生火山灰反
应，消耗 Ca(OH)$_2$，生成一定量的 C—S—H 凝胶，但是仍然不能弥补早期高温
养护对混凝土抗压强度造成的不利影响。

高温养护条件下纯水泥、掺高炉镍铁渣粉 2 号、掺石英粉的
混凝土抗压强度相比于标准养护条件下的增长率（%）　　　表 2-27

胶凝材料组成	3d 龄期增长率	28d 龄期增长率	90d 龄期增长率
纯水泥	23.4	−5.2	−6.9
掺 15% 高炉镍铁渣粉 2 号	38.6	−4.5	−7.1
掺 30% 高炉镍铁渣粉 2 号	51.8	−3.2	−6.9
掺 45% 高炉镍铁渣粉 2 号	98.6	0.1	−3.1
掺 15% 石英粉	22.7	−4.8	−6.6
掺 30% 石英粉	23.3	−7.9	−6.0
掺 45% 石英粉	28.4	−7.5	−6.7

（4）混凝土氯离子渗透性

图 2-102 和图 2-103 分别显示了在 28d 和 90d 龄期时不同养护温度下各组混
凝土的 6h 电通量和相应的氯离子渗透性等级。从图中可以看出，在高温养护条
件下，掺高炉镍铁渣粉 2 号的混凝土的 6h 电通量相比于标准养护条件下均有所
减小，在掺量合适的情况下，混凝土的氯离子渗透性甚至会降低一个等级。由此
可见，尽管早期高温养护会导致掺高炉镍铁渣粉的混凝土的后期强度有所降低，

但是并不会对其抗氯离子渗透性能产生不利影响，在掺量合适的情况下甚至能改善混凝土抵抗氯离子渗透的能力。

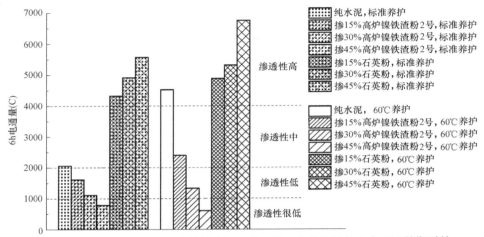

图 2-102　纯水泥、掺高炉镍铁渣粉 2 号、掺石英粉的混凝土在 28d 龄期时的
6h 电通量和氯离子渗透性等级（水胶比 0.4）

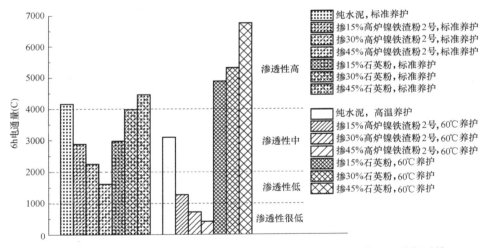

图 2-103　纯水泥、掺高炉镍铁渣粉 2 号、掺石英粉的混凝土在 90d 龄期时的
6h 电通量和氯离子渗透性等级（水胶比 0.4）

参 考 文 献

［1］ Japan Industrial Standard. Slag aggregate for concrete. Part-2：Ferronickel slag aggregate：JIS A5011-2-2003 ［S］. Tokyo：Japanese Industrial Standards Committee，2003.

［2］ 中国建筑学会 . 水泥和混凝土用镍铁渣粉：T/ASC 01-2016. 北京：中国建筑学会，2016.

［3］ Yu P, Kirkpatrick R J, Poe B, et al. Structure of calcium silicate hydrate（C—S—H）：Near-, Mid-, and Far-infrared spectroscopy ［J］. Journal of the American Ceramic Society, 1999, 82（3）：742-748.

［4］ García-Lodeiro I, Fernández-Jiménez A, Blanco M T, Palomo A. FTIR study of the sol-gel synthesis of cementitious gels：C—S—H and N-A-S-H ［J］. Journal of Sol-Gel Science and Technology, 2008, 45（1）：63-72.

［5］ 谭克锋，刘涛 . 早期高温养护对混凝土抗压强度的影响 ［J］. 建筑材料学报，2006，9（4）：473-476.

［6］ Escalante-Garcla J I, Sharp J H. The microstructure and mechanical properties of blended cements hydrated at various temperatures ［J］. Cement and Concrete Research, 2001, 31（5）：695-702.

［7］ Gougar M L D, Scheetz B E, Roy D M. Ettringite and C—S—H Portland cement phases for waste ion immobilization：A review ［J］. Waste Management, 1996, 16（4）：295-303.

［8］ Bonen D, Sarkas S L. The present state-of-the-art of immobilization of hazardous heavy metals in cement-based materials. ［C］// Grutzek M W, Sarkar S L. Advances in Cement and Concrete：Proceedings of an Engineering Foundation Conference. America：New York. 1994：481-498.

［9］ Zhang M. Incorporation of Oxyanionic B, Cr, Mo and Se into hydrocalumite and ettringite：Application to cementitious system ［J］. Canada：University of Waterloo, 2000.

［10］ Kumarathasan P, McCarthy G J, Hassett D J et al. Oxyanion substituted ettringites：synthesis and characterization, and their potential role in immobilization of As, B, Cr, Se, and V ［J］. Materials Research Society Symposia, 1990, 178：83-104.

第3章　钢渣粉和钢铁渣粉

3.1　钢渣粉的基本材料特性

表 3-1 中是从我国不同钢铁厂获取的 6 种钢渣的化学成分，钢渣的主要化学成分为 CaO、SiO_2、Fe_2O_3，其次为 Al_2O_3 和 MgO。相比硅酸盐水泥，钢渣中 Ca、Si 的含量均较低，而 Fe 的含量明显较高。

钢渣的化学成分（%）　　　　　　　　　　　　　表 3-1

序号	CaO	SiO_2	Al_2O_3	Fe_2O_3	MnO	SO_3	MgO	P_2O_5	TiO_2	Na_2O	K_2O	V_2O_5	Cr_2O_3
1	38.62	15.45	5.37	25.49	1.94	0.18	7.68	1.62	1.51	0.01	0.06	0.29	0.22
2	45.38	14.38	7.19	20.34	5.13	0.34	3.46	1.23	0.82	0.02	0.05	0.26	0.14
3	37.39	20.33	4.41	23.45	1.86	0.55	6.54	1.72	1.23	0.42	0.24	0.35	0.21
4	43.24	14.38	2.90	26.76	4.32	0.34	5.15	0.94	0.06	0.04	0.06	0.04	0.11
5	43.38	17.03	5.64	22.69	1.70	0.23	5.98	0.33	0.21	0.24	0.32	0.13	0.16
6	33.92	13.79	1.68	29.86	10.21	0.19	6.13	2.38	0.99	0.05	0.02	0.29	0.24

注：钢渣中的 Fe_2O_3 为 Fe_2O_3 与 FeO 的总量。

图 3-1 是钢渣粉的微观形貌，通常粉磨后的钢渣粉颗粒无规则的形貌，从钢渣粉的扫描电镜图片中可以很直观地看出，钢渣粉主要由两部分粒径相差较大的颗粒组成，大颗粒所占的比例和小颗粒所占的比例均很大，而中间粒径的颗粒所

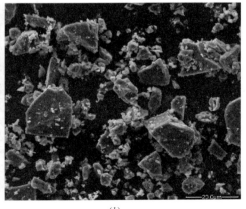

(a)　　　　　　　　　　　　　　　　　　(b)

图 3-1　钢渣粉的微观形貌

占的比例很小，也就是说，钢渣粉的颗粒级配属于间断级配。

图 3-2 中将钢渣粉和水泥的粒径分布进行了对比，两者的分布曲线差异明显，其中水泥的粒径分布曲线更接近于正态分布曲线，中间粒径的颗粒比例高，而钢渣粉中间粒径的颗粒比例很低。图中水泥的比表面积为 $312m^2/kg$，钢渣粉的比表面积为 $458\ m^2/kg$，虽然钢渣粉的比表面积明显大于水泥，但事实上钢渣粉中的大颗粒含量（尤其大于 $50\mu m$ 的颗粒）明显高于水泥，之所以钢渣粉的比表面积大于水泥，是因为钢渣粉中的小颗粒含量（尤其小于 $5\mu m$ 的颗粒）也明显高于水泥。

图 3-3 中将两种不同细度的钢渣粉的粒径分布进行了对比，钢渣粉在进一步磨细之后，并未改变粒径分布曲线的形态，依然可以把钢渣粉分为大于 $20\mu m$ 和小于 $20\mu m$ 两个明显的区间。整体而言，钢渣粉的易磨性比较差，粉磨的难度高于矿渣粉。钢渣粉中的大颗粒的易磨性比小颗粒的易磨性差，也就是说，在钢渣粉进一步粉磨的过程中，大颗粒进一步减少的幅度并不大，而是将小颗粒磨得更细，由此导致钢渣粉的比表面积提高。

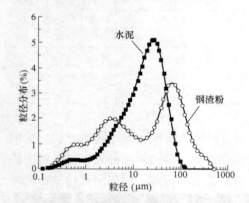

图 3-2　钢渣粉和水泥的粒径分布对比 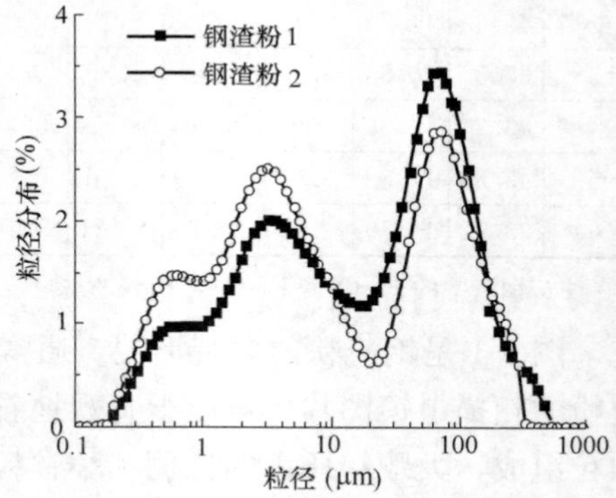　　图 3-3　不同细度的钢渣粉的粒径分布对比

图 3-4 是钢渣粉的 XRD 图谱，钢渣中的非晶态物质含量极低，基本是晶态矿物，主要矿物相包括 C_3S、C_2S、RO 相（CaO-FeO-MgO-MnO 固溶体），也包含少量的铁酸盐矿物（C_2F）、铝酸盐矿物（$C_{12}A_7$，有些情况下是 C_3A 或 CA）、硅铝酸盐矿物（$Ca_2Al_2Si_3O_{12}$）、Fe_3O_4、游离 CaO（f-CaO）、游离 MgO 等。钢渣中也有少量的 C_4AF，是铝原子取代 C_2F 中铁原子的结果，但铝原子主要存在于 $C_{12}A_7$ 和 $Ca_2Al_2Si_3O_{12}$ 中，因此 C_4AF 的量很少。不同钢铁厂排放的钢渣的矿物组成略有差异，钢渣的存放环境和时间也会导致其矿物组成发生一些变化，例如，钢渣露天存放若干年后，在钢渣粉的 XRD 图谱中含有 $Ca(OH)_2$，这是硅酸盐矿物水化的产物。游离 CaO 和 MgO 都是造成钢渣安定性不良的重要组分，不同钢铁厂排放的钢渣中这两种物质的含量差异较大，钢渣露天存放的时间越长，

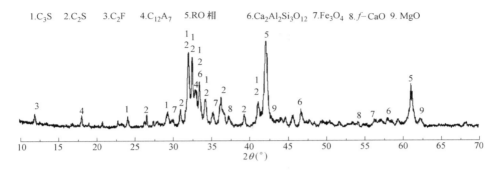

图 3-4 钢渣粉的 XRD 图谱

这两种物质被自然消解的比例越高。

尽管钢渣中的主要活性物质为硅酸盐矿物，与水泥类似，但钢渣与水泥中的硅酸钙矿物是有差异的。普通硅酸盐水泥中的 C_3S 含量明显高于 C_2S，但钢渣中的硅酸钙矿物以 C_2S 为主，C_3S 的含量不高。此外，在水泥的生产过程中采用了急冷措施，使水泥中的矿物组分在冷却过程中结晶不完整，处于介稳态，因此活性较高；而钢渣的排放通常是自然冷却，矿物组分结晶相对完整，活性相对较低。

对图 3-5 中编号为 1～16 的钢渣颗粒进行能谱分析（EDX），各个颗粒的化学组成分析结果见表 3-2。编号为"1"、"3"和"15"的颗粒中 Mg、Fe、Mn 的含量较高，可以确定这三个颗粒为 RO 相矿物；编号为"10"和"14"的颗粒主要成分是 Fe 和 O，这两个颗粒为铁的氧化物；编号为"13"的颗粒主要成分是 Si 和 O，可以确定该颗粒为 SiO_2；颗粒中 Ca 的含量高，Si 或 Al 的含量也较高，这些颗粒为硅酸盐矿物相或铝酸盐矿物（或硅铝酸盐矿物）相。从能谱分析的结果来看，钢渣中的硅酸盐矿物相或铝酸盐矿物相的颗粒粒径一般较小，RO 相的颗粒粒径一般较大。

图 3-5 中钢渣颗粒的化学组成（At%）   表 3-2

颗粒编号	O	Mg	Al	Si	P	Ca	Fe	Mn	Na	S	K
1	48.27	23.25	—	—	—	4.87	20.16	3.25	—	—	—
2	38.24	1.25	1.07	5.69	—	50.70	3.06	—	—	—	—
3	49.45	27.45	0.72	1.30	—	1.70	17.59	1.29	—	—	—
4	53.41	1.49	9.76	0.96	—	22.46	9.41	—	—	—	—
5	51.73	0.43	0.63	11.57	0.78	33.25	1.61	—	—	—	—
6	66.24	2.90	3.75	3.46	—	14.60	7.35	1.70	—	—	—
7	62.09	2.42	2.40	8.91	0.83	19.26	2.53	—	0.87	0.38	0.31
8	52.83	1.39	1.15	13.72	1.37	27.41	1.41	—	0.67	0.05	—

续表

颗粒编号	O	Mg	Al	Si	P	Ca	Fe	Mn	Na	S	K
9	68.58	0.77	1.86	7.21	1.14	16.50	2.22	—	—	—	—
10	57.80	2.42	0.58	—	—	0.96	41.24	—	—	—	—
11	68.44	0.53	0.81	10.83	1.01	16.53	0.61	—	0.75	—	—
12	60.33	3.03	9.90	3.03	—	17.73	5.40	—	—	—	—
13	63.45	—		36.55	—			—	—	—	—
14	50.41	2.47	0.76	2.28	—	3.25	40.84	—	—	—	—
15	49.60	7.56	0.50	0.85	—	6.66	29.23	5.61	—	—	—
16	69.72	3.23	2.48	7.97	0.50	11.38	3.87	—	0.95	—	—

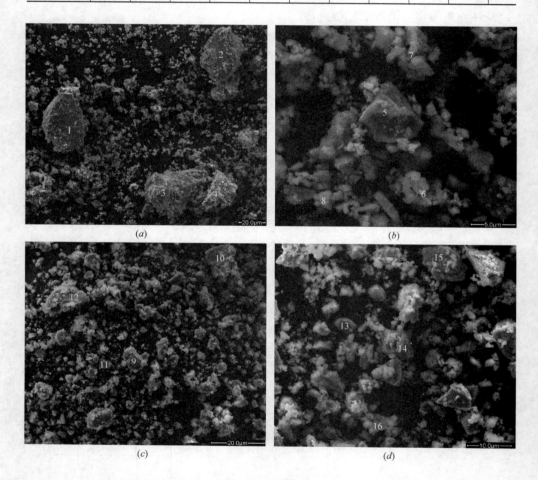

图 3-5　钢渣颗粒的 SEM 图片（用于 EDX 能谱分析）

将钢渣粉筛分成两部分，一部分大于 $60\mu m$，一部分小于 $60\mu m$，两部分钢渣粉的 XRD 图谱对比如图 3-6 所示。相对小于 $60\mu m$ 的钢渣粉而言，大于 $60\mu m$ 的钢渣粉的 RO 相特征峰强度明显偏高，而胶凝相（C_3S 和 C_2S 等矿物相）特征峰强度明显偏低，这再次说明钢渣中的大颗粒中 RO 相的含量较高，而小颗粒中胶凝相的含量较高。RO 相的易磨性比胶凝相差，因此，钢渣粉的颗粒级配是间断级配。

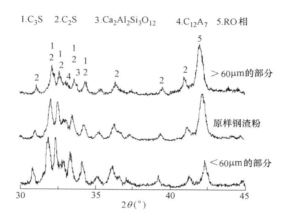

图 3-6 钢渣粉不同颗粒区间的 XRD 图谱对比

3.2 钢渣粉在水泥或混凝土中应用的相关标准

我国已颁布的用于水泥生产的钢渣标准有：国家标准《钢渣硅酸盐水泥》（GB 13590—2006）、黑色冶金行业标准《用于水泥中的钢渣》（YB/T 022—92）、黑色冶金行业标准《钢渣道路水泥》（YB 4098—1996）、黑色冶金行业标准《钢渣砌筑水泥》（YB 4099—1996）、黑色冶金行业标准《低热钢渣矿渣水泥》（YB/T 057—94）。其中，《用于水泥中的钢渣》（YB/T 022—92）规定，钢渣的 $CaO/(SiO_2+P_2O_5)$ 不小于 1.8，这个关键指标在钢渣水泥的标准中均被采用。

Mason[1] 最早提出用钢渣化学组成计算得到的碱度值（用 M 表示）来评价钢渣的活性，定义钢渣碱度 $M=CaO/(SiO_2+P_2O_5)$。我国对钢渣碱度的定义采用了 Mason 的方法，而且按碱度将钢渣分为低碱度钢渣（$M<1.8$）、中碱度钢渣（$M=1.8\sim2.5$）及高碱度钢渣（$M>2.5$）三种。根据唐明述的研究结果[2]，钢渣的碱度决定了其主要矿物相，根据钢渣的碱度可以将钢渣分为橄榄石渣（低水化活性）、镁硅钙石渣（低水化活性）、硅酸二钙渣（中水化活性）和硅酸三钙渣（高水化活性）（见表 3-3）。很显然，我国颁布的有关钢渣水泥的标准中，要求不能使用低碱度钢渣。

钢渣的矿物组成、活性和碱度[2]　　　　　　　　　　　表 3-3

水化活性	钢渣种类	碱度 CaO/(SiO$_2$+P$_2$O$_5$)	主要矿物相
低	橄榄石	0.9～1.4	橄榄石、RO 相和镁蔷薇辉石
	镁硅钙石	1.4～1.6	镁蔷薇辉石、C$_2$S 和 RO 相
中	硅酸二钙	1.6～2.4	C$_2$S 和 RO 相
高	硅酸三钙	>2.4	C$_2$S、C$_3$S、C$_4$AF、C$_2$F 和 RO 相

2017 年我国颁布了国家标准《用于水泥和混凝土中的钢渣粉》GB/T 20491—2017，对于钢渣粉的定义为：由符合 YB/T 022 标准规定的转炉或电炉钢渣（简称钢渣），经磁选除铁处理后粉磨达到一定细度的产品。这个标准明确了制备钢渣粉不能采用低碱度钢渣，这主要是为保障钢渣粉的活性而设置的要求。该标准规定钢渣粉的比表面积≥350m^2/kg，根据活性指数（试验样品为钢渣粉和基准水泥按质量比 3∶7 混合而成）将钢渣粉划分为一级和二级。一级钢渣粉的 7d 和 28d 活性指数分别≥65％和≥80％，二级钢渣粉的 7d 和 28d 活性指数分别≥55％和≥65％。出于安定性的考虑，该标准规定游离氧化钙的含量≤4.0％，且要求沸煮安定性合格，6h 压蒸膨胀率≤0.50％（如果钢渣粉中 MgO 含量不大于 5％，可不检验压蒸安定性）。

2012 年我国颁布了国家标准《钢铁渣粉》GB/T 28293—2012，对于钢铁渣粉的定义为：以钢渣和粒化高炉矿渣为主要原料，可掺加少量石膏粉磨成一定细度的粉体材料（需要时可加入助磨剂）。钢铁渣粉中钢渣的掺入量为 20％～50％，粒化高炉矿渣的掺入量为 50％～80％。该标准规定钢铁渣粉的比表面积≥400m^2/kg，根据活性指数（试验样品为钢渣粉和基准水泥按质量比 1∶1 混合而成）将钢铁渣粉划分为 G95、G85、G75 三个等级，7d 活性指数分别≥75％、≥65％、≥55％，28d 活性指数分别≥95％、≥85％、≥75％。该标准并未对游离氧化钙的含量进行限制，但要求沸煮安定性合格且 6h 压蒸膨胀率≤0.50％。2013 年我国颁布了国家标准《钢铁渣粉混凝土应用技术规范》GB/T 50912—2013，该标准规定当钢铁渣粉与粉煤灰、硅灰等其他矿物掺合料复合使用时，矿物掺合料的总量不宜超过胶凝材料总量的 50％。

3.3　钢渣粉的胶凝性能及安定性

3.3.1　胶凝性能

(1) 水化过程

钢渣中含有具有自身水硬性的物质，因此钢渣具有一定的自身胶凝性能，即钢渣在非碱性环境中可以与水发生水化反应。图 3-7 是钢渣粉与水泥的水化放热速率对比，从图中可以看出钢渣的水化放热速率明显小于水泥，这是因为一方面钢渣中的活性组分含量明显低于水泥，另一方面钢渣中的活性组分早期活性低于水泥中的活性组分。但值得关注的是，钢渣粉的水化过程与水泥的水化过程类似，都存在两个放热峰，都可以划分为快速放热期、诱导期、加速期、减速期和稳定期，这是因为钢渣中的主要活性组分是与水泥类似的。所以，在一定程度上可以把钢渣看作一种低活性的水泥与一些低活性（或惰性）的物质的混合物。

将图 3-3 中的两种不同细度的钢渣粉的水化放热速率进行对比，结果如图 3-8 所示。与其他矿物掺合料类似，提高细度会提高钢渣粉的早期活性，第二放热峰出现的时间提前且峰值增大，减速期的水化放热速率也有所提高。将钢渣粉进一步磨细是提高钢渣粉早期活性的一个最直接的途径。

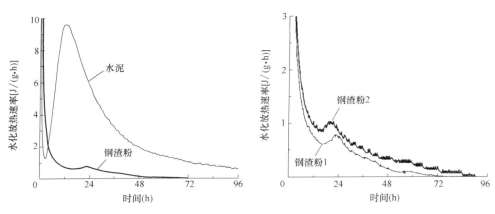

图 3-7　钢渣粉与水泥的水化放热速率对比　　图 3-8　两种不同细度的钢渣粉的水化放热速率对比

化学结合水含量在一定程度上可以表征水化产物的总量。在标准养护条件下将钢渣粉浆体和水泥浆体养护至 1d、3d、7d、28d、90d、360d，分别测定各个龄期的化学结合水含量（见表 3-4）。水泥 1d 和 3d 的化学结合水含量占其 360d 化学结合水含量的 53.9% 和 73.6%，而钢渣粉 1d 和 3d 的化学结合水含量仅占其 360d 化学结合水含量的 19.5% 和 37.8%，由此可见，水泥的早期水化速率非

钢渣粉与水泥的水化产物的化学结合水含量对比（%）　　　　表 3-4

试样	龄期(d)					
	1	3	7	28	90	360
钢渣粉	2.30	4.46	5.12	7.42	8.39	11.79
水泥	9.32	12.73	14.27	15.34	16.77	17.30

常快，而钢渣粉则非常缓慢。从 28d 到 360d，钢渣粉的化学结合水含量增长了 58.9%，而水泥的化学结合水含量增长了 12.8%，钢渣粉的后期水化增幅明显高于水泥。

（2）水化产物

图 3-9 是钢渣粉在纯水环境下水化 3d、90d、360d 和在 pH 值为 13.0 的 NaOH 溶液环境下水化 360d 的水化产物的 XRD 图谱。钢渣粉在加水后可以发生自身水化反应，随着水化龄期的增长，C_2S、C_3S、$C_{12}A_7$、$Ca_2Al_2Si_3O_{12}$ 的特征峰强度不断减弱，说明这些成分在不断减少；但 RO 相、Fe_3O_4、C_2F 的特征峰强度变化很小，说明这些成分参与反应的程度很低。通过将钢渣粉在纯水环境和碱性环境下 360d 的水化产物的 XRD 图谱进行对比，可以发现，它们的水化产物种类是一样的，这说明在碱激发的条件下，RO 相、Fe_3O_4、C_2F 的活性依然很低。所以，钢渣粉无论是在纯水条件下还是在碱激发条件下的水化产物种类是相同的，即 C—S—H 凝胶（非晶态，不能通过 XRD 确认）、$Ca(OH)_2$，未完全水化的 C_2S、C_3S、$C_{12}A_7$、$Ca_2Al_2Si_3O_{12}$ 等成分，未参与反应的 RO 相、Fe_3O_4、C_2F 等成分。

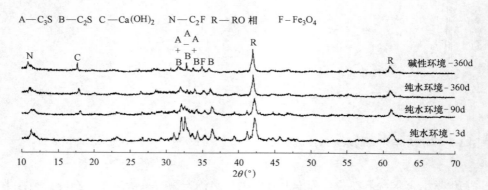

图 3-9　钢渣粉在纯水环境和碱性环境下的水化产物的 XRD 图谱

图 3-10（a）是钢渣粉水化 28d 时其水化产物的典型微观形貌，可以简单描述为水化生成的产物（主要是 C—S—H 凝胶）包裹着未反应的颗粒。凝胶的能谱分析结果显示，其主要成分是 Ca、Si、O，可以确认该凝胶为水化硅酸钙凝胶。未水化的颗粒的能谱分析显示，其主要成分是 Fe、Mg、Ca、O，可以确认该颗粒属于 RO 相。从图 3-10（a）还可以看出，尽管钢渣粉水化已经生成了大量的凝胶，但是凝胶之间的相互粘结并不牢固，而更像是堆积在一起，所形成的结构体系并不牢固。

图 3-11（a）显示，钢渣粉水化 28d 时，其水化产物中有少量形状规则的晶体（六角板状或四角板状）生成，这些晶体一般小于 $5\mu m$，由于生成的量比较

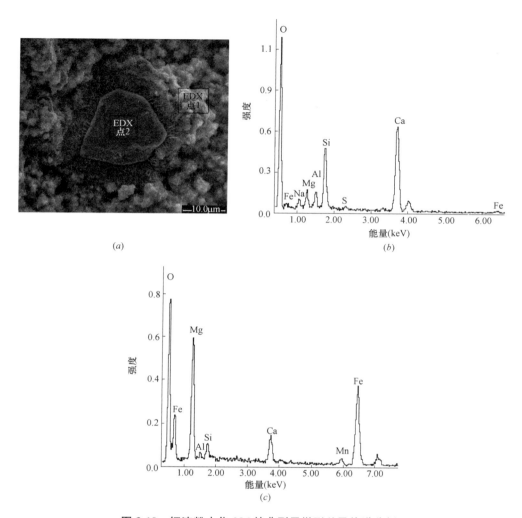

图 3-10 钢渣粉水化 28d 的典型显微形貌及能谱分析

(a) 显微形貌；(b) 点 1 的能谱分析结果；(c) 点 2 的能谱分析结果

少，因此通过 XRD 难以区分其产物对应的特征峰。根据能谱分析，如图 3-11 (b)、(c)、(d) 所示，该晶体的主要成分是 Ca、Al、O，应该是 $C_{12}A_7$ 和 $Ca_2Al_2Si_3O_{12}$ 的水化产物。

图 3-12 (a)、(b) 是钢渣粉水化 90d 时硬化浆体的微观形貌，与图 3-10 (a) 相比，凝胶的量明显增多，浆体的结构更加密实。对于钢渣粉中的大颗粒，此时有两种存在状态：一种如图 3-12 (a) 所示，颗粒表面光滑，基本未参与化学反应；另一种如图 3-12 (b) 所示，颗粒表面粗糙，已经发生了化学反应。对颗粒 1、2 进行能谱分析，结果分别如图 3-12 (c)、(d) 所示。颗粒 1 中 Fe、Mg、

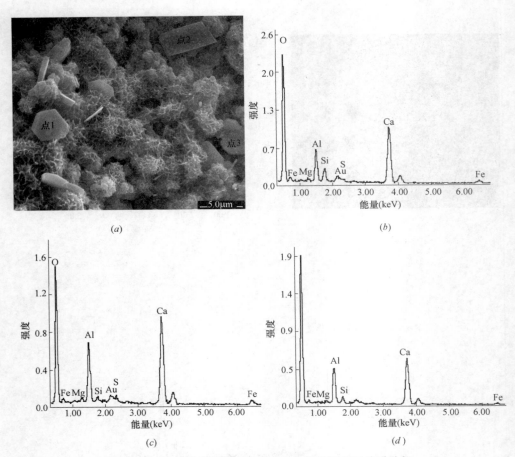

图 3-11　钢渣粉水化 28d 的晶态产物微观形貌及能谱分析

（*a*）微观形貌；（*b*）点 1 的能谱分析结果；（*c*）点 2 的能谱分析结果；（*d*）点 3 的能谱分析结果

Mn 的含量较高，可以确定该颗粒属于 RO 相；颗粒 2 中主要含 Ca、Si、O，可以确定该颗粒为 C_2S 或 C_3S。由此可见，RO 相的活性很低，90d 时仍基本不参与化学反应。由于 RO 相颗粒表面光滑，所以颗粒与凝胶之间的界面是整个体系的薄弱环节。大颗粒的 C_2S 或 C_3S 反应速度较慢，但随着龄期的增长，其反应程度会逐渐增大，颗粒表面会生成一些水化产物，这些水化产物与周围的凝胶相粘结，使大颗粒的 C_2S 或 C_3S 可以和周围的凝胶结合得更紧密。尽管大颗粒的 C_2S 和 C_3S 在水化后期能够参与反应，使其与周围凝胶的界面比 RO 相与周围凝胶的界面更牢固，但其生成的水化产物数量较少，对体系中凝胶数量的增多没有太大的贡献。

　　图 3-13 是钢渣粉水化 360d 时硬化浆体的微观形貌。对图中所标记的凝胶及未反应的颗粒进行能谱分析，结果列于表 3-5 中。在未反应的颗粒 9、10、11、

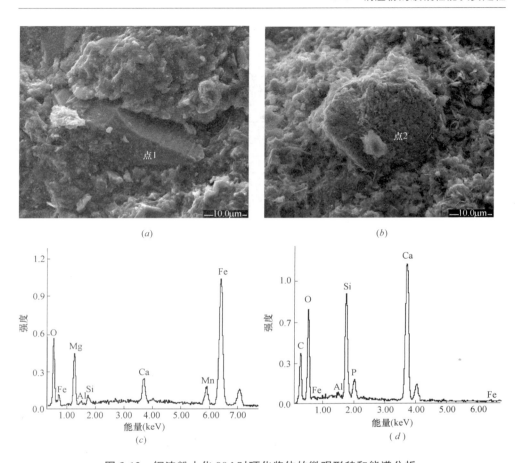

图 3-12 钢渣粉水化 90d 时硬化浆体的微观形貌和能谱分析

（a）、（b）微观形貌；（c）点 1 的能谱分析结果；（d）点 2 的能谱分析结果

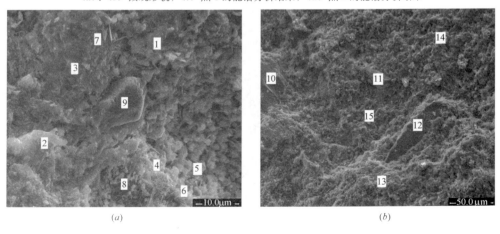

图 3-13 钢渣粉水化 360d 时硬化浆体的微观形貌

12 中，Fe、Mg、Mn 的含量较大，可以确定这些颗粒是 RO 相。其余所选区域均为钢渣粉水化生成的凝胶，其中大部分为 C_2S 和 C_3S 水化生成的凝胶，区域 8 和 14 中 Al 的含量较大，应为 $C_{12}A_7$ 或 $Ca_2Al_2Si_3O_{12}$ 水化生成的凝胶。

图 3-13 中所选颗粒或区域的能谱分析结果（At%）　　　　　　表 3-5

颗粒或区域编号	O	Mg	Al	Si	Ca	Fe	Mn
1	50.58	1.06	0.69	4.21	40.57	2.78	—
2	62.61	1.22	1.53	11.05	20.75	2.45	—
3	57.15	1.22	1.71	10.39	25.02	3.95	—
4	67.36	2.90	2.97	7.69	15.57	2.99	—
5	66.63	2.34	1.75	8.22	17.83	2.90	—
6	72.36	3.56	1.73	6.80	12.56	2.84	—
7	28.24	1.08	2.33	10.47	45.46	5.21	—
8	61.78	1.18	12.31	0.54	20.16	4.03	—
9	53.48	27.09	0.42	1.07	2.85	14.11	0.99
10	52.00	27.62	0.62	0.47	1.08	16.05	1.73
11	17.15	12.73	0.59	1.25	3.95	58.11	6.21
12	19.73	11.01	0.51	1.09	3.90	52.90	5.17
13	50.30	—	0.96	15.23	31.90	—	—
14	48.03	0.12	9.85	5.33	35.57	1.03	—
15	58.31	0.28	2.20	17.22	21.25	0.56	—

（3）不同粒径的活性差异

将钢渣粉中大于 $60\mu m$ 的大颗粒筛分出来，然后采用强力机械粉磨的方法将这部分大颗粒进一步磨细，粒径分布如图 3-14 所示。然后将原样钢渣粉、筛分出来的大于 $60\mu m$ 的钢渣粉、大颗粒钢渣粉进一步磨细后的粉体的水化放热速率曲线进行对比，如图 3-15 所示。很显然，钢渣粉中大于 $60\mu m$ 的大颗粒的活性

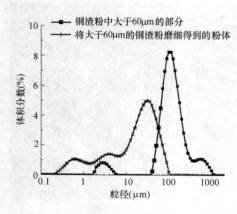

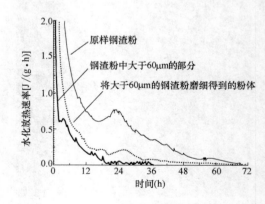

图 3-14　粗颗粒钢渣粉及其进一步磨细后的粉体的粒径分布

图 3-15　粗颗粒钢渣粉及其进一步磨细后的粉体与原样钢渣粉的水化放热速率对比

极低（远小于原样钢渣粉），并且即使将这些大颗粒进一步磨细，得到的钢渣粉与原样钢渣粉的活性相比也是非常低的。

图 3-16 是图 3-15 中的 3 种钢渣粉水化 360d 时，水化产物的热重曲线。由于钢渣粉与水泥的水化产物种类类似，因此钢渣粉与水泥的水化产物的热重曲线相似。钢渣粉水化产物的热重曲线有 3 个主要的吸热峰：C—S—H 凝胶初始脱水阶段（200～350℃）；Ca(OH)$_2$ 脱水阶段（400～500℃）；C—S—H 凝胶后期脱水阶段（550～700℃）。原样钢渣粉水化产物的热重曲线中 Ca(OH)$_2$ 分解对应的吸热峰非常明显，而另外两条热重曲线中 Ca(OH)$_2$ 分解对应的吸热峰非常微弱，C—S—H 凝胶和 Ca(OH)$_2$ 是钢渣粉的重要水化产物，Ca(OH)$_2$ 的量在一定程度上反映了水化产物的总量。因此，水化 360d

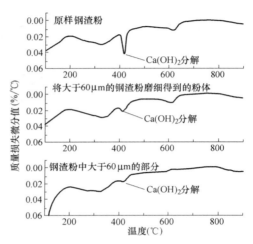

图 3-16　钢渣粉水化产物的热重曲线

时，钢渣粉中大于 60μm 的部分以及将大于 60μm 的铜渣粉磨细得到的粉体的水化产物量明显比原样钢渣粉少。

由此可见，机械磨细对粗颗粒钢渣粉的活性激发作用并不明显，粗颗粒钢渣粉进一步磨细后与原样钢渣粉的胶凝性能仍有非常大的差距。这是因为粗颗粒中的非活性物质含量较高，机械磨细对于提高这部分物质的活性是没有意义的；另一方面，钢渣的冷却是一个缓慢的过程，活性组分的结晶很完整，内在的活性很低，尽管机械磨细会增大颗粒与水的接触面积，但对于提高颗粒活性的效率较低。需要强调的是，钢渣粉中粗颗粒的易磨性很差，因此，从机械激发对粗颗粒的活性激发效果来看，将钢渣粉中的粗颗粒磨细是不经济的。

采用粉体分选设备将钢渣粉中小于 20μm 的部分分选出来，其微观形貌如图 3-17 所示，颗粒呈无规则的形态，表面特别光滑的颗粒含量较少。将小于 20μm 的钢渣粉与水泥的水化放热速率进行对比（见图 3-18）可以发现，细钢渣粉的第二放热峰出现的时间比水泥还早，这是因为钢渣粉更细，但由于钢渣粉中的活性物质含量仍明显小于水泥，因此钢渣粉在减速期的水化放热速率明显小于水泥。对比图 3-7 和图 3-18 可以发现，小于 20μm 的钢渣粉明显比原样钢渣粉的活性高，除了细度的原因外，另一个重要的原因是小于 20μm 的钢渣粉中 C$_3$S 和 C$_2$S 等活性物质的含量高。

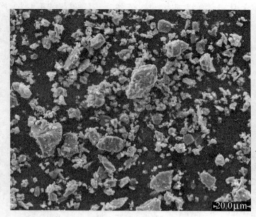

图 3-17　钢渣粉中小于 $20\mu m$ 的颗粒的微观形貌

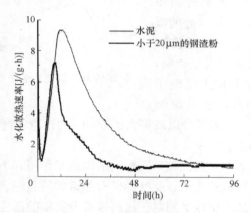

图 3-18　小于 $20\mu m$ 的钢渣粉与水泥的水化放热速率对比

　　将分选出来的小于 $20\mu m$ 的钢渣粉与水按质量比 1：0.3 混合制备钢渣粉浆体，由于钢渣粉的早期活性较高，因此浆体的硬化速度较快，在 1d 龄期内就可以硬化。图 3-19 显示的是其 360d 龄期时硬化浆体的微观形貌，从图中可以看出有大量水化凝胶生成，形成致密的结构。从形貌上看，钢渣粉水化生成的凝胶与水泥水化生成的 C—S—H 凝胶很相近。通过对硬化浆体中的凝胶进行能谱分析，计算出 C—S—H 凝胶的范围（见图 3-20），水泥水化生成的凝胶范围为 $1.76\sim2.58$，水于 $20\mu m$ 的钢渣粉水化生成的凝胶范围为 $1.72\sim2.29$，总体而言，两种凝胶的钙硅比范围差异并不大。虽然小于 $20\mu m$ 的钢渣粉中含有的 C_3S 和 C_2S 与水泥中含有的 C_3S 和 C_2S 的活性有一定差异，但水化产物的差异不大。

　　（4）养护温度对胶凝性能的影响

　　钢渣粉浆体在 65℃ 的养护条件下，1d 即可硬化，说明在 1d 内已经生成了使

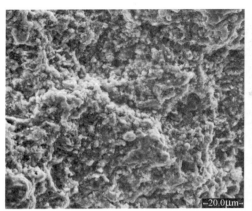

图 3-19　小于 20μm 的钢渣粉水化 360d 的微观形貌

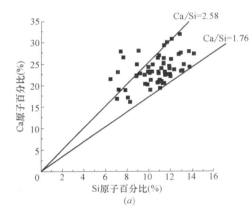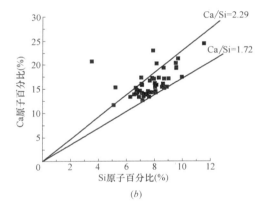

(a)　(b)

图 3-20　C—S—H 凝胶的钙硅比

(a) 水泥水化生成；(b) 小于 20μm 的钢渣粉水化生成

浆体达到硬化状态的水化产物。将钢渣粉在 20℃ 和 65℃ 条件下养护 1d 的水化产物 XRD 图谱进行对比（见图 3-21）可以看出，20℃ 条件下水化产物中 Ca(OH)$_2$ 的特征峰强度很弱，而将养护温度提升至 65℃ 后，水化产物中 Ca(OH)$_2$ 的特征峰强度明显增强，这也意味着在 65℃ 条件下钢渣粉水化生成的 C—S—H 凝胶量明显多于在 20℃ 条件下生成的 C—S—H 凝胶量。

图 3-22 是钢渣粉浆体在 65℃ 条件下养护 1d 的微观形貌，从图 3-22 中可以看出此时已有大量的水化产物生成。对图 3-22 中的部分颗粒和区域进行能谱分析，结果如表 3-6 所示。根据表 3-6 可以确认颗粒 1 为 RO 相，该颗粒未参与反应，通过图 3-21 中 RO 相的特征峰的强度可以判断高温养护并没有促进 RO 相的反应；区域 2 所示的水化产物中 Ca、Si、Al 的含量较高，可以确认为 C$_{12}$A$_7$

或$Ca_2Al_2Si_3O_{12}$的水化产物；区域 3 和 4 所示的水化产物为 C—S—H 凝胶，应是 C_3S 或 C_2S 的水化产物，值得注意的是，该颗粒的直径大于 $50\mu m$，因此高温养护也提高了部分大颗粒胶凝组分的活性。

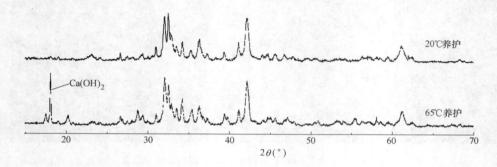

图 3-21　钢渣粉在不同温度下养护 1d 的水化产物 XRD 图谱

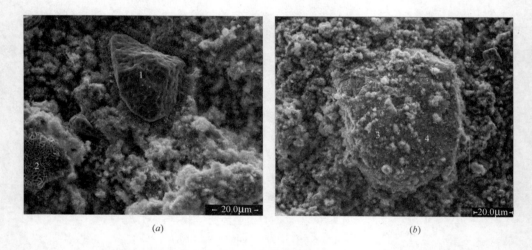

图 3-22　钢渣粉浆体在 65℃ 条件下养护 1d 的微观形貌

图 3-22 中所选颗粒或区域的能谱分析结果（At%）　　　　　　　　表 3-6

颗粒或区域编号	O	Mg	Al	Si	Ca	Fe	Mn
1	43.43	21.56	0.58	1.51	3.65	27.40	1.87
2	55.82	1.41	9.95	15.10	16.82	—	—
3	71.95	2.08	1.79	7.04	14.15	1.01	—
4	73.89	1.29	1.85	6.74	14.14	0.87	—

　　通过对比钢渣粉在 20℃ 和 65℃ 条件下养护 360d 的水化产物 XRD 图谱（见图 3-23）可以看出，高温养护并未激发 RO 相的反应，也未对 Fe_3O_4 的反应产生

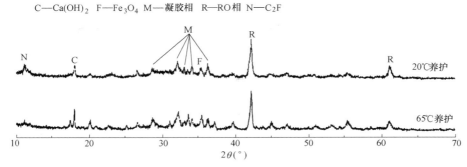

C—Ca(OH)₂ F—Fe₃O₄ M—凝胶相 R—RO相 N—C₂F

图 3-23 钢渣粉在不同温度下养护 360d 的水化产物 XRD 图谱
注：65℃条件下养护 14d 后采用 20℃继续养护至 360d。

任何影响，但使 C_2F 的反应程度有所提高。总体来讲，C_2F 的含量不高，高温养护对 C_2F 的激发作用不会对整体的胶凝性能产生过大的影响。

将分别在 20℃、40℃、65℃条件下养护的钢渣粉浆体的化学结合水含量进行对比（见图 3-24）可以看出，随着养护温度的提高，早期的化学结合水含量增加，说明提高养护温度能够激发钢渣粉的早期活性。值得注意的是，龄期为360d 时，在三种不同养护温度下的化学结合水含量非常接近，而且在低温条件下养护的化学结合水含量有超过在高温条件下养护的化学结合水含量的发展趋势。无论是早期的规律还是后期的规律，都与高温养护对水泥水化历程的影响规律很相近：高温养护明显促进了活性组分的早期反应，但由于在颗粒表面形成了致密的 C—S—H 凝胶层，增大了水分与未反应颗粒接触的难度，对后期水化有一

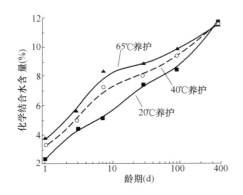

**图 3-24 钢渣粉浆体在不同养护温
度下的化学结合水含量**

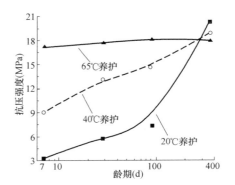

**图 3-25 钢渣粉硬化浆体在不同
养护温度下的抗压强度**

注：钢渣粉浆体的组成为钢渣粉：水＝1：0.3；40℃
和 65℃条件下养护 14d 后采用 20℃继续养护至 360d。

定的负面影响。图 3-25 显示了钢渣粉硬化浆体在不同养护温度下的抗压强度发展规律，养护温度提高非常明显地促进了钢渣粉硬化浆体的早期抗压强度发展，但对硬化浆体后期抗压强度的贡献很小，甚至有不利的影响，这与养护温度对化学结合水含量的影响规律是一致的。高温养护在加速早期水化产物生成的同时，也会使水化产物的分布不均匀，从而使硬化浆体中容易产生大孔，这也是高温养护对后期强度有不利影响的一个原因。

（5）活性指数

根据钢渣的碱度（$CaO/(SiO_2 + P_2O_5)$），钢渣可分为三个等级：低碱度钢渣、中碱度钢渣、高碱度钢渣。高碱度钢渣的主要矿物成分是 C_2S、C_3S、C_4AF、C_2F 和 RO 相，高碱度钢渣更适合作为矿物掺合料应用于混凝土中，而且我国转炉钢渣绝大部分属于高碱度钢渣。钢渣的矿物组成（种类、数量）是影响钢渣活性的直接因素，由于钢渣矿物组成复杂，直接测得钢渣中矿物含量的难度很大，很难通过钢渣矿物组成来评价钢渣的活性。矿物组成是由其化学成分决定的，因此可以通过化学成分来评价钢渣的活性。对粉煤灰和矿渣的活性评价方式中都有通过化学成分来确定的活性指数，钢渣碱度的定义也是基于钢渣的化学成分。

根据碱度对钢渣进行分类只是一个笼统的分类方式，对于高碱度钢渣，利用碱度来进一步评价不同钢渣的活性是不合适的。因为碱度决定了钢渣中主要矿物组成的种类，但并不能决定钢渣中不同矿物的含量。例如，根据钢渣碱度的定义，钢渣中 SiO_2 的含量较低时，钢渣的碱度增大，但 SiO_2 的含量降低会导致钢渣中 C_2S 和 C_3S 的含量降低，从而降低钢渣的活性，即高碱度并不意味着高活性。部分 CaO 在钢渣冷却的过程中与 FeO、MnO、MgO 形成固溶体，所固溶的 CaO 的量在一定程度上取决于 FeO、MnO、MgO 的含量，同时，部分 CaO 以游离的形式存在，因此，高 CaO 含量虽然意味着高碱度，但并不意味着高 C_2S 和 C_3S 含量，即不意味着高活性。针对高碱度钢渣，建立一个基于化学组成的活性指数以进一步区分钢渣的活性，对高碱度钢渣在工程中的应用有一定的价值。

钢渣在无外界激发的情况下，矿物成分中的 C_3S、C_2S、$C_{12}A_7$ 和 $Ca_2Al_2Si_3O_{12}$ 为胶凝组分，是钢渣具有胶凝性能的原因；矿物成分中的 RO 相、Fe_3O_4 和 C_2F 的反应程度很低，是作为惰性组分存在的。钢渣在 pH=13.0 的碱性环境中水化，对 C_3S、C_2S、$C_{12}A_7$ 和 $Ca_2Al_2Si_3O_{12}$ 有一定的激发作用，但 RO 相、Fe_3O_4 和 C_2F 依旧表现出惰性。钢渣在高温（40℃、65℃）环境中水化，能够明显激发 C_3S、C_2S、$C_{12}A_7$ 和 $Ca_2Al_2Si_3O_{12}$ 的早期活性，且能激发 C_2F 的活性，但 RO 相、Fe_3O_4 依旧表现出惰性。图 3-26 是水泥和水泥-钢渣复合胶凝材料水化 360 d 的 XRD 图谱，从图中可以看出，在水泥-钢渣复合胶凝材料的水化过程中，RO 相和 C_2F 依旧保持惰性。

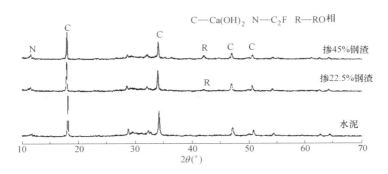

图 3-26 水泥和水泥-钢渣复合胶凝材料水化 360d 的 XRD 图谱

因此可以将钢渣中的矿物分成两类：胶凝组分（C_3S、C_2S、$C_{12}A_7$ 和 $Ca_2Al_2Si_3O_{12}$）和惰性组分（RO 相、Fe_3O_4 和 C_2F）。之所以将 C_2F 看作是惰性组分，是因为 C_2F 只有在高温激发时才发生反应，另外，由于 C_2F 的含量较低，对分类的实际意义影响不大。很显然，钢渣的活性高低在于钢渣中胶凝组分与惰性组分的比例，这个比例越大，钢渣的活性越高。

因此可以用 ($C_3S+C_2S+C_{12}A_7+Ca_2Al_2Si_3O_{12}$)/(RO 相$+Fe_3O_4+C_2F$) 来评价钢渣的活性，但钢渣中矿物的含量很难测定，这个公式不具有实际应用价值。C_3S、C_2S、$C_{12}A_7$ 和 $Ca_2Al_2Si_3O_{12}$ 的总量是由 SiO_2 和 Al_2O_3 的总量决定的，RO 相、Fe_3O_4 和 C_2F 的总量是由 FeO、Fe_2O_3、MgO 和 MnO 的总量决定的，因此可以用 ($SiO_2+Al_2O_3$)/($FeO+Fe_2O_3+MgO+MnO$) 来表征钢渣中胶凝组分与惰性组分的比例。根据上述分析，定义用来评价钢渣活性的活性系数 $H=$ ($SiO_2+Al_2O_3$)/($FeO+Fe_2O_3+MgO+MnO$)。

表 3-7 给出了三种不同的高碱度转炉钢渣粉的化学成分，钢渣粉 A、钢渣粉 B、钢渣粉 C 的比表面积分别为 $521m^2/kg$、$506m^2/kg$、$516m^2/kg$。根据活性系数的定义，钢渣粉 A、钢渣粉 B 和钢渣粉 C 的活性系数分别为 0.82、0.75 和 0.48。图 3-27 显示了三种钢渣粉水化产物的化学结合水含量随龄期的变化规律，无论是早期还是后期，化学结合水含量的大小关系均为钢渣粉 A＞钢渣粉 B＞钢渣粉 C，这说明钢渣粉 A 生成的水化产物最多，钢渣粉 C 生成的水化产物最少。图 3-28 显示了掺不同钢渣粉的砂浆抗压强度，在任意掺量情况下，掺钢渣粉 A 的砂浆强度最高，掺钢渣粉 C 的砂浆强度最低，且掺量越大，这个规律越明显。钢渣粉 A、钢渣粉 B、钢渣粉 C 的活性大小与活性系数的大小关系是对应的。并且从化学结合水含量和砂浆抗压强度所体现出的钢渣粉的活性差异来看，钢渣粉 A 与钢渣粉 B 的活性差异小于钢渣粉 B 与钢渣粉 C 的活性差异；从活性系数来看，钢渣粉 A 的活性系数略大于钢渣粉 B，明显大于钢渣粉 C，这也是相对应的。

钢渣粉种类	SiO$_2$	Al$_2$O$_3$	Fe$_2$O$_3$	CaO	MgO	MnO
钢渣粉 A	17.52	6.68	20.30	42.87	8.65	0.67
钢渣粉 B	17.03	5.64	22.69	43.38	5.98	1.70
钢渣粉 C	14.38	2.90	26.76	43.24	5.15	4.32

三种钢渣粉的化学成分（%）　　　　　表 3-7

注：Na$_2$O$_{eq}$＝Na$_2$O＋0.658K$_2$O，Fe$_2$O$_3$ 为 Fe$_2$O$_3$ 与 FeO 的总量。

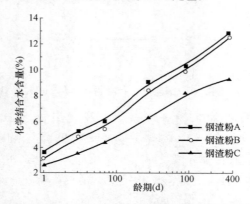

图 3-27　不同钢渣粉水化产物的化学结合水含量

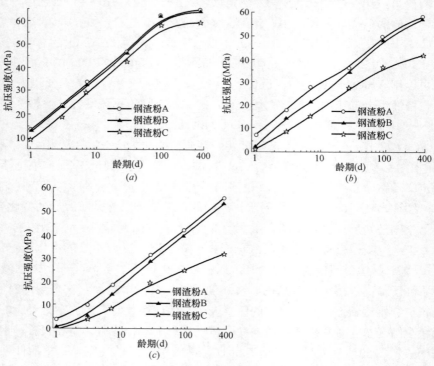

图 3-28　不同钢渣粉对砂浆抗压强度的影响

（a）掺量为 22.5%；（b）掺量为 45%；（c）掺量为 60%

3.3.2 安定性

(1) 游离 CaO 和游离 MgO 的反应产物微观形貌

钢渣中含有一定量的游离 CaO，熔融态的钢渣温度超过 1400℃，因此，钢渣中的游离 CaO 经历了"过烧"，活性很低，早期几乎不反应，后期（通常超过 60d）才逐渐开始反应，而此时混凝土已经形成比较致密的硬化结构，游离 CaO 反应生成 $Ca(OH)_2$ 造成体积膨胀，使混凝土处于被胀裂的风险中。因此，当钢渣中游离 CaO 的含量较高时，钢渣安定性"不良"的风险就比较大。

常温条件下水泥水化生成的 $Ca(OH)_2$ 通常为六方片状或六方板状，在早期的水化产物中很容易找到 $Ca(OH)_2$ 晶体，如图 3-29（a）所示。随着龄期的增长，水化产物 C—S—H 凝胶越来越多，将 $Ca(OH)_2$ 晶体包裹，此时 $Ca(OH)_2$ 的生成量也越来越多，叠在一起，通常呈一层一层的岩石状，镶嵌在 C—S—H 凝胶中，如图 3-29（b）所示。

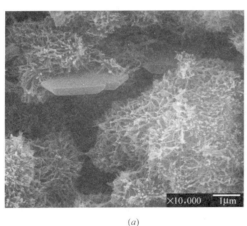

| (a) | (b) |

图 3-29　水泥水化生成的 $Ca(OH)_2$ 的微观形貌

(a) 早期；(b) 后期

将一种游离 CaO 含量较高的钢渣粉（f-CaO 含量为 4.96%）与水按质量比 1∶0.3 混合，搅拌均匀后置于密闭的玻璃瓶内，常温养护 60d 后，玻璃瓶被胀裂。这说明钢渣粉硬化浆体产生了体积膨胀，将钢渣粉硬化浆体在电子显微镜下观察，可以发现硬化浆体中有一道明显的裂缝（见图 3-30（a）），放大观察倍数，沿着裂缝可以清楚地观察到大量块状晶体（见图 3-30（b）~（h）），经能谱分析，该块状晶体均为 $Ca(OH)_2$。很显然，这条裂缝是由于游离 CaO 反应生成 $Ca(OH)_2$ 产生体积膨胀所致，并且值得注意的是，游离 CaO 生成的 $Ca(OH)_2$ 的形貌与水泥水化生成的 $Ca(OH)_2$ 的形貌有所差异。

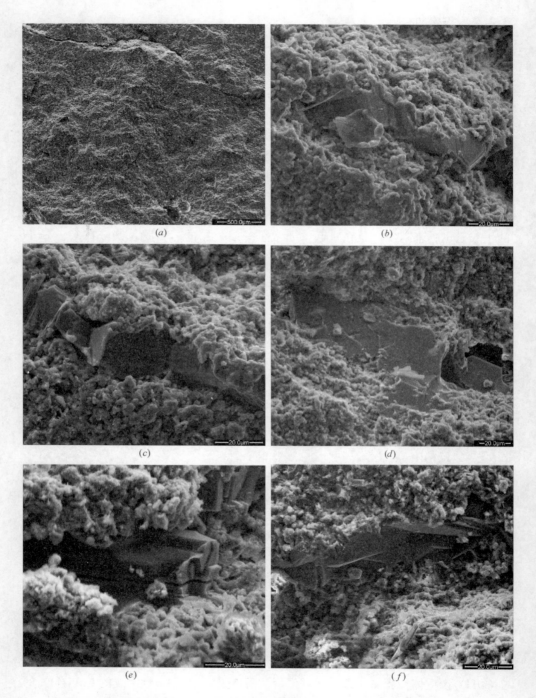

图 3-30　游离 CaO 生成 Ca(OH)$_2$导致钢渣粉硬化浆体开裂（一）

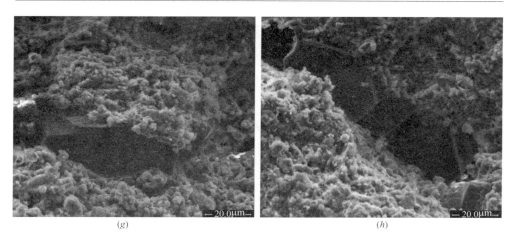

(g)   (h)

图 3-30 游离 CaO 生成 Ca(OH)$_2$ 导致钢渣粉硬化浆体开裂（二）

安定性不良的钢渣粉也会导致混凝土开裂，从开裂的混凝土中取样，在电子显微镜下观察，发现两种不同形貌的 Ca(OH)$_2$，如图 3-31 和图 3-32 所示。图 3-31中是一种团簇的 Ca(OH)$_2$ 晶体，无序生长；图 3-32 中是一种大块状的 Ca(OH)$_2$ 晶体。

总体而言，无论是在净浆中还是在混凝土中，钢渣粉中游离 CaO 的反应产物 Ca(OH)$_2$ 晶体的形貌都是与水泥水化生成的 Ca(OH)$_2$ 晶体的形貌不同的。游离 CaO 生成的 Ca(OH)$_2$ 晶体体积大，所占的空间大，因而产生的膨胀应力大。

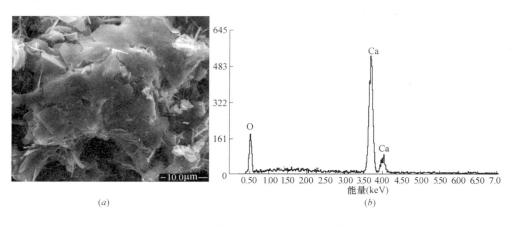

(a)   (b)

图 3-31 混凝土中游离 CaO 生成 Ca(OH)$_2$ 的一种形貌

(a) 微观形貌；(b) 能谱分析

压蒸试验是检验水泥和矿物掺合料安定性的常用试验方法。在压蒸条件下，晶体产物的形貌可能与常温条件下有所差异。在压蒸条件下，水泥硬化浆体中的

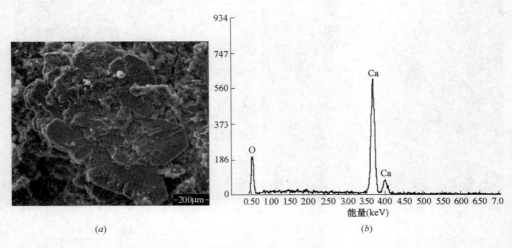

(a)　　　　　　　　　　　　　　　　(b)

图 3-32　混凝土中游离 CaO 生成 Ca(OH)$_2$ 的另一种形貌

（a）微观形貌；（b）能谱分析

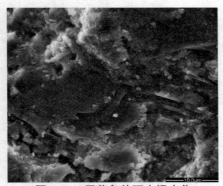

图 3-33　压蒸条件下水泥水化生成的 Ca(OH)$_2$ 的微观形貌

Ca(OH)$_2$ 形貌与常温条件下水化生成的 Ca(OH)$_2$ 形貌差异不大（见图 3-33）。然而，将钢渣粉浆体在压蒸条件下进行水化，可以观察到大量花瓣状（放射状生长）的晶体（见图 3-34），经能谱分析（见表 3-8）可以确认这些晶体均为 Ca(OH)$_2$，应该是钢渣中游离 CaO 的反应产物。此外，钢渣硬化浆体中也能观察到一些大块状的晶体（见图 3-35），经能谱分析（见表 3-9）可以确认这些晶体均为 Ca(OH)$_2$。总体而言，在压蒸条件下，钢渣中游离 CaO 生成的 Ca(OH)$_2$ 晶体比常温条件下的表面积或体积更大。

图 3-34　中晶体的能谱分析结果（At%）　　　　　　　　　　表 3-8

测点	Ca	O	Mg	Al	Si	P	Fe
1	23.27	72.12	0.76	0.23	1.19	0.08	0.98
2	28.84	65.56	0.60	0.42	1.48	0.23	0.81
3	34.35	60.73	0.62	0.40	0.55	0.46	0.76
4	39.89	58.40	0.79	0.43	0.49	0	0
5	33.79	66.21	0	0	0	0	0

图 3-34　花瓣状（放射状生长）Ca(OH)₂晶体的微观形貌

图 3-35　块状 Ca(OH)₂晶体的微观形貌

图 3-35 中晶体的能谱分析结果（At%）　　　　　　　　表 3-9

测点	Ca	O	Mg	Al	Si
1	27.93	71.60	0.18	0.10	0.19
2	33.10	64.94	0.73	0.52	0.70
3	32.37	65.82	0.59	0.56	0.66

　　MgO 含量过高，也是钢渣粉安定性不良的一个因素。MgO 对钢渣粉安定性的影响主要取决于游离 MgO 的含量，相当一部分 MgO 固溶在 RO 相中，活性非常低，甚至在常温下是不参与反应的。在常温条件下养护 4 年的钢渣粉硬化浆体中难以发现 Mg(OH)$_2$ 晶体，反应产物的 XRD 图谱中也没有 Mg(OH)$_2$ 的特征峰，这是因为一方面游离 MgO 的反应速率比游离 CaO 低，需要更长的时间才能够与水发生反应，另一方面，可能大部分 MgO 在固溶体中。在压蒸条件下，钢渣粉硬化浆体中可以观察到一些不同于 Ca(OH)$_2$ 的晶体（见图 3-36），经能谱确认（见表 3-10），这些晶体为 Mg(OH)$_2$，应该是钢渣粉中游离 MgO 的反应产物。

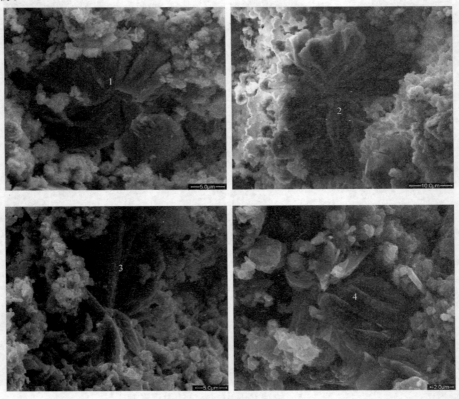

图 3-36　Mg(OH)$_2$ 晶体的微观形貌

图 3-36 中晶体的能谱分析结果（At%）　　　　　　表 3-10

测点	Ca	O	Mg	Mn	Fe
1	0	57.46	35.06	1.26	6.22
2	0.86	54.11	38.25	2.12	4.66
3	0	56.91	38.12	0.75	4.22
4	1.70	51.44	35.79	2.45	8.62

（2）钢渣粉的安定性差异

选择 5 种游离 CaO 和 MgO 含量不同的钢渣粉（见表 3-11），比表面积在 $440 \sim 520 \text{m}^2/\text{kg}$ 之间。将钢渣粉作为矿物掺合料制备混凝土，设置两种掺量：40% 和 60%，设置两种水胶比：0.5 和 0.35。表 3-12 列出了水胶比为 0.5 的混凝土的配合比，表 3-13 列出了水胶比为 0.35 的混凝土的配合比，其中纯水泥混凝土是对照组。混凝土成型 2d 后拆模，然后在温度为（20±2）℃、相对湿度大于 95% 的养护室内养护 4 年。测定各组混凝土的抗压强度随龄期变化的规律，测定各组混凝土在 2 年和 4 年龄期时的氯离子渗透性，以研究钢渣粉的安定性对混凝土的损伤作用。

5 种不同的钢渣粉中游离 CaO 和 MgO 的含量（%）　　表 3-11

成分	钢渣粉 A	钢渣粉 B	钢渣粉 C	钢渣粉 D	钢渣粉 E
$f\text{-CaO}$	0.35	4.96	0.21	0.51	2.09
MgO	7.68	3.46	6.54	5.98	5.15

水胶比 0.5 的混凝土的配合比（kg/m³）　　　　表 3-12

编号	水泥	钢渣粉	粗骨料	细骨料	水	备注
C	400	0	777	1073	200	—
SA-40	240	160	777	1073	200	钢渣粉 A
SB-40	240	160	777	1073	200	钢渣粉 B
SC-40	240	160	777	1073	200	钢渣粉 C
SD-40	240	160	777	1073	200	钢渣粉 D
SE-40	240	160	777	1073	200	钢渣粉 E
SA-60	160	240	777	1073	200	钢渣粉 A
SB-60	160	240	777	1073	200	钢渣粉 B
SC-60	160	240	777	1073	200	钢渣粉 C
SD-60	160	240	777	1073	200	钢渣粉 D
SE-60	160	240	777	1073	200	钢渣粉 E

水胶比 0.35 的混凝土的配合比（kg/m³）　　　　　表 3-13

编号	水泥	钢渣粉	粗骨料	细骨料	水	备注
LC	400	0	802	1108	140	—
LSA-40	240	160	802	1108	140	钢渣粉 A
LSB-40	240	160	802	1108	140	钢渣粉 B
LSC-40	240	160	802	1108	140	钢渣粉 C
LSD-40	240	160	802	1108	140	钢渣粉 D
LSE-40	240	160	802	1108	140	钢渣粉 E
LSA-60	160	240	802	1108	140	钢渣粉 A
LSB-60	160	240	802	1108	140	钢渣粉 B
LSC-60	160	240	802	1108	140	钢渣粉 C
LSD-60	160	240	802	1108	140	钢渣粉 D
LSE-60	160	240	802	1108	140	钢渣粉 E

　　水胶比为 0.5、钢渣粉掺量分别为 40％和 60％的混凝土抗压强度结果分别如图 3-37 和图 3-38 所示，水胶比为 0.35、钢渣粉掺量分别为 40％和 60％的混凝土抗压强度结果分别如图 3-39 和图 3-40 所示。这里我们首先关注钢渣粉 B，因为无论在哪种水胶比或掺量的情况下，混凝土都因其安定性不良而导致整体微结构破坏，只是破坏的龄期不同，其中在掺量为 60％、水胶比为 0.5 的情况下，钢渣粉 B 对混凝土的破坏发生的龄期最短（在 1 年内），混凝土因内部膨胀而导致破坏的图片如图 3-41 所示。在水胶比为 0.5、钢渣粉 B 的掺量为 40％时，混凝土出现破坏的龄期延长，这是因为使混凝土的微结构发生破坏需要有足够的膨胀内应力。值得一提的是，尽管降低水胶比可以使混凝土的抗压强度提高，从而提高混凝土抵抗膨胀内应力的能力，但混凝土的密实度也相应提高，相同量的膨胀产物所引发的膨胀内应力也增大，因此，如果钢渣粉的安定性不良，即使用在高强度混凝土中也会有非常大的风险。钢渣粉 B 中的游离 CaO 含量远高于其他钢渣粉，且在 4 年龄期的钢渣粉浆体的 XRD 图谱中并未发现 $Mg(OH)_2$ 的特征峰，因此，在 4 年龄期内造成钢渣粉安定性不良的主要因素是游离 CaO。

　　从图 3-37～图 3-40 可以看出，以纯水泥混凝土为对照组，掺钢渣粉 A、钢渣粉 C、钢渣粉 D、钢渣粉 E 的混凝土的抗压强度与纯水泥混凝土的抗压强度之间的差值并未随龄期有明显的增大，也就是说，至少这 4 种钢渣粉中安定性不良的组分在后期反应过程中对混凝土所造成的损伤并未在抗压强度上表现出来。为了进一步验证这 4 种钢渣粉是否会对混凝土的后期微结构造成损伤，测定了氯离子渗透性这一表征混凝土密实度的性能。

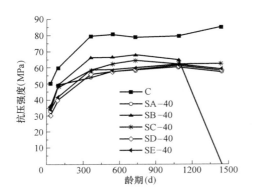

图 3-37 水胶比为 0.5、钢渣粉掺量
为 40% 时混凝土的抗压强度

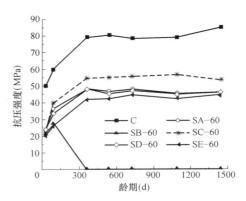

图 3-38 水胶比为 0.5、钢渣粉掺量
为 60% 时混凝土的抗压强度

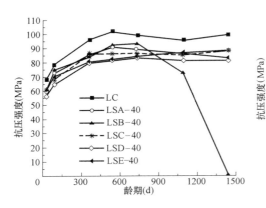

图 3-39 水胶比为 0.35、钢渣粉掺量
为 40% 时混凝土的抗压强度

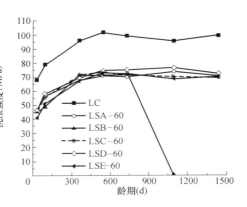

图 3-40 水胶比为 0.35、钢渣粉掺量
为 60% 时混凝土的抗压强度

表 3-14 和表 3-15 列出了水胶比为
0.5 和 0.35 时,各组混凝土 2 年和 4 年
龄期的电通量和相应的氯离子渗透性等
级。由于钢渣粉 B 的安定性不良已经在
抗压强度上表现得很明显,因此这里不
再进一步讨论。从表 3-14 可以看出,2
年龄期时,随着钢渣粉掺量的增加,混
凝土的电通量增大,且氯离子渗透性等
级提高,这是因为钢渣粉的水化产物少
于所替代的水泥的水化产物,导致孔隙

图 3-41 钢渣粉安定性不良导致混凝土胀裂

率变大。值得关注的是，即使钢渣粉的掺量为 60％，混凝土的电通量也不是很大（略高于 4000C），且各组混凝土的电通量从 2 年龄期到 4 年龄期均变小，说明随着龄期的增长，混凝土的密实度在增大。从表 3-15 可以看出，掺 40％钢渣粉的混凝土的长龄期氯离子渗透性与纯水泥混凝土相同，这是因为在低水胶比的情况下，钢渣粉替代水泥而导致水化产物减少的负面作用减弱，且钢渣粉改善了水泥的水化条件，促进了水泥的水化；掺 60％钢渣粉的混凝土的长龄期氯离子渗透性也仅比纯水泥混凝土高出一个等级（达到了渗透性"低"的水平），且随着龄期的增长，混凝土的电通量变小。综合氯离子渗透性的试验结果可以看出，钢渣粉 A、钢渣粉 C、钢渣粉 D、钢渣粉 E 中的安定性不良组分并未在 4 年龄期内对混凝土的微结构造成明显损伤。

水胶比为 0.5 时混凝土的电通量和氯离子渗透性等级　　　　表 3-14

编号	龄期			
	2 年		4 年	
	电通量(C)	渗透性等级	电通量(C)	渗透性等级
C	1281	低	1068	低
SA-40	2542	中	2145	中
SC-40	2365	中	2133	中
SD-40	2394	中	2014	中
SE-40	2221	中	2154	中
SA-60	4431	高	3689	中
SC-60	4161	高	3548	中
SD-60	4287	高	3154	中
SE-60	4529	高	4026	高

水胶比为 0.35 时混凝土的电通量和氯离子渗透性等级　　　　表 3-15

编号	龄期			
	2 年		4 年	
	电通量(C)	渗透性等级	电通量(C)	渗透性等级
LC	546	很低	618	很低
LSA-40	795	很低	632	很低
LSC-40	762	很低	751	很低
LSD-40	687	很低	648	很低
LSE-40	754	很低	602	很低
LSA-60	1124	低	1082	低
LSC-60	1354	低	1125	低
LSD-60	1211	低	1095	低
LSE-60	1314	低	1214	低

　　根据标准养护条件下混凝土的抗压强度在 4 年内的发展规律以及混凝土在 2 年和 4 年龄期的氯离子渗透性，可以确定钢渣粉 B 的安定性不良，且主要是由于游离 CaO 导致的，而钢渣粉 A、钢渣粉 C、钢渣粉 D、钢渣粉 E 则未表现出安定性不良的问题。在标准养护 4 年龄期内，游离 CaO 应该已经有比较高的反应程度，但游离 MgO 的反应则非常微弱，钢渣粉 A、钢渣粉 C、钢渣粉 D、钢渣粉 E 中的游离 MgO 是否会在更长的龄期对混凝土的微结构造成损伤是一个值得关注的问题。然而，由于游离 MgO 的反应非常缓慢，所以采用在标准养护条件下的试验可能需要 10 年、20 年，甚至更长的时间。于是我们采用压蒸的方法促使游离 MgO 加速反应，以探究其对混凝土的损伤。将标准养护 4 年龄期的混凝土放入压蒸釜（216℃、4h），测定其压蒸之后的抗压强度，结果如图 3-42 和图 3-43 所示。这里我们首先关注纯水泥混凝土，无论水胶比为 0.5 还是 0.35，纯水泥混凝土的抗压强度均在压蒸后下降了 20% 左右，这是因为在压蒸的过程中，C—S—H 凝胶以及钙矾石发生了分解或晶型转变，使混凝土的孔隙率增大。对比掺钢渣粉 A、钢渣粉 C、钢渣粉 D、钢渣粉 E 的混凝土与纯水泥混凝土在压蒸后的抗压强度损失率可以发现，掺钢渣粉的混凝土的抗压强度损失率并不比纯水泥混凝土大，也就是说掺钢渣粉的混凝土的抗压强度降低的原因和纯水泥混凝土抗压强度降低的原因是相同的，即不存在压蒸过程中因游离 MgO 反应而导致的额外损伤。

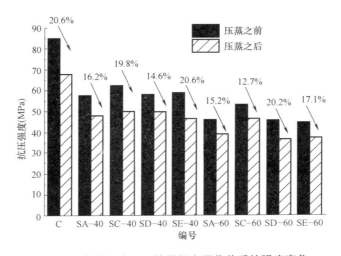

图 3-42　水胶比为 0.5 的混凝土压蒸前后的强度变化

　　综合考虑标准养护条件下的混凝土抗压强度和氯离子渗透性试验结果以及混凝土压蒸后的强度损失率结果，可以判断，钢渣粉 B 因含有较多的游离 CaO，安定性明显不良；而钢渣粉 A、钢渣粉 C、钢渣粉 D、钢渣粉 E 则未表现出安定

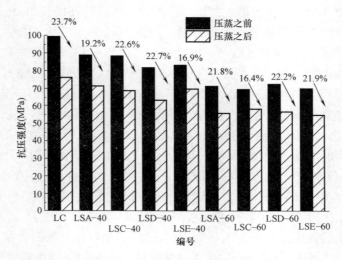

图 3-43　水胶比为 0.35 的混凝土压蒸前后的强度变化

性不良。结合 5 种钢渣粉中游离 CaO 和 MgO 的含量可以得出初步结论：当游离 CaO 含量低于 2%、MgO 含量低于 7% 时，钢渣粉的安定性问题是可以忽略的。

3.4　掺钢渣粉的复合胶凝材料的水化性能

（1）水化产物

钢渣粉并不是火山灰材料，而是一种以硅酸盐矿物为主要活性组分的材料，因而在水泥-钢渣粉复合胶凝材料的水化过程中，水泥与钢渣粉的水化相互影响但交叉反应很少。水泥水化生成的 $Ca(OH)_2$ 所形成的碱性环境对钢渣粉中的 C_3S 和 C_2S 等活性组分的早期水化有一定的激发作用，但对钢渣粉中的 RO 相和 Fe_3O_4 等组分的活性几乎没有影响。因而，水泥-钢渣粉复合胶凝材料的水化产物主要为 C—S—H 凝胶、$Ca(OH)_2$、AFt(AFm)，还有少量未反应的 RO 相、Fe_3O_4 等，XRD 图谱见图 3-26。

钢渣粉中还含有一定量的铝酸钙矿物，但钢渣粉中的石膏含量通常很低，因此，用钢渣粉替代部分水泥后，复合胶凝材料中的铝酸钙矿物与石膏的比例与水泥中铝酸钙与石膏的比例不同，因而可能使 AFt 和 AFm 的生成量有所变化。此外，如果钢渣粉中的铝酸钙含量过高，可能会造成复合胶凝材料出现"快凝"现象（见图 3-44）。例如，两种高铝含量的钢渣粉钢渣粉 M（Al_2O_3 含量为 5.37%，SO_3 含量为 0.18%）和钢渣粉 N（Al_2O_3 含量为 7.19%，SO_3 含量为 0.34%），这两种钢渣粉在 2h 内的水化放热速率明显高于水泥（见图 3-45），掺这两种钢渣粉的复合胶凝材料在 2h 内的水化放热速率也明显高于纯水泥

（见图 3-46），这主要是因为钢渣粉中的铝酸钙含量高，且石膏含量很低，因而初始水化放热速率很快。图 3-47 显示，在环境扫描电子显微镜下，高铝钢渣粉浆体搅拌 45min 后，可以观察到大量片状的水化产物，经能谱分析，其主要组分为 Ca、Al、O，是铝酸钙矿物的水化产物。掺高铝钢渣粉的复合胶凝材料的水化产物 XRD 图谱中有时会存在 $Ca_2Al(OH)_7$ 的特征峰。

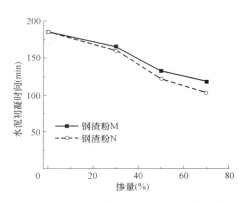

图 3-44　高铝钢渣粉对水泥初凝时间的影响

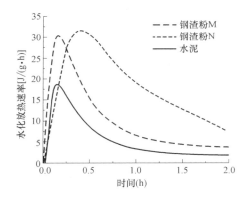

图 3-45　两种高铝钢渣粉与水泥的
初始水化放热速率对比

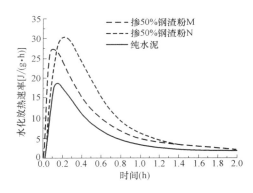

图 3-46　掺高铝钢渣粉的复合胶凝材料与
纯水泥的初始水化放热速率对比

(a)

(b)

图 3-47　高铝钢渣粉浆体搅拌 45min 的环境扫描电子显微镜（ESEM）图片

（2）水化过程

图 3-48 将掺钢渣粉的复合胶凝材料和纯水泥的水化放热速率进行了对比（水胶比 0.42），随着钢渣粉掺量的增加，复合胶凝材料的水化诱导期延长，且水化第二放热峰出现的时间推迟。掺入钢渣粉后的水泥和混凝土的初凝时间延长，而且钢渣粉掺量越大，初凝时间越长，一个重要原因是掺入钢渣粉后，复合胶凝材料的水化诱导期延长。从早期的整体水化放热速率来看，钢渣粉的早期活性远低于水泥，无论是水化加速阶段还是减速阶段，掺入钢渣粉的复合胶凝材料的水化放热速率均低于水泥，且钢渣粉掺量越大，第二放热峰的峰值越小。

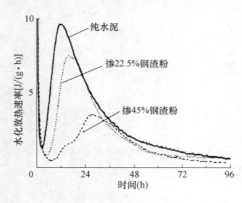

图 3-48　纯水泥和掺钢渣粉的复合胶凝材料的水化放热速率曲线

在水泥-钢渣粉复合胶凝材料的水化过程中，钢渣粉所处的水化环境是碱性的，用 pH 值为 13.0 的 NaOH 溶液来模拟钢渣粉在复合胶凝材料中的碱性环境，钢渣粉在 NaOH 溶液中的水化放热速率和水化放热量曲线如图 3-49 所示。在水泥-钢渣粉复合胶凝材料的水化放热量中剔除钢渣粉的水化放热量，就可以计算出复合胶凝材料中单位质量水泥的水化放热量。设图 3-49 中钢渣粉在时间 t 内的水化放热量为 $Q_S(t)$，图 3-48 中复合胶凝材料在时间 t 内的水化放热量为 $Q_B(t)$，钢渣粉的掺量为 p，则复合胶凝材料中单位质量水泥的水化放热量可用公式（3-1）表示。

$$\frac{Q_B(t) - Q_S(t) \cdot p}{1 - p} \tag{3-1}$$

根据公式（3-1）分别计算出掺 22.5% 和 45% 钢渣粉的复合胶凝材料中单位质量水泥的水化放热量，并与纯水泥对比，如图 3-50 所示。在龄期 96h 内，复合胶凝材料中单位质量水泥的水化放热量低于单位质量纯水泥的水化放热量。由此可见，用钢渣粉替代部分水泥后，复合胶凝材料中水泥的水化发生了一定的延缓现象，并且钢渣粉的掺量越大，水泥水化的延缓现象越明显。这主要是因为钢渣粉的水化诱导期明显比水泥的长，从而水泥和钢渣粉组成的复合胶凝材料的水化诱导期比水泥的长，这就使得复合胶凝材料中水泥的早期水化变慢。

将钢渣粉、粉煤灰和矿渣粉分别作为矿物掺合料取代部分水泥，在掺量相同的条件下，分别测定三种复合胶凝材料的水化放热速率，结果如图 3-51 和图 3-52所示（水胶比 0.42）。水泥-钢渣粉复合胶凝材料的水化诱导期比另外两种复合胶凝材料的水化诱导期长，且当掺量为 45％时更明显。通过复合胶凝材料水化诱导期的对比，可见钢渣粉延缓水泥水化的作用比矿渣粉和粉煤灰更明显。这对于钢渣粉作为矿物掺合料在混凝土中应用是有利的，水化诱导期长意味着初凝时间推迟，从而增加了混凝土的可操作时间。水泥-钢渣粉复合胶凝材料的水化诱导期最长，也导致其第二放热峰出现的时间最晚。

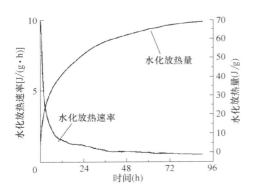

图 3-49　钢渣粉在碱性条件下的水化
放热速率和水化放热量曲线

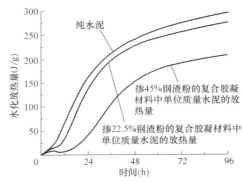

图 3-50　掺钢渣粉的复合胶凝材料中单位质量
水泥和单位质量纯水泥的水化放热量对比

在碱性条件下，溶液中的 OH^- 不仅会破坏 Ca—O 键，还使相当数量的 Si—O 键和 Al—O 键断裂，在矿渣粉表面迅速形成水化产物，水泥水化产生的碱性环境会激发矿渣粉的活性，即矿渣粉在早期就参与水化并对复合胶凝材料的水化放热量有贡献。在图 3-52 中，水泥-矿渣粉复合胶凝材料的水化放热速率曲线在水化减速期出现一个小放热峰，这是矿渣粉水化所导致的。与矿渣粉不同，粉煤灰在复合胶凝材料早期水化过程中的反应程度很低。

当掺量为 22.5％时，水泥-钢渣粉复合胶凝材料的第二放热峰的峰值比水泥-粉煤灰复合胶凝材料的峰值高，与水泥-矿渣粉复合胶凝材料的峰值相近。水泥-矿渣粉复合胶凝材料、水泥-钢渣粉复合胶凝材料和水泥-粉煤灰复合胶凝材料的 96h 放热总量分别为 245.6J/g、230.7J/g 和 222.2J/g。由此可见，在复合胶凝材料早期的水化过程中，尽管钢渣粉所表现出的活性低于矿渣粉，但高于粉煤灰，这说明钢渣粉在早期参与了一定的水化反应，对复合胶凝材料的水化放热有所贡献。当掺量为 45％时，水泥-钢渣粉复合胶凝材料的第二放热峰的峰值明显低于另外两种复合胶凝材料，但其峰宽是最大的。第二放热峰的峰值很低，是由于水化加速期的水化放热速率低。对于三种复合胶凝材料，水泥的含量相同，但钢渣粉对水泥水化产生了延缓作用，使在水化加速期参与水化反应的水泥减少，从而造成了水泥-钢渣粉复合胶凝材料在这个期间的水化放热速率低。水泥-矿渣粉复合胶凝材料、水泥-钢渣粉复合胶凝材料和水泥-粉煤灰复合胶凝材料的 96h

放热总量分别为 235.3J/g、145.9J/g 和 169.3J/g。可见，尽管钢渣粉在早期参与了一定的水化反应，而粉煤灰基本不参与反应，但水泥-钢渣粉复合胶凝材料的 96h 放热总量低于水泥-粉煤灰复合胶凝材料，这充分体现了钢渣粉对水泥早期水化的延缓作用。

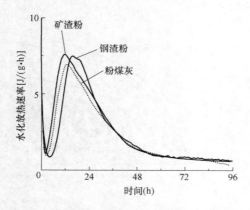

图 3-51 不同矿物掺合料对水化放热速率的影响（水胶比 0.42，掺量为 22.5%）

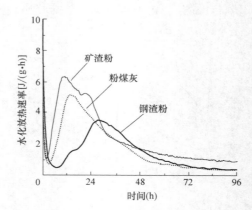

图 3-52 不同矿物掺合料对水化放热速率的影响（水胶比 0.42，掺量为 45%）

图 3-53 对比了纯水泥和掺钢渣粉的复合胶凝材料的化学结合水含量随龄期的变化规律。当胶凝材料的水化产物不同时，单位质量水化产物的化学结合水含量不同，因此，通常情况下不能比较不同胶凝材料的化学结合水含量的绝对值。但钢渣粉的主要水化产物与水泥的主要水化产物类似，因此掺钢渣粉的复合胶凝材料的化学结合水含量可以与水泥相比较，以对比水化产物的多少。很显然，由于钢渣粉早期的水化程度低，且钢渣粉对水泥的早期水化有一定的延缓作用，因而复合胶凝材料的早期化学结合水含量明显低于水泥，且钢渣粉的

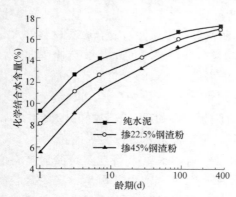

图 3-53 纯水泥和掺钢渣粉的复合胶凝材料的化学结合水含量随龄期的变化规律

掺量越大，差距越明显。然而，我们需要关注的是，随着龄期的增长，复合胶凝材料的化学结合水含量与水泥之间的差距逐渐缩小，即复合胶凝材料的化学结合水含量后期增长幅度大于水泥，其中一个原因是钢渣粉后期水化程度的增幅大于水泥（钢渣粉和水泥的水化历程不同）。

$Ca(OH)_2$ 是水泥和钢渣粉共同的主要水化产物之一，可以通过测定水化产

物中 $Ca(OH)_2$ 的量来分析和讨论水泥和钢渣粉的水化反应程度。测定钢渣粉在 pH 值为 13.0 的碱性条件下水化 90d 和 360d 的水化产物的热重曲线，同时测定水泥、水泥-钢渣粉复合胶凝材料（钢渣粉掺量为 22.5% 和 45%）水化 90d 和 360d 的水化产物的热重曲线。图 3-54～图 3-56 分别为水泥、掺 45% 钢渣粉的复合胶凝材料、钢渣粉水化 360d 的水化产物的热重曲线，从图中可以看出，这三种不同的胶凝材料的热重曲线中都有三个主要的吸热峰，分别在 $50～200℃$、$400～550℃$、$550～770℃$，分别对应 C—S—H 凝胶和水化铝酸盐脱水、$Ca(OH)_2$ 脱水、C—S—H 凝胶和水化铝酸盐后期脱水。这再一次证明了钢渣粉的主要水化产物是与水泥的水化产物类似的，但通过对比图 3-54 和图 3-56 可以明显看出，钢渣粉水化产物中 $Ca(OH)_2$ 的量比水泥水化产物中 $Ca(OH)_2$ 的量低。根据胶凝材料水化产物的热重曲线，计算出水化产物中 $Ca(OH)_2$ 的含量，如表 3-16 所示，很显然，钢渣粉水化生成的 $Ca(OH)_2$ 的量远小于水泥。

设龄期为 t 时，单位质量纯水泥的水化产物中 $Ca(OH)_2$ 的含量为 m，单位质量钢渣粉的水化产物中 $Ca(OH)_2$ 的含量为 n，单位质量复合胶凝材料的水化产物中 $Ca(OH)_2$ 的含量为 p，钢渣粉的掺量为 w。则可以用公式（3-2）来表示复合胶凝材料中单位质量水泥的水化产物中 $Ca(OH)_2$ 的含量 m。这里需要说明的是，钢渣粉是在 pH 值为 13.0 的碱性条件下水化，相当于考虑了水泥对钢渣粉水化的影响。

$$\frac{p-nw}{1-w} \tag{3-2}$$

在复合胶凝材料中，由于钢渣粉改变了水泥的水化环境，使水泥的水化程度发生了变化，这个变化的幅度可以称为钢渣粉对水泥水化的影响系数，用公式（3-3）表示。显然，$K(t)>0$ 表示钢渣粉对水泥的水化起到了促进作用；$K(t)<0$ 表示钢渣粉对水泥的水化起到了抑制作用。并且 $K(t)$ 的绝对值越大，表明钢渣粉对水泥水化的影响程度越大。

$$K(t)=\frac{\dfrac{p-nw}{1-w}-m}{m}\times100\% \tag{3-3}$$

将表 3-16 中的数值代入公式（3-3）中，可以得到以下结果：当钢渣粉掺量为 22.5% 时，$K(90d)=5.11\%$，$K(360d)=11.04\%$；当钢渣粉掺量为 45% 时，$K(90d)=15.51\%$，$K(360d)=24.24\%$。这表明，在水化后期，钢渣粉对水泥的水化起到了促进作用；钢渣粉的掺量越大，对水泥水化的促进作用越明显；龄期越长，对水泥水化的促进作用越明显。这是因为水泥的胶凝组分以 C_3S 为主，而钢渣粉的胶凝组分以 C_2S 为主，并且钢渣粉中的惰性相不消耗水，因此单位质量钢渣粉水化的需水量低于水泥，用钢渣粉替代部分水泥，相当于增大了水泥水化的实际水灰比；此外，钢渣粉的总体反应程度低于水泥，水化产物相对较少，相当于增大了水泥水化产物的生长空间。因此，在复合胶凝材料水化的后期，由于反应是扩散控制，更多的水分能够通过更薄弱的 C—S—H 凝胶层接触到未反应的水泥颗粒，进而使水泥的水化程度进一步提高。

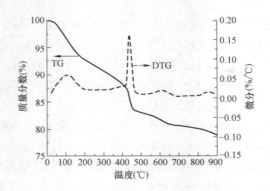

图 3-54　水泥水化 360d 的水化产物的热重曲线

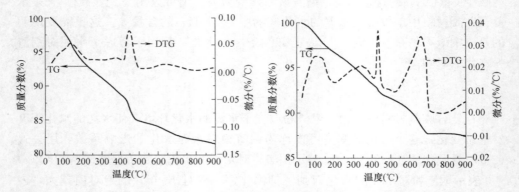

图 3-55　掺 45％钢渣粉的复合胶凝材料水化
360d 的水化产物的热重曲线

图 3-56　钢渣粉在碱性条件下水化 360d
的水化产物的热重曲线

钢渣粉、水泥、水泥-钢渣粉复合胶凝材料水化产物中 Ca(OH)$_2$ 的含量（％）

表 3-16

试样	龄期（d）	
	90	360
钢渣粉	3.54	5.82
水泥	18.38	20.0
掺 22.5％钢渣粉的复合胶凝材料	15.77	18.59
掺 45％钢渣粉的复合胶凝材料	13.27	16.34

（3）微观形貌

图 3-57 是掺 45%钢渣粉的复合胶凝材料（水胶比 0.42）在常温条件下水化 5h 和 8h 的微观形貌，此时浆体处于塑性状态，尚未硬化，是用环境扫描电子显微镜在饱和湿度条件下观察到的显微形貌。水化 5h 时，水泥颗粒与钢渣粉颗粒混合在一起，颗粒表面几乎没有水化迹象，此时复合胶凝材料的水化处于诱导期，几乎观察不到水化产物。水化 8h 时，绝大部分颗粒的表面仍无明显的水化迹象，少量颗粒的表面开始覆盖非常细小的水化产物。此时处于诱导期刚结束不久，水化产物也很少。通过图 3-57 可以看到，复合胶凝材料的早期水化很缓慢，再次证明了钢渣粉对水泥的缓凝作用。

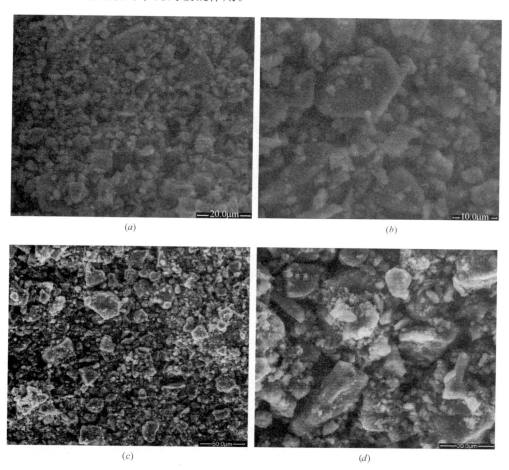

(a)   *(b)*

(c)   *(d)*

图 3-57　掺 45%钢渣粉的复合胶凝材料浆体在塑性状态下的微观形貌

(a)、*(b)* 水化 5h；*(c)*、*(d)* 水化 8h

水泥-钢渣粉复合胶凝材料水化 1d 内会硬化，硬化浆体的微观形貌是用扫描电子显微镜在高真空的条件下观察的，所观察的区域是硬化浆体的断面。图3-58是水泥和水泥-钢渣粉复合胶凝材料硬化浆体 1d 的 SEM 图片，通过对比可以发现，复合胶凝材料硬化浆体中有大量未水化的钢渣粉颗粒镶嵌在凝胶中，其结构比水泥硬化浆体结构疏松。复合胶凝材料水化 3d 时，水化产物明显增多，未反应的颗粒被更多的水化产物包裹（见图 3-59 (a)）；通过更高的放大倍数观察未反应的颗粒（见图 3-59 (b)），可以发现颗粒外形完整，表面沉积了凝胶状的水化产物，颗粒与周围凝胶之间的连接并不牢固。这些表面光滑且粒径较大的颗粒绝大部分是钢渣粉中的 RO 相。水化 28d 时，无论是水泥硬化浆体还是复合胶凝材料硬化浆体，都生成了大量的水化产物，如图 3-60 所示，在较低的倍数（1000 倍）下观察两个硬化浆体，很难对比它们的密实程度。

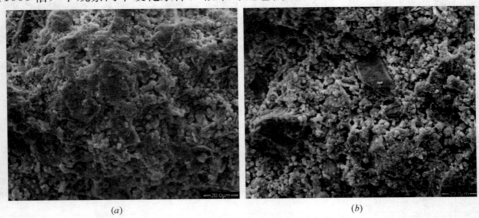

(a) 　　　　　　　　　　　　　　　　(b)

图 3-58　水泥和水泥-钢渣粉复合胶凝材料硬化浆体 1d 的微观形貌

(a) 水泥硬化浆体；(b) 复合胶凝材料硬化浆体

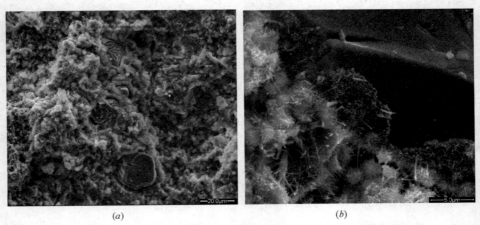

(a) 　　　　　　　　　　　　　　　　(b)

图 3-59　水泥-钢渣粉复合胶凝材料硬化浆体 3d 的微观形貌

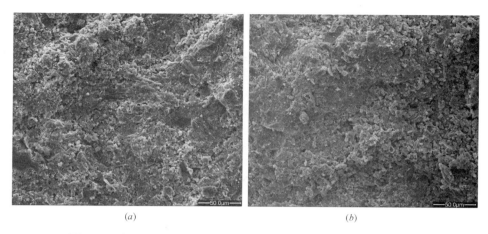

图 3-60 水泥和水泥-钢渣粉复合胶凝材料硬化浆体 **28d** 的微观形貌

(a) 水泥硬化浆体; (b) 复合胶凝材料硬化浆体

水泥-钢渣粉复合胶凝材料硬化浆体 360d 的微观形貌如图 3-61 所示。用较低的倍数 (1000 倍) 观察该硬化浆体, 如图 3-61 (a) 所示, 浆体结构非常密实, 断面仍可见未水化的钢渣粉颗粒被拔出后留下的凹陷。图 3-61 (b) 显示, 有一些颗粒表面光滑, 镶嵌在硬化浆体中, 通过能谱分析得知这些颗粒大部分为 RO 相。RO 相与周围凝胶之间的粘结不牢固, 其表面与周围凝胶之间的界面是胶凝体系的薄弱环节。

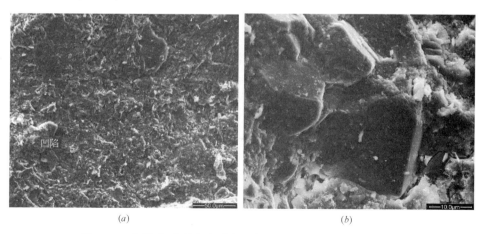

图 3-61 水泥-钢渣粉复合胶凝材料硬化浆体 **360d** 的微观形貌

(4) 硬化浆体孔结构

图 3-62 显示了在 3d、90d、360d 龄期时钢渣粉对硬化浆体孔结构的影响规律。在孔径分布曲线中, 曲线上的峰值所对应的孔径叫做最可几孔径, 即出现几

率最大的孔径。用最可几孔径的大小可以反映孔径分布的情况。最可几孔径越大，平均孔径也越大。

表 3-17 中列出了在 3d、90d、360d 龄期时钢渣粉对硬化浆体孔隙率的影响规律，在任何龄期，随着钢渣粉掺量的增加，复合胶凝材料硬化浆体的孔隙率增大，但随着龄期的增长，复合胶凝材料硬化浆体与水泥硬化浆体的孔隙率之间的差距有所减小。

图 3-62（a）显示，龄期为 3d 时，三种硬化浆体内都含有大量的有害孔（50～200nm）和多害孔（>200nm）。水泥硬化浆体中有害孔和多害孔的含量分别为 37.84% 和 8.44%。钢渣粉掺量为 22.5% 时，复合胶凝材料硬化浆体中有害孔和多害孔的含量分别为 37.41% 和 13.28%。钢渣粉掺量为 45% 时，复合胶凝材料硬化浆体中有害孔和多害孔的含量分别为 27.71% 和 27.75%。很显然，掺入钢渣粉之后，主要是增加了硬化浆体中多害孔的含量。而且钢渣粉掺量越大，硬化浆体中多害孔的增加量越明显。

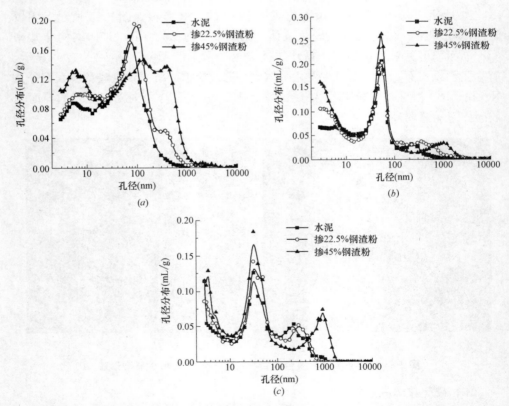

图 3-62　水泥和水泥-钢渣粉复合胶凝材料硬化浆体的孔径分布曲线（水胶比 0.42）

（a）3d；（b）90d；（c）360d

图 3-62（b）显示，龄期为 90d 时，三种硬化浆体的最可几孔径几乎是相同的（约 55nm），最大的区别在于大于 200nm 的孔（即多害孔）的含量。

图 3-62（c）显示，龄期为 360d 时，三种硬化浆体的最可几孔径仍然很相近（约 35nm），最大的区别仍在于大于 200nm 的孔（即多害孔）的含量。龄期从 90d 到 360d 的阶段，硬化浆体的最可几孔径从 55nm 减小到 35nm，这是造成孔隙率降低的原因。

综上可知，随着钢渣粉掺量的增加，复合胶凝材料硬化浆体的孔隙率增大；但随着龄期的增长，复合胶凝材料硬化浆体与水泥硬化浆体的孔隙率之间的差距逐渐缩小，即钢渣粉对增大硬化浆体孔隙率的影响随着龄期的增长而减弱。水化后期，水泥-钢渣粉复合胶凝材料硬化浆体与水泥硬化浆体的最可几孔径很接近，但水泥-钢渣粉复合胶凝材料硬化浆体的多害孔的含量比水泥硬化浆体多。

水泥和水泥-钢渣粉复合胶凝材料硬化浆体的孔隙率（%）　　　表 3-17

试样	龄期(d)		
	3	90	360
水泥	31.84	23.96	20.37
掺 22.5%钢渣粉	39.16	26.87	22.20
掺 45%钢渣粉	44.09	30.56	26.24

图 3-63 是掺量为 22.5%时三种复合胶凝材料硬化浆体的孔径分布曲线。龄期为 3d 时，粉煤灰的早期活性很低，在复合胶凝材料水化的早期主要起物理填充作用，因此水泥-粉煤灰复合胶凝材料浆体疏松，多害孔的数量最多；矿渣粉的早期活性较高，在复合胶凝材料水化的早期就能起到一定程度的化学作用，使浆体结构相对致密；钢渣粉的早期活性介于粉煤灰和矿渣粉之间，在复合胶凝材料水化的早期能够起到一定的化学作用，但参与反应的程度低于矿渣粉。龄期为 90d 时，三种复合胶凝材料硬化浆体的孔结构都得到了细化。水泥-钢渣粉复合胶凝材料硬化浆体的最可几孔径约为 55nm，其有害孔的数量仍较多。水泥-粉煤灰复合胶凝材料硬化浆体多害孔的数量已明显减少，而且少于另外两种复合胶凝材料硬化浆体，其最可几孔径分别约为 50nm 和 7nm。水泥-矿渣粉复合胶凝材料硬化浆体也有两个最可几孔径，分别约为 45nm 和 6nm。水泥-钢渣粉复合胶凝材料硬化浆体无害孔（<20nm）的数量明显少于另外两种复合胶凝材料硬化浆体。龄期为 360d 时，三种复合胶凝材料硬化浆体的孔结构都得到了进一步细化。与另外两种复合胶凝材料硬化浆体相比，水泥-钢渣粉复合胶凝材料硬化浆体的孔结构更加疏松，体现在两个方面：第一，其最可几孔径最大；第二，其有害孔的数量最多。

图 3-64 是掺量为 45%时三种复合胶凝材料硬化浆体的孔径分布曲线。龄期

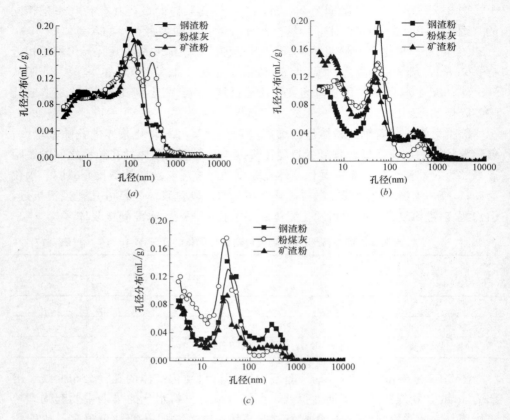

图 3-63　不同复合胶凝材料硬化浆体的孔径分布曲线（掺量为 22.5%）

（*a*）3d；（*b*）90d；（*c*）360d

为 3d 时，三种复合胶凝材料硬化浆体的孔结构都比较疏松。水泥-矿渣粉复合胶凝材料、水泥-钢渣粉复合胶凝材料和水泥-粉煤灰复合胶凝材料硬化浆体的多害孔含量分别为 18.65%、27.75% 和 37.41%，由此可见，矿渣粉在水化早期所起的化学作用明显大于钢渣粉，远大于粉煤灰。龄期为 90d 时，水泥-矿渣粉复合胶凝材料、水泥-钢渣粉复合胶凝材料和水泥-粉煤灰复合胶凝材料硬化浆体的最可几孔径分别约为 5nm、35nm 和 60nm。龄期为 360d 时，水泥-矿渣粉复合胶凝材料硬化浆体无最可几孔径，这是由于其凝胶数量大量增加，小于 3.2nm 的凝胶孔含量不断增大，而这些凝胶孔是压汞仪所不能测到的。水泥-粉煤灰复合胶凝材料硬化浆体有两个最可几孔径，分别约为 4.5nm 和 20nm。水泥-钢渣粉复合胶凝材料硬化浆体的最可几孔径约为 34nm，且其有害孔数量明显多于另外两种硬化浆体。

综上可见，钢渣粉在复合胶凝材料水化的早期也能起到一定的化学作用，但所能起到的化学作用不及矿渣粉。因此当掺量相同时，水泥-钢渣粉复合胶凝材料硬化浆体早期的孔结构比水泥-粉煤粉灰复合胶凝材料硬化浆体致密，但比水泥-矿渣粉复合胶凝材料硬化浆体疏松。在水化的后期，钢渣粉对硬化浆体孔结构的细化作用比不上粉煤灰和矿渣粉。与粉煤灰相比，钢渣粉中有很大一部分惰性颗粒，而且这些颗粒的粒径较大，因此钢渣粉不具有微集料填充的作用；相反，由于这些惰性颗粒的存在，使得水泥-钢渣粉复合胶凝材料硬化浆体易产生多害孔。与矿渣粉相比，钢渣粉参与反应的程度相对较低，钢渣粉在复合胶凝材料中所起的化学作用不及矿渣粉。

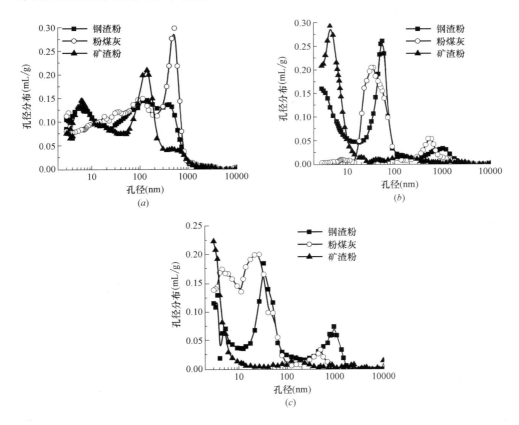

图 3-64　不同复合胶凝材料硬化浆体的孔径分布曲线（掺量为 45％）

(*a*) 3d；(*b*) 90d；(*c*) 360d

（5）养护温度的影响

图 3-65 和图 3-66 分别是水泥-钢渣粉复合胶凝材料（掺量为 45％）在 65℃条件下水化 1d 和 3d 的硬化浆体的 SEM 图片。从图 3-65（*a*）可以看出，硬化浆体的断面结构致密，这说明复合胶凝材料在高温养护条件下生成了大量的水化

产物。图 3-65（b）显示了一个直径约 $20\mu m$ 的颗粒的形貌，颗粒表面已明显生成很多水化产物，但颗粒与周围凝胶之间并没有良好的粘结，且在颗粒周围有较多的孔隙。

从图 3-66（a）中可以看到大量叠层生长的 $Ca(OH)_2$ 晶体，说明熟料相的反应程度进一步提高；硬化浆体中镶嵌着一些表面光滑的颗粒，这些颗粒主要为钢渣粉中的 RO 相。图 3-66（b）所示的颗粒表面已经腐蚀，这种颗粒应为钢渣中大粒径的 C_3S 或 C_2S 颗粒，这种颗粒反应速度慢，但在高温条件下能发生一定的早期水化，使其表面有一定程度的腐蚀。

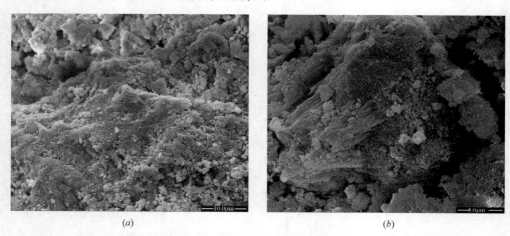

(a)　　　　　　　　　　　　　　　　(b)

图 3-65　高温养护条件下水泥-钢渣粉复合胶凝材料硬化浆体 1d 的微观形貌

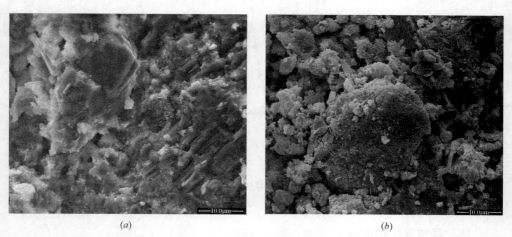

(a)　　　　　　　　　　　　　　　　(b)

图 3-66　高温养护条件下水泥-钢渣粉复合胶凝材料硬化浆体 3d 的微观形貌

图 3-67 是水泥和水泥-钢渣粉复合胶凝材料在高温条件下水化 360d 的水化产物的 XRD 图谱。水泥的水化产物主要有 $Ca(OH)_2$、C—S—H 凝胶以及未水

化的熟料相。水泥-钢渣粉复合胶凝材料的水化产物主要有 $Ca(OH)_2$、C—S—H 凝胶、未水化的熟料相以及 RO 相。三种胶凝材料的水化产物中都含有少量的 AFt，且复合胶凝材料的水化产物中还含有少量的 Fe_3O_4，由于 $Ca(OH)_2$ 的特征峰强度较强，使得 AFt 和 Fe_3O_4 的特征峰不明显。总体而言，高温养护并未使水泥-钢渣粉复合胶凝材料产生新的晶态水化产物。

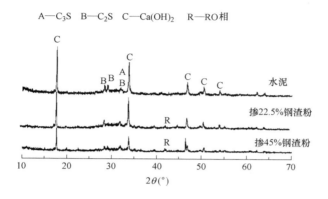

图 3-67　水泥和水泥-钢渣粉复合胶凝材料在高温条件下水化 360d 的水化产物的 XRD 图谱

（6）砂浆强度

水泥砂浆和水泥-钢渣粉砂浆的抗压强度随龄期变化的曲线如图 3-68 所示。

从图 3-68 可以看出，随着钢渣粉掺量的增加，砂浆的抗压强度降低。当钢渣粉掺量为 45% 和 60% 时，水泥-钢渣粉砂浆的 1d 抗压强度非常低，甚至接近于 0。钢渣粉对水泥早期的水化具有缓凝作用，当钢渣粉掺量较大时，水泥-钢渣粉复合胶凝材料的水化诱导期很长，因而导致水泥-钢渣粉砂浆的 1d 抗压强度很低。

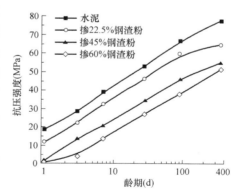

图 3-68　钢渣粉对砂浆抗压强度的影响（水胶比 0.5）

设水泥砂浆的强度为 M，水泥-钢渣粉砂浆的抗压强度为 N，则 $(M-N)/M \times 100\%$ 表示掺入钢渣粉后砂浆抗压强度降低的百分率，对图 3-68 的统计结果如表 3-18 所示。从表 3-18 可以看出，由于钢渣粉对水泥的缓凝作用，砂浆 1d 抗压强度降低的百分率大于钢渣粉的掺量；掺量较大时，砂浆 3d 和 7d 抗压强度降低的百分率也大于钢渣粉的掺量。水泥-钢渣粉复合胶凝材料水化的后期，水泥的反应程度更高，钢渣粉的水化也更充分，这些对抗压强度都有所贡献。因此，龄期为 90d 和 360d 时，砂浆抗压强度降低的百分率都小于钢渣粉的掺量。

掺钢渣粉的砂浆抗压强度降低的百分比（%）　　　　　　　　表 3-18

钢渣粉掺量	龄期(d)					
	1	3	7	28	90	360
22.5%	37.10	21.35	16.33	12.55	9.88	16.49
45%	92.47	50.53	48.21	35.36	30.39	28.87
60%	95.70	85.77	64.29	48.10	43.56	33.51

图 3-69 和图 3-70 分别显示了不同矿物掺合料在掺量为 22.5% 和 45% 时对砂浆抗压强度的影响。掺量为 22.5% 时，水泥-钢渣粉砂浆、水泥-矿渣粉砂浆和水泥-粉煤灰砂浆的 1d 和 3d 抗压强度相差不大，其中水泥-矿渣粉砂浆的抗压强度略高。3d 后，水泥-矿渣粉砂浆的抗压强度发展速率明显高于水泥-钢渣粉砂浆和水泥-粉煤灰砂浆，其 90d 和 360d 的抗压强度接近甚至超过水泥砂浆的抗压强度。水泥-钢渣粉砂浆和水泥-粉煤灰砂浆在 90d 内的抗压强度相近，但 90d 后，水泥-粉煤灰砂浆的抗压强度高于水泥-钢渣粉砂浆。掺量为 45% 时，水泥-钢渣粉砂浆的 1d 抗压强度很低，水泥-矿渣粉砂浆的 1d 抗压强度略高于水泥-粉煤灰砂浆。1d 后，水泥-矿渣粉砂浆的抗压强度明显高于另外两种复合砂浆，且其后期抗压强度能达到或超过水泥砂浆的抗压强度。水泥-钢渣粉砂浆和水泥-粉煤灰砂浆的 3～90d 抗压强度相近，360d 时，水泥-粉煤灰砂浆的抗压强度相对较高。

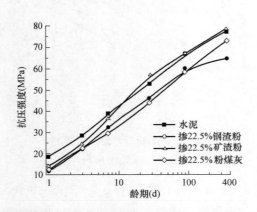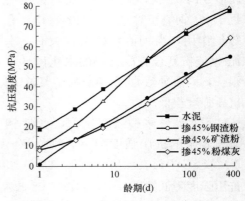

图 3-69　不同矿物掺合料对砂浆抗压强度的
影响对比（水胶比 0.5，掺量为 22.5%）
图 3-70　不同矿物掺合料对砂浆抗压强度的
影响对比（水胶比 0.5，掺量为 45%）

3.5 钢渣粉混凝土的性能

(1) 等水胶比条件下，钢渣粉对混凝土性能的影响

设计了两种水胶比，分别为 0.5 和 0.35，对应两种不同强度等级的混凝土，在保持水胶比不变的前提下，用钢渣粉替代 15%、30%、45% 水泥，配合比分别如表 3-19 和表 3-20 所示，研究了钢渣粉对混凝土的抗压强度、氯离子渗透性、抗碳化性能、干燥收缩的影响规律。

水胶比为 0.5 时不同钢渣粉掺量混凝土的配合比   表 3-19

钢渣粉掺量	配合比（kg/m³）					
	水泥	钢渣粉	粗骨料	细骨料	水	减水剂
0	400	0	777	1073	200	2.3
15%	340	60	777	1073	200	2.3
30%	280	120	777	1073	200	2.2
45%	220	180	777	1073	200	2.1

水胶比为 0.35 时不同钢渣粉掺量的混凝土的配合比   表 3-20

钢渣粉掺量	配合比（kg/m³）					
	水泥	钢渣粉	粗骨料	细骨料	水	减水剂
0	400	0	802	1108	140	7.4
15%	340	60	802	1108	140	7.4
30%	280	120	802	1108	140	7.4
45%	220	180	802	1108	140	7.3

水胶比为 0.5 时钢渣粉对混凝土抗压强度的影响规律如图 3-71 所示。从图中可以看出，随着钢渣粉掺量的增加，混凝土的抗压强度降低，尤其是早期抗压强度降低的幅度更加明显。当钢渣粉的掺量达到 45% 时，混凝土的 3d 抗压强度接近于 0，这说明大掺量钢渣粉混凝土的早期抗压强度是值得注意的问题。当钢渣粉的掺量为 15% 时，混凝土的 360d 抗压强度与纯水泥混凝土接近，但当钢渣粉的掺量为 30% 或 45% 时，混凝土

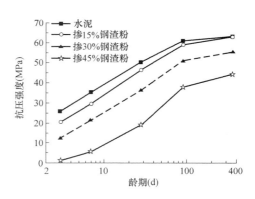

图 3-71 水胶比为 0.5 时钢渣粉对混凝土抗压强度的影响

的 360d 抗压强度仍明显低于纯水泥混凝土。这与传统的火山灰材料（粉煤灰或矿渣粉）是有差异的，粉煤灰或矿渣粉通常使混凝土的后期抗压强度接近甚至超过纯水泥混凝土。在水胶比为 0.5 的情况下，胶凝材料颗粒之间的距离比较远，

117

需要胶凝材料生成较多的水化产物，才能够使硬化浆体结构达到比较密实的程度，很显然，钢渣粉掺量较大时，由于钢渣粉生成水化产物的量明显小于所替代的水泥生成水化产物的量，因而对混凝土抗压强度的影响比较明显。此外，由于钢渣粉的反应不仅不消耗水泥生成的 $Ca(OH)_2$，还生成少量 $Ca(OH)_2$，因而不具备火山灰材料改善混凝土界面过渡区的能力。

水胶比为 0.35 时钢渣粉对混凝土抗压强度的影响规律如图 3-72 所示。从图中可以看出，钢渣粉对混凝土早期抗压强度的影响规律与水胶比为 0.5 时的规律相同，随着钢渣粉掺量的增加，抗压强度明显降低；但钢渣粉对混凝土后期抗压强度的影响规律与水胶比为 0.5 时的规律有所差异，混凝土的 90d 和 360d 抗压强度与纯水泥混凝土的差距明显缩小，即在水胶比较小的情况下，钢渣粉对混凝土后期抗压强度的不利影响明显减小。这可能是由两个因素导致的：①水胶比较低时，胶凝材料颗粒之间的距离相对较

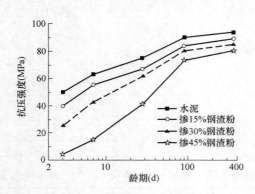

图 3-72　水胶比为 0.35 时钢渣粉对
混凝土抗压强度的影响

小，因而，尽管钢渣粉颗粒的水化产物比水泥颗粒少，但钢渣粉替代部分水泥对硬化浆体孔结构的不利影响的程度相对较小；②钢渣粉替代部分水泥后，使水泥水化的实际水灰比增大，在水胶比较大的情况下，对水泥水化的改善作用不明显，但在水胶比较小的情况下，对水泥水化的改善作用就突显出来。

表 3-21 是水胶比为 0.5 时混凝土的电通量和相应的氯离子渗透性等级。当水胶比较大时，纯水泥混凝土的 28d 氯离子渗透性等级为"高"，这说明混凝土的密实程度与氯离子渗透性密切相关，掺入钢渣粉后，混凝土的氯离子渗透性等级也为"高"。随着龄期的增长，水化产物增加，混凝土的结构越来越密实，因此各组混凝土的电通量都是随着龄期减小的。龄期为 90d 时，纯水泥混凝土的氯离子渗透性等级为"中"，而此时各组掺钢渣粉的混凝土的氯离子渗透性等级仍为"高"。龄期为 360d 时，纯水泥混凝土的氯离子渗透性等级为"低"，掺 15％钢渣粉的混凝土的氯离子渗透性等级也达到"低"，掺 30％和 45％钢渣粉的混凝土的氯离子渗透性等级为"中"。由此可以看出，钢渣粉对混凝土抗氯离子渗透性的贡献随着龄期的增长是不断增大的，但即使钢渣粉的掺量较大时，混凝土的后期抗氯离子渗透性也难以达到与纯水泥混凝土相同的等级。

表 3-22 是水胶比为 0.35 时混凝土的电通量和相应的氯离子渗透性等级。当水胶比较小时，纯水泥混凝土的 28d 氯离子渗透性等级达到了"中"，掺 15％钢

渣粉的混凝土的 28d 氯离子渗透性等级也达到了"中",但掺 30％和 45％钢渣粉的混凝土的 28d 氯离子渗透性等级为"高"。值得注意的是,龄期为 360d 时,掺 15％、30％、45％钢渣粉的混凝土的氯离子渗透性等级均达到了"低",即大掺量钢渣粉混凝土在 360d 龄期时也能达到比较高的密实程度。

水胶比为 0.5 时钢渣粉对混凝土氯离子渗透性的影响 表 3-21

混凝土试样	龄期(d)					
	28		90		360	
	电通量(C)	渗透性等级	电通量(C)	渗透性等级	电通量(C)	渗透性等级
纯水泥	5237	高	3454	中	1407	低
掺 15％钢渣粉	7649	高	4940	高	1862	低
掺 30％钢渣粉	9411	高	7509	高	2648	中
掺 45％钢渣粉	9158	高	8828	高	3651	中

从钢渣粉对混凝土抗压强度和氯离子渗透性的影响规律可以看出,在水胶比较小的情况下,钢渣粉对混凝土后期性能的不利影响较小,容易制备出与纯水泥混凝土后期性能比较接近的钢渣粉混凝土。

水胶比为 0.35 时钢渣粉对混凝土氯离子渗透性的影响 表 3-22

混凝土试样	龄期(d)					
	28		90		360	
	电通量(C)	渗透性等级	电通量(C)	渗透性等级	电通量(C)	渗透性等级
纯水泥	2192	中	1443	低	519	低
掺 15％钢渣粉	2759	中	1615	低	673	低
掺 30％钢渣粉	4006	高	2491	中	721	低
掺 45％钢渣粉	4607	高	2858	中	787	低

将混凝土标准养护 3d 或 28d 后,置于温度为 (20 ± 1)℃、相对湿度为 (65 ± 5)％、CO_2 浓度为 20％的加速碳化箱内,加速碳化 28d 后,测定碳化深度,结果如表 3-23 所示。这里有两个基本规律:标准养护的时间越长,混凝土的碳化深度越小;混凝土的水胶比越小,碳化深度也越小。这都说明了混凝土的密实程度与抗碳化能力是正相关的。标准养护 3d 就开始碳化,掺钢渣粉的混凝土的碳化深度明显大于对照组。然而标准养护 28d 开始碳化,只有当钢渣粉的掺量达到 45％时,才明显出现对混凝土抗碳化性能不利的趋势。事实上,混凝土的加速碳化与其自然条件下的碳化是有很大差异的,尤其涉及反应动力学的差异,可以说,当胶凝材料的早期反应速率比较慢时,如果养护的时间不充分就开始进行加速碳化试验,所得出的规律往往是不科学的。混凝土的碳化过程是一个非常缓慢的过程,因此,当掺有较低活性的掺合料时,至少应将混凝土养护至 28d 再进

行加速碳化试验。对于表 3-23 中的结果而言，标准养护 28d 的试验结果更科学一些。值得注意的是，当水胶比较小时，钢渣粉对混凝土抗碳化性能的不利影响很小，除了上述所提到的钢渣粉对混凝土的密实程度的不利影响较小外，还有一个重要的原因，钢渣粉的反应不仅不消耗 $Ca(OH)_2$，还生成一定量的 $Ca(OH)_2$，这与火山灰材料是不同的。

等水胶比条件下钢渣粉对混凝土碳化深度的影响（加速碳化 28d）（mm）

表 3-23

混凝土试样	水胶比			
	0.5		0.35	
	标准养护 3d	标准养护 28d	标准养护 3d	标准养护 28d
纯水泥	4.7	1.4	2.1	0
掺 15％钢渣粉	5.4	1.3	2.6	0
掺 30％钢渣粉	8.4	2.4	3.9	0
掺 45％钢渣粉	12.6	7.3	5.8	1.9

图 3-73 和图 3-74 分别是水胶比为 0.5 和 0.35 时混凝土的干燥收缩随龄期的发展规律（标准养护 3d 后，置于相对湿度为（65±5）％的干燥环境中）。当水胶比较小时，混凝土内部水分少，混凝土的密实程度高，水分向外迁移的速率较小，且混凝土的刚度较大，因而干燥收缩相对较小。当水胶比为 0.5 时，随着钢渣粉掺量的增加，混凝土的早期干燥收缩发展速率增大，这是因为早期的微结构形成缓慢，水分向外迁移的速率大，且混凝土的早期刚度减小，但混凝土的后期干燥收缩发展速率低于纯水泥混凝土，各组混凝土的 90d 干燥收缩值相差不大。当水胶比为 0.35 时，随着钢渣粉掺量的增加，混凝土的早期干燥收缩发展速率并未明显增大，且各组混凝土的 90d 干燥收缩值相差很小。

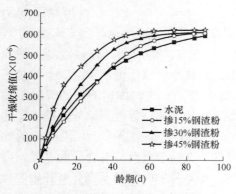

图 3-73　水胶比为 0.5 时钢渣粉对
混凝土干燥收缩的影响

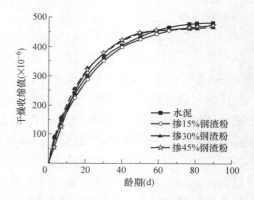

图 3-74　水胶比为 0.35 时钢渣粉对
混凝土干燥收缩的影响

(2) 等 28d 抗压强度前提下，钢渣粉对混凝土性能的影响

在实际工程中，常采用混凝土的 28d 抗压强度作为强度检验值，因而钢渣粉用于混凝土中时，通常需要首先配制出 28d 抗压强度满足等级要求的混凝土。从上述研究结果可以看出，在保持水胶比不变的条件下，钢渣粉混凝土难以达到纯水泥混凝土的 28d 抗压强度等级，而在水胶比较小的情况下，钢渣粉对混凝土性能的不利影响减弱，因此降低钢渣粉混凝土的水胶比是获得良好性能的一个途径。此外，需要提出的是，当钢渣粉的掺量过大时（达到 45%），为满足良好性能的要求，需要将水胶比大幅度降低，这在工程中是难以做到的，因此，建议钢渣粉的掺量不超过 30%。在表 3-24 和表 3-25 中，钢渣粉的掺量为 15% 和 30%，随着钢渣粉掺量的增加，混凝土的水胶比度降低，从而使钢渣粉混凝土的 28d 抗压强度接近纯水泥混凝土。其中，表 3-24 中各组混凝土的 28d 抗压强度接近 47MPa，而表 3-25 中各组混凝土的 28d 抗压强度接近 73MPa。在混凝土的 28d 抗压强度相等的前提下，研究了钢渣粉对混凝土的抗压强度、氯离子渗透性、抗碳化性能和干燥收缩的影响规律。

混凝土的配合比（28d 抗压强度接近 47MPa） 表 3-24

钢渣粉掺量	配合比(kg/m³)					
	水泥	钢渣粉	粗骨料	细骨料	水	减水剂
0	350	0	1088	821	171	1.9
15%	298	52	1092	824	164	2.1
30%	245	105	1102	831	147	2.4

混凝土的配合比（28d 抗压强度接近 73MPa） 表 3-25

钢渣粉掺量	配合比(kg/m³)					
	水泥	钢渣粉	粗骨料	细骨料	水	减水剂
0	430	0	1059	798	163	7.1
15%	366	64	1066	804	150	7.5
30%	295	135	1078	813	129	8.4

图 3-75 显示，当混凝土的 28d 抗压强度接近 47MPa 时，掺钢渣粉的混凝土的早期抗压强度低于纯水泥混凝土，但钢渣粉掺量越大，混凝土的后期抗压强度越高。图 3-76 显示，当混凝土的 28d 抗压强度接近 73MPa 时，掺钢渣粉对混凝土的早期抗压强度和后期抗压强度的影响规律与图 3-75 相同。这说明，通过降低水胶比的方式使钢渣粉混凝土的 28d 抗压抗压强度接近纯水泥混凝土时，可以使钢渣粉混凝土获得更高的后期抗压强度，但早期抗压强度仍低于纯水泥混凝土。不过值得提出的是，由于钢渣粉混凝土的水胶比相对于纯水泥混凝土较低，

因而钢渣粉混凝土的早期抗压强度并不过低，对于 C40 混凝土，其 3d 抗压强度大于 20MPa，对于 C60 混凝土，其 3d 抗压强度不低于 30MPa。总体而言，在钢渣粉混凝土满足 28d 抗压强度的前提下，对于大多数工程而言，混凝土的早期抗压强度是可以满足工程要求的。

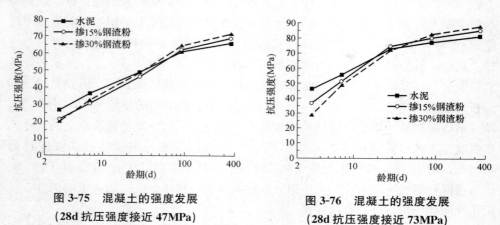

图 3-75　混凝土的强度发展
（28d 抗压强度接近 47MPa）

图 3-76　混凝土的强度发展
（28d 抗压强度接近 73MPa）

表 3-26 和表 3-27 显示，在混凝土的 28d 抗压强度接近的前提下，钢渣粉的掺量不超过 30％时，钢渣粉混凝土的氯离子渗透性等级在各个龄期都能够达到与纯水泥混凝土相同的水平，这说明通过适当降低钢渣粉混凝土的水胶比，可以使钢渣粉混凝土获得比较满意的密实度和抗氯离子渗透性。就混凝土的抗氯离子渗透性而言，钢渣粉的贡献远不及粉煤灰和矿渣粉，因为即使在水胶比相等的前提下，粉煤灰和矿渣粉都能够明显地改善混凝土的后期抗氯离子渗透性，而钢渣粉则需要适当降低水胶比才能够达到与纯水泥混凝土相同的等级，这是钢渣粉与火山灰材料的性能差距。

钢渣粉对混凝土氯离子渗透性的影响（28d 抗压强度接近 47MPa）　表 3-26

混凝土试样	龄期(d)					
	28		90		360	
	电通量(C)	渗透性等级	电通量(C)	渗透性等级	电通量(C)	渗透性等级
纯水泥	4486	高	1852	低	1248	低
掺 15％钢渣粉	4278	高	1938	低	1221	低
掺 30％钢渣粉	3859	中	1876	低	1030	低

将混凝土标准养护 3d 或 28d 后，置于加速碳化箱内加速碳化 28d，结果如表 3-28 所示。在保证 28d 抗压强度与纯水泥混凝土相近的前提下，无论是标准养护 3d 还是 28d 后开始加速碳化，钢渣粉混凝土的碳化深度都与纯水泥混凝土

非常接近。这说明，通过降低水胶比可以使钢渣粉混凝土的抗碳化性能接近纯水泥混凝土。

钢渣粉对混凝土氯离子渗透性的影响（28d 抗压强度接近 73MPa）　表 3-27

混凝土试样	龄期(d)					
	28		90		360	
	电通量(C)	渗透性等级	电通量(C)	渗透性等级	电通量(C)	渗透性等级
纯水泥	3673	中	1447	低	1170	低
掺 15%钢渣粉	3271	中	1472	低	1018	低
掺 30%钢渣粉	2784	中	1579	低	1090	低

等强度条件下钢渣粉对混凝土碳化深度的影响（mm）　表 3-28

混凝土试样	28d 抗压强度接近 47MPa		28d 抗压强度接近 73MPa	
	标准养护 3d	标准养护 28d	标准养护 3d	标准养护 28d
纯水泥	4.3	1.4	2.5	0
掺 15%钢渣粉	3.7	1.2	2.2	0
掺 30%钢渣粉	4.9	1.7	2.9	0

图 3-77 和图 3-78 分别显示了两种强度等级的混凝土的干燥收缩发展情况，就 90d 龄期内的总干燥收缩值而言，钢渣粉混凝土与纯水泥混凝土是非常接近的，只是干燥收缩发展略有差异。由于钢渣粉混凝土的水胶比小于纯水泥混凝土，因而，尽管钢渣粉的早期水化速率低于水泥，但钢渣粉混凝土的早期孔结构也不会过分疏松，因而钢渣粉混凝土的早期干燥收缩发展并不是很快。当钢渣粉的掺量为 15%时，钢渣粉混凝土与纯水泥混凝土的干燥收缩发展历程非常接近。

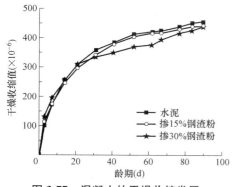

图 3-77　混凝土的干燥收缩发展
（28d 抗压强度接近 47MPa）

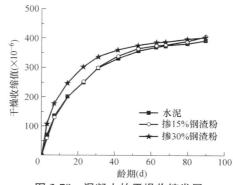

图 3-78　混凝土的干燥收缩发展
（28d 抗压强度接近 73MPa）

(3) 超细钢渣粉对混凝土性能的影响

提高矿物掺合料的比表面积是增强其活性（尤其是早期活性）的一种常用方法，为了研究超细钢渣粉对混凝土性能的影响规律，我们制备了两种不同细度的

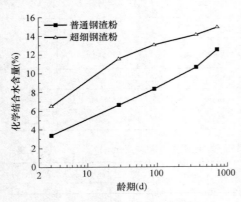

图 3-79 钢渣粉细度对化学
结合水含量的影响

钢渣粉：普通钢渣粉（比表面积为 $442m^2/kg$）和超细钢渣粉（比表面积为 $786m^2/kg$）。图 3-79 显示了这两种钢渣粉水化产物的化学结合水含量随龄期的变化规律（钢渣粉与水的质量比为 1∶0.3，成型后在 20℃条件下养护），超细钢渣粉的水化速率明显高于普通钢渣粉，且两者的化学结合水含量的差距从 3d 到 28d 是不断增大的，这说明在 28d 龄期内，超细钢渣粉的水化速率都是高于普通钢渣粉的。在 90d 龄期之后，两种钢渣粉的化学结合水含量的差距逐渐缩小，这是因为

超细钢渣粉中的活性组分的反应程度在 90d 龄期内已经达到了比较高的水平，后续进一步水化增长的空间变小。720d 龄期时，超细钢渣粉的化学结合水含量是普通钢渣粉的 1.2 倍。

表 3-29 列出了水泥砂浆和钢渣粉砂浆（水胶比为 0.5，砂灰比为 3∶1）在不同龄期的抗压强度以及钢渣粉在各个龄期的活性指数。普通钢渣粉的 28d 活性指数不足 60%，而超细钢渣粉的 28d 活性指数超过了 70%。然而，值得关注的是，超细钢渣粉的 720d 活性指数只是略高于普通钢渣粉。

因此，从化学结合水含量和活性指数的试验结果可以看出，超细钢渣粉的早期活性明显高于普通钢渣粉，但后期两者之间的差异明显缩小。

砂浆的抗压强度和钢渣粉的活性指数 表 3-29

指标	试样	龄期(d)				
		3	28	90	360	720
抗压强度（MPa）	水泥	26.7	50.4	64.7	68.6	72.6
	掺50%普通钢渣粉	9.6	29.7	41.3	51.6	58.9
	掺50%超细钢渣粉	14.2	36.7	46.8	55.7	61.4
活性指数（%）	普通钢渣粉	35.9	58.9	63.8	75.2	81.1
	超细钢渣粉	53.2	72.8	72.3	81.2	84.6

为对比研究超细钢渣粉对混凝土性能的影响规律，将粉煤灰（比表面积为 $358m^2/kg$）作为参照。在表 3-30 的混凝土配合比中，所有组的水胶比为 0.46，

采用了普通钢渣粉、超细钢渣粉、粉煤灰 3 种矿物掺合料，掺量采用了 25％和 45％两种。

掺普通钢渣粉、超细钢渣粉、粉煤灰的混凝土的配合比（kg/m³）　表 3-30

水泥	普通钢渣粉	超细钢渣粉	粉煤灰	细骨料	粗骨料	水
360	0	0	0	830	1050	165.6
270	90	0	0	830	1050	165.6
270	0	90	0	830	1050	165.6
270	0	0	90	830	1050	165.6
198	162	0	0	830	1050	165.6
198	0	162	0	830	1050	165.6
198	0	0	162	830	1050	165.6

图 3-80 和图 3-81 分别显示了矿物掺合料掺量为 25％和 45％时对混凝土的抗压强度的影响对比。对比普通钢渣粉和超细钢渣粉，无论掺量为 25％还是 45％，掺超细钢渣粉的混凝土的抗压强度都明显高于掺普通钢渣粉的混凝土，但掺超细钢渣粉的混凝土的抗压强度在任何龄期都低于纯水泥混凝土，并且当超细钢渣粉的掺量为 45％时，混凝土的抗压强度明显低于纯水泥混凝土。对比超细钢渣粉与粉煤灰，掺超细钢渣粉的混凝土的 3d 抗压强度接近或略高于掺粉煤灰的混凝土，但掺粉煤灰的混凝土的 28d 抗压强度高于掺超细钢渣粉的混凝土，且随着龄期的增长，两者的差距不断增大。当掺量为 25％时，掺粉煤灰的混凝土的后期抗压强度高于纯水泥混凝土；当掺量为 45％时，掺粉煤灰的混凝土的后期抗压强度接近纯水泥混凝土。由此可见，相比普通钢渣粉，超细钢渣粉的性能有明显提升，但超细钢渣粉改善混凝土后期抗压强度的能力远不及粉煤灰。因此，对

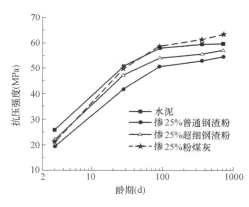

图 3-80　矿物掺合料掺量为 25％时对混凝土抗压强度的影响对比

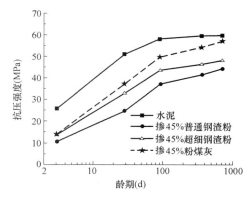

图 3-81　矿物掺合料掺量为 45％时对混凝土抗压强度的影响对比

于矿物掺合料而言，在复合胶凝材料的水化过程中消耗 $Ca(OH)_2$ 而改善混凝土界面过渡区的作用对后期抗压强度发展的贡献是巨大的。由于钢渣粉的反应是非火山灰反应，因而尽管通过进一步磨细的方式可以使钢渣粉的活性提高，但当钢渣粉中的活性组分在早期和中期达到比较高的反应程度后，后期进一步对混凝土性能改善的作用就明显降低了。

图 3-82 和图 3-83 分别显示了矿物掺合料掺量为 25％和 45％时对混凝土氯离子渗透性的影响对比。在掺量相同的前提下，尽管掺超细钢渣粉的混凝土的电通量小于掺普通钢渣粉的混凝土，但两者的氯离子渗透性等级并没有太大的差异，当龄期为 720d 时，两者的氯离子渗透性等级均为"中"。与粉煤灰相比，龄期为720d 时，掺超细钢渣粉的混凝土的氯离子渗透性等级高于掺粉煤灰的混凝土（也高于纯水泥混凝土）。

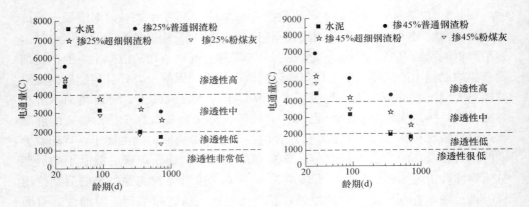

图 3-82　矿物掺合料掺量为 25％时对　　　图 3-83　矿物掺合料掺量为 45％时对混凝
混凝土氯离子渗透性的影响对比　　　　　土氯离子渗透性的影响对比

综合超细钢渣粉对混凝土抗压强度和氯离子渗透性的影响可以看出，就钢渣粉本身而言，提高钢渣粉的细度可以明显提高其活性，在掺量不过高的情况下（例如 25％），超细钢渣粉对混凝土抗压强度的不利影响较小，在掺量较大的情况下（例如 45％），超细钢渣粉对混凝土抗压强度的不利影响仍比较大。与粉煤灰相比，超细钢渣粉对混凝土后期抗压强度及密实程度的贡献相对较小，可以说不具备改善混凝土抗压强度和耐久性的特性。从工程应用的角度而言，在超细钢渣粉掺量不过大的情况下，通过适当降低水胶比，应该比较容易获得满足工程要求的 28d 抗压强度及抗氯离子渗透性能，但效果不及粉煤灰（或矿渣粉）。考虑到钢渣粉比较难磨，制备超细钢渣粉的能耗较大，而超细钢渣粉并非优质的矿物掺合料，因此不建议市场上生产超细钢渣粉。

3.6 钢铁渣粉

设置了 4 种三元复合胶凝材料，组成如表 3-31 所示，其中水泥作为对照组。净浆和砂浆的水胶比设置为 0.4，养护温度为（20±1）℃。矿渣粉和钢渣粉的比表面积分别为 409m²/kg 和 442m²/kg。

胶凝材料的组成（%）   表 3-31

编号	水泥	矿渣粉	钢渣粉
C	100	0	0
C1	50	10	40
C2	50	20	30
C3	50	30	20
C4	50	40	10

图 3-84 显示复合胶凝材料的水化放热速率明显低于纯水泥，这是因为矿渣粉和钢渣粉的早期活性均明显低于水泥。其中 C3 和 C4 的第二放热峰的峰值很接近，但 C4 在水化减速期的后半段（约 30h 之后）的放热速率大于 C3，这应该是由于 C4 中矿渣粉含量较高的原因。C1 和 C2 的第二放热峰的峰值很接近，略小于 C3 和 C4 的第二放热峰的峰值，这是因为在 C1 和 C2 中钢渣粉的含量较高。在整个水化过程中，C1 和 C2 的水化放热速率都比较接近。

图 3-85 显示复合胶凝材料的水化放热量明显小于水泥，相对而言，钢渣粉的含量越大，水化放热量越小。4 种复合胶凝材料水化放热量之间的差异随着时间的增长而增大，这种差异在水化减速期和稳定期是逐渐增大的。由于钢渣粉和矿渣粉的早期活性明显低于水泥，这两种矿物掺合料在水化减速期和稳定期对水化放热的贡献比在水化加速期的贡献大，因而钢渣粉和矿渣粉水化是导致复合胶凝材料水化放热量的差异随时间的增长而增大的主要原因，很显然，矿渣粉含量越大，复合胶凝材料的水化成热量越大。

复合胶凝材料中水泥的含量均为 50%，将纯水泥水化放热量（C 组）的 50% 作为参照值，C1、C2、C3、C4 的 72h 水化放热量分别比参照值提高了 2.7%、10.1%、19.3%、35.0%。值得关注的是，C1（钢渣粉的含量 40%、矿渣粉含量 10%）的 72h 水化放热量与参照值非常接近，一方面是由于钢渣粉的含量很高但早期活性很低，另一方面是由于钢渣粉对水泥的早期水化有一定的延缓作用，且钢渣粉的含量越大，对水泥早期水化的延缓效果越明显。随着钢渣粉掺量的减小，复合胶凝材料的 72h 水化放热量比参照值提高的幅度明显增大，除了矿渣粉含量增大导致对水化放热量的贡献增大外，钢渣粉对水泥早期水化的延缓作用减小也是不可忽略的因素。

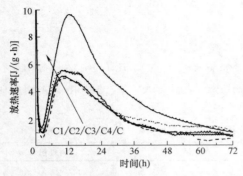

图 3-84　纯水泥和掺矿渣粉、钢渣粉的复合
胶凝材料的水化放热速率曲线

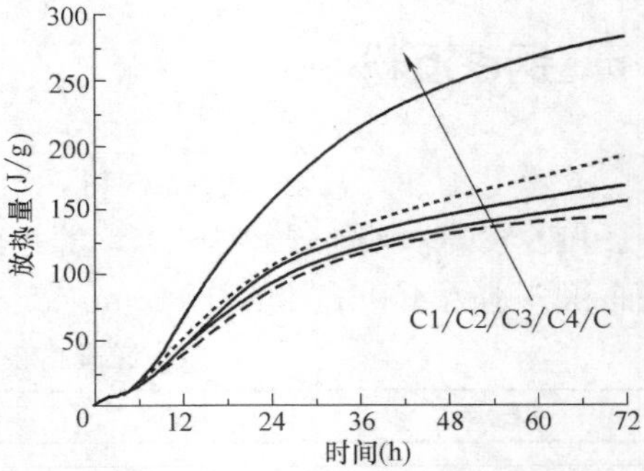

图 3-85　纯水泥和掺矿渣粉、钢渣粉的
复合胶凝材料的水化放热量曲线

图 3-86 将水泥-钢渣粉-矿渣粉三元复合胶凝材料与水泥-粉煤灰二元复合胶凝材料的水化热进行了对比，在钢渣粉与矿渣粉的质量比为 1∶1 的情况下，钢渣粉－矿渣粉复合掺合料降低胶凝材料早期水化热的幅度比粉煤灰大。粉煤灰能够明显降低胶凝材料早期水化热的特性是其能够在大体积混凝土中应用的首要前提，就这方面而言，钢渣粉－矿渣粉复合掺合料的作用效果更加明显，是潜在的大体积混凝土用掺合料。

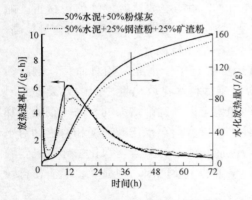

图 3-86　钢渣粉-矿渣粉复合掺合料与
粉煤灰对水化热的影响对比

水泥基材料水化产物的长期稳定性需要硬化浆体的孔溶液保持一定的碱度，孔溶液的碱度对矿物掺合料的激发起到决定作用。在含有大掺量矿物掺合料的水泥基复合胶凝材料的水化过程中，矿物掺合料替代水泥导致水泥含量降低以及矿物掺合料参与反应消耗掉部分 $Ca(OH)_2$，是造成体系碱度降低的主要原因。图 3-87 是水泥硬化浆体和 4 种复合胶凝材料硬化浆体中孔溶液的碱度随龄期变化的曲线。

相同龄期时，复合胶凝材料硬化浆体中孔溶液的碱度均低于水泥硬化浆体，且钢渣粉的含量越小、矿渣粉的含量越大，硬化浆体中孔溶液的碱度越低。矿渣粉的反应需要水泥水化生成的 $Ca(OH)_2$ 的激发，并在反应中消耗一定量的 $Ca(OH)_2$，因而，随着矿渣粉含量的增大，复合胶凝体系硬化浆体中孔溶液的碱度降低。图 3-87 显示，相同龄期时，C4 的孔溶液碱度最低，但孔溶液的 pH 值始终高于 12.6。综上可知，在水泥-钢渣粉-矿渣粉复合胶凝材料的水化过程中，矿渣粉的反应并不大量消耗体系中的 $Ca(OH)_2$，钢渣粉的反应对增加体系中 $Ca(OH)_2$ 的量有微小的贡献，因此复合胶凝材料硬化浆体的孔溶液始终能够保持一个比较高的碱度。

在水泥基复合胶凝体系的水化过程中，钢渣粉所处的水化环境是碱性的，这对钢渣粉的水化有一定的促进作用。由于钢渣粉水化的相对独立性，因而可以通过将钢渣粉置于碱溶液中反应来模拟钢渣粉在水泥基复合胶凝体系中的反应。由图 3-87 可知，复合胶凝材料硬化浆体中孔溶液的 pH 值在 12.6～13.3 之间，本试验选用了 pH 值为 12.5 和 13.2 的两种 NaOH 溶液作为钢渣粉水化的碱性条件。成

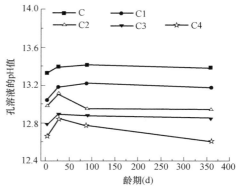

图 3-87　纯水泥和掺矿渣粉、钢渣粉
的硬化浆体中孔溶液的碱度

型高水胶比的钢渣粉浆体（水：钢渣粉＝1：1）密封在塑料离心管内，在 60℃ 的条件下高温养护 90d 后，测定硬化浆体的化学结合水含量，将该测定值近似看作钢渣粉完全水化时的总化学结合水含量 n_0。测定钢渣粉在特定水化条件下和特定龄期的化学结合水含量 n_t，则钢渣粉在该龄期的反应程度定义为：$n_t/n_0 \times 100\%$。图 3-88 显示了钢渣粉在两种碱性条件下的水化程度差异，两者之间的差异很小，由此可以断定钢渣粉在 C1、C2、C3、C4 这 4 种不同复合胶凝体系的水化过程中的同龄期反应程度是很接近的。

水化环境的 pH 值是影响矿渣粉水化的一个重要因素，图 3-89 显示矿渣粉在 C1、C2、C3、C4 这 4 种不同复合胶凝体系水化过程中的反应程度的差异（采用 EDTA 溶液选择溶解法测试），随着矿渣粉含量的增加，矿渣粉的反应程度呈

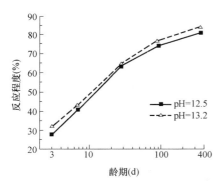

图 3-88　钢渣粉在不同碱性
条件下的反应程度

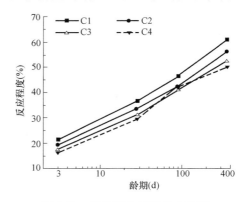

图 3-89　矿渣粉在不同复合胶凝
体系中的反应程度

降低的趋势,这与图 3-86 中孔溶液的 pH 值的变化规律是一致的。但矿渣粉反应程度的差异远小于其含量的差异,例如,龄期为 360d 时,矿渣粉含量为 10%、20%、30%、40% 时对应的反应程度分别为 61.2%、56.4%、52.7%、50.2%。

　　5 组砂浆在龄期 3d、7d、28d、90d、360d 时的抗压强度如图 3-90 所示。随着钢渣粉掺量的增加,砂浆的 3d 抗压强度降低,但差距不明显,这可能是由于尽管钢渣粉和矿渣粉在 3d 内的水化程度有所差异,但早龄期水泥的水化起着比较明显的主导作用,因而钢渣粉和矿渣粉在早龄期的水化差异导致抗压强度的差异并不明显。通过对比图 3-88 和图 3-89 可以看出,钢渣粉的反应程度大于同龄期矿渣粉的反应程度。需要注意的是,钢渣粉是由活性组分和非活性组分两部分组成的,事实上图 3-88 中钢渣粉的反应程度代表的是钢渣粉中活性组分的反应程度,也就是说当图 3-88 中钢渣粉的反应程度为 70% 时,是指钢渣粉中活性组分的 70% 起到了化学作用,而活性组分的 30% 以及非活性组分起物理填充作用。此外,钢渣粉中非活性颗粒的粒径一般较大,在硬化浆体中起到的物理填充效果并不好。水化产物中 $Ca(OH)_2$ 的含量也是影响砂浆抗压强度的一个因素,因为 $Ca(OH)_2$ 的含量影响着过渡区的微结构,钢渣粉的含量越大、矿渣粉的含量越小,水化产物中 $Ca(OH)_2$ 的含量越大,对过渡区的微结构的不利影响越大。

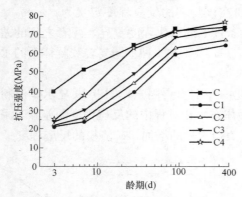

图 3-90　纯水泥和掺矿渣粉、钢渣粉的砂浆的抗压强度发展规律对比

从图 3-90 还可以看出,复合胶凝材料砂浆在后期(28d 后)的抗压强度增长幅度大于水泥砂浆。矿渣粉和钢渣粉在 28d 后的水化程度都有比较明显的增长,因而对砂浆抗压强度的持续增长做出贡献。值得关注的是,C4 的后期抗压强度接近甚至超过了水泥砂浆抗压强度,C4 中矿渣粉的含量为 40%,钢渣粉的含量仅为 10%,很显然 C4 的后期抗压强度增长主要源自矿渣粉的水化。在 C2、C3、C4 中,尽管矿渣粉的含量不断减小,但矿渣粉的反应程度随矿渣粉含量的减小有所提高,加之钢渣粉水化对微结构的贡献,因而 360d 龄期时,这 3 组复合胶凝材料砂浆的抗压强度与水泥砂浆的抗压强度差距并不十分明显。

　　将钢渣粉和矿渣粉按质量比 1:1 复配,设置两种掺量,分别为 25% 和 45%,即复合胶凝材料中钢渣粉和矿渣粉的掺量均为 12.5% 或 22.5%,水胶比为 0.4,硬化浆体 3d 和 90d 的孔径分布曲线分别如图 3-91 和图 3-92 所示。图 3-91 显示,掺入钢渣粉-矿渣粉复合掺合料会使硬化浆体的早期孔结构变疏松,表现在大孔比例增加（尤其是＞200nm 的孔）和小孔比例减少（尤其是＜10nm 的孔），且复合掺合料的掺量越大，对早期孔结构的不利影响越大，这是因为复合掺合料的早期活性明显低于水泥，替代水泥的量越多，整体胶凝体系生成水化产物的量越少。图 3-92 显示，龄期为 90d 时，3 组硬化浆体孔径分布曲线的最可几孔径相近，掺复合掺合料使硬化浆体的大孔比例增加，同时也使硬化浆体的小孔比例增加，而使硬化浆体的中间孔径的孔比例减少。由此可见，在矿渣粉-钢渣粉复合掺合料中，矿渣粉对硬化浆体后期孔径的细化作用和钢渣粉对硬化浆体后期孔径的粗化作用是并存的，并不能完全相互融合或抵消。

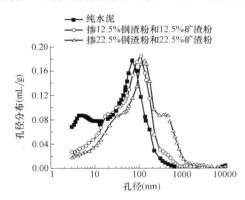

图 3-91　钢渣粉-矿渣粉复合掺合料对　　图 3-92　钢渣粉-矿渣粉复合掺合料对
　硬化浆体 3d 孔结构的影响　　　　　　硬化浆体 90d 孔结构的影响

表 3-32 中设计了 12 组钢铁渣粉，其中选用了三种钢渣粉，设置了两种矿渣粉与钢渣粉的比例（7∶3 和 1∶1），设计了两种石膏的掺量（0 和 3%），探讨石膏对钢铁渣粉活性的作用效果。成型砂浆（水胶比为 0.5），钢铁渣粉的掺量为50%，其中纯水泥砂浆的编号为 A0。图 3-93 和图 3-94 分别显示了砂浆的 3d 和7d 抗压强度。总体而言，石膏会提高钢铁渣粉的早期活性，且钢铁渣粉中的钢渣粉含量越高，石膏的作用效果越明显。

钢铁渣粉的组成（%）　　　　　　　　　　表 3-32

编号	矿渣粉	钢渣粉	石膏
A1	70	30（钢渣粉 1）	0
A2	70	30（钢渣粉 2）	0
A3	70	30（钢渣粉 3）	0
A11	67.9	29.1（钢渣粉 1）	3
A22	67.9	29.1（钢渣粉 2）	3
A33	67.9	29.1（钢渣粉 3）	3
B1	50	50（钢渣粉 1）	0
B2	50	50（钢渣粉 2）	0
B3	50	50（钢渣粉 3）	0

续表

编号	矿渣粉	钢渣粉	石膏
B11	48.5	48.5(钢渣粉 1)	3
B22	48.5	48.5(钢渣粉 2)	3
B33	48.5	48.5(钢渣粉 3)	3

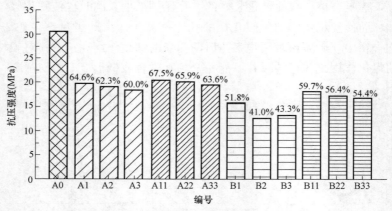

图 3-93　钢铁渣粉对砂浆 3d 抗压强度的影响

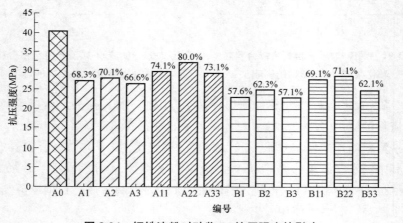

图 3-94　钢铁渣粉对砂浆 7d 抗压强度的影响

参 考 文 献

［1］ MasonB. The constitution of some open-heart slag ［J］ Journal of Iron and Steel Institute，1994 (11)：69-80.

［2］ 唐明述，袁美栖，韩苏芬，等．钢渣中 MgO、MnO、FeO 的结晶状态与钢渣的体积稳定性 ［J］. 硅酸盐学报，1979，7 (1)：35-46.

第4章　磷　渣　粉

4.1　磷渣粉的基本材料特性

本书中所涉及的磷渣粉是粒化电炉磷渣粉（granulated electric furnace phos-phorous slag powder），是指用电炉法制备黄磷的过程中所得到的以硅酸钙为主要成分的熔融物，经过淬冷成粒并磨细加工而成的粉体材料。磷渣粉的主要化学成分是 CaO 和 SiO_2，还含有少量 Al_2O_3、MgO、Fe_2O_3、P_2O_5、F（见表 4-1），此外磷渣粉中还含有微量的 Na_2O、K_2O、S、TiO_2。

全国 23 家黄磷厂磷渣粉化学成分统计[1]（%）　　　　　　表 4-1

化学成分	CaO	SiO_2	Al_2O_3	Fe_2O_3	MgO	P_2O_5	F
平均值	45.84	39.95	4.03	1.00	2.82	2.41	2.38
均方值	2.41	3.15	1.95	0.85	1.51	1.37	0.21
波动范围	41.15～51.17	35.45～43.05	0.83～9.07	0.23～3.54	0.76～6.00	2.41～1.37	1.92～2.75

磷渣粉的 XRD 图谱如图 4-1 所示，很显然，磷渣粉的主要矿物相是非晶态的玻璃体（漫散峰），磷渣粉中的晶态相主要包括磷酸钙、原硅酸钙以及钙长石。

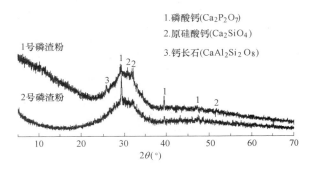

图 4-1　磷渣粉的 XRD 图谱

磷渣粉的微观形貌如图 4-2 所示，磷渣粉中含有大量片状的颗粒，与规则的球形或立方体不同，磷渣粉颗粒的形貌总体上是不规则的。这就决定了磷渣粉在新拌混凝土中起不到粉煤灰那种滚珠润滑的作用。

将磷渣粉与纯水按照质量比 1：0.3 混合，搅拌均匀后装入塑料离心管内密

图 4-2　磷渣粉的微观形貌

封，在 60℃的环境中养护（高温能够促进磷渣粉与水的早期反应），养护 3d、7d、28d 和 90d 后，通过 X-射线衍射（XRD）和扫描电子显微镜（SEM）分别测定反应产物的物相和形貌，以探究磷渣粉是否具有水硬性，XRD 测试结果以及 SEM 观察结果分别如图 4-3 和图 4-4 所示。从图 4-3 可以看出，浆体中并没有晶态产物生成，浆体中最主要的晶体衍射峰是原材料中的磷酸钙。从图 4-4 中可以观察到，磷渣颗粒表面有凝胶状产物生成，但即使在高温条件下养护 90d 后，这种凝胶状产物的含量仍然有限。与水拌和的磷渣粉在高温条件下养护至 28d 之后才能够成型，且强度非常低。XRD、SEM 的测试结果表明，磷渣粉自身的水硬性极低，可以忽略不计。

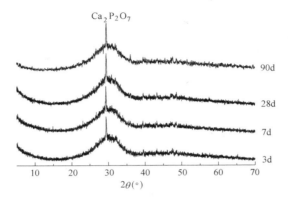

图 4-3　与纯水拌和的磷渣粉浆体的 XRD 图谱

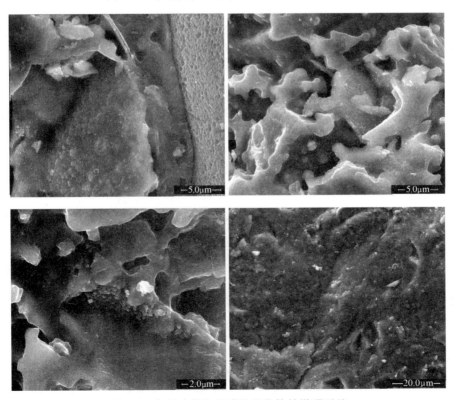

图 4-4　与纯水拌和的磷渣粉浆体的微观形貌

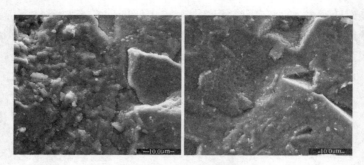

图 4-4　与纯水拌和的磷渣粉浆体的微观形貌（续）

4.2　磷渣粉在水泥或混凝土中应用的相关标准

目前我国已经正式颁布了多部有关磷渣粉作为混凝土矿物掺合料或水泥混合材的标准，包括《用于水泥中的粒化电炉磷渣》GB/T 6645—2008、《用于水泥和混凝土中的粒化电炉磷渣粉》GB/T 26751—2011、《混凝土用粒化电炉磷渣粉》JG/T 317—2011、《磷渣混凝土应用技术规程》JGJ/T 308—2013、《水工混凝土掺用磷渣粉技术规范》DL/T 5387—2007。此外，还颁布了适用于建筑材料行业用磷渣的《粒化电炉磷渣化学分析方法》JC/T 1088—2008。

《用于水泥中的粒化电炉磷渣》GB/T 6645—2008 主要针对原态磷渣提出了技术要求，《磷渣混凝土应用技术规程》JGJ/T 308—2013 对磷渣粉的技术要求引用了《混凝土用粒化电炉磷渣粉》JG/T 317—2011，下面主要对国家标准《用于水泥和混凝土中的粒化电炉磷渣粉》GB/T 26751—2011、建筑工业行业标准《混凝土用粒化电炉磷渣粉》JG/T 317—2011、电力行业标准《水工混凝土掺用磷渣粉技术规范》DL/T 5387—2007 中磷渣粉的技术要求进行对比分析。

所有标准均要求磷渣粉质量系数 K 值不小于 1.10，K 值的计算方法如公式（4-1）所示，K 值是主要碱性氧化物和酸性氧化物的质量比，是评定磷渣粉活性的重要指标。

$$K = \frac{w_{CaO} + w_{MgO} + w_{Al_2O_3}}{w_{SiO_2} + w_{P_2O_5}} \tag{4-1}$$

式中　w_{CaO}、w_{MgO}、$w_{Al_2O_3}$、w_{SiO_2}、$w_{P_2O_5}$——分别为磷渣粉的化学成分 CaO、MgO、Al_2O_3、SiO_2、P_2O_5 的质量分数。

在表 4-2 中将国家标准《用于水泥和混凝土中的粒化电炉磷渣粉》GB/T 26751—2011、建筑工业行业标准《混凝土用粒化电炉磷渣粉》JG/T 317—2011、电力行业标准《水工混凝土掺用磷渣粉技术规范》DL/T 5387—2007 中磷渣粉的技术要求进行了对比。为保证磷渣粉的成分和品质的稳定性，对 SO_3 含量和烧失量加以限制。磷渣粉中的可溶性磷溶于水，会在复合胶凝体系水化初期阻碍水化铝酸钙的进一步水化，导致胶凝体系的缓凝，因此应对 P_2O_5 含量加以限制。磷渣粉的活性与细度密切相关，因此标准均对磷渣粉的比表面积做了规定，其中建筑工业行业标准《混凝土用粒化电炉磷渣粉》JG/T 317—2011 对磷渣粉的比表面积的要求高于电力行业标准《水工混凝土掺用磷渣粉技术规范》DL/T 5387—2007。根据活性指数这个指标，《用于水泥和混凝土中的粒化电炉磷渣粉》GB/T 26751—2011 将磷渣粉分为 L95、L85、L70 三个等级，而《混凝土用粒化电炉磷渣粉》JG/T 317—2011 中的活性指数仅相当于《用于水泥和混凝土中的粒化电炉磷渣粉》GB/T 26751—2011 中的 L70 级，《水工混凝土掺用磷渣粉技术规范》DL/T 5387—2007 中的活性指数达不到《用于水泥和混凝土中的粒化电炉磷渣粉》GB/T 26751—2011 中 L70 级。为避免磷渣粉对混凝土的用水量造成较大的不利影响，三个标准均对磷渣粉的需水量比（或流动度比）进行了限制。

不同标准中磷渣粉的技术要求对比[1-3]　　　　　表 4-2

技术要求		标准的种类		
		《用于水泥和混凝土中的粒化电炉磷渣粉》GB/T 26751—2011	《混凝土用粒化电炉磷渣粉》JG/T 317—2011	《水工混凝土掺用磷渣粉技术规范》DL/T 5387—2007
化学成分(%)	P_2O_5	≤3.5		
	SO_3	≤4.0	≤3.5	≤3.5
烧失量(%)		≤3.0		
含水量(%)		≤1.0		
氯离子含量(%)		≤0.06	≤0.06	未作规定
比表面积(m²/kg)		≥350	≥350	≥300
活性指数(%)		分为 L95、L85、L70 三个级别，7d 活性指数分别≥70、≥60、≥50，28d 活性指数分别≥95、≥85、≥70	不分级别，7d 和 28d 活性指数分别≥50 和≥70	不分级别，28d 活性指数≥60
流动度比(%)或需水量比(%)		流动度比≥95	流动度比≥95	需水量比≤105
密度(g/cm³)		≥2.8	未作规定	未作规定
玻璃体含量(%)		≥80	未作规定	未作规定
碱含量(%)		≤1.0	未作规定	未作规定
安定性		未作规定	合格(沸煮法)	合格(沸煮法)
放射性		I_{Ra}≤1.0 且 I_r≤1.0	符合《建筑材料放射性核素限量》GB 6566 的要求	符合《建筑材料放射性核素限量》GB 6566 的要求

注：活性指数测定中，磷渣粉的掺量为 30%，水胶比为 0.5。

在《水工混凝土掺用磷渣粉技术规范》DL/T 5387—2007 中，水工混凝土掺用磷渣粉的技术要求规定：（1）为充分利用磷渣粉的后期性能，在保证设计要求的条件下，宜尽可能采用较长的设计龄期；（2）要充分考虑磷渣粉可能导致胶凝材料与外加剂的相容性问题；（3）要充分考虑到磷渣粉导致混凝土凝结时间延长的问题；（4）要充分考虑到掺磷渣粉的混凝土早期强度低，要特别注意养护和拆模时间。

《磷渣混凝土应用技术规程》JGJ/T 308—2013 对磷渣粉在混凝土中应用的最大掺量进行了限制，如表 4-3 所示。

磷渣粉的最大掺量[4]（%） 表 4-3

水泥品种	混凝土种类		
	素混凝土	钢筋混凝土	预应力混凝土
硅酸盐水泥	35	30	20
普通水泥	25	20	10

4.3 磷渣粉在水泥基材料水化过程中的作用机理

为了研究磷渣粉在水泥基材料水化过程中的作用机理，需要详细了解掺磷渣粉的复合水泥基材料的水化产物类型、磷渣粉对复合水泥基材料水化进程的影响以及磷渣粉对硬化浆体微结构的影响。

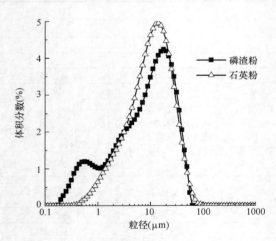

图 4-5 磷渣粉与石英粉的粒径分布

磷渣粉在水泥基材料水化过程中的作用机理可以分为两个方面：化学作用和物理作用。为了很好地区分磷渣粉的化学作用和物理作用，有必要选择与磷渣粉细度相近的惰性材料做对比。本节采用的惰性对比材料为石英粉，磷渣粉与石英粉的粒径分布如图 4-5 所示，从图中可以看出，磷渣粉与石英粉的粒径分布基本一致，可以认为两种材料在复合胶凝材料水化过程中的物理作用相近。净浆的水灰比均为 0.4，磷渣粉或石英粉的掺量为 0、15% 和 30%。

（1）水化产物

复合胶凝材料硬化浆体 3d、7d、28d 和 90d 的 XRD 图谱如图 4-6 所示。从图中可以看出，与纯水泥试样相比，掺磷渣粉的复合胶凝材料硬化浆体中并没有新的晶体衍射峰出现，说明磷渣粉的掺入并不会产生新的晶态产物。但是掺磷渣粉的硬化浆体中 $Ca(OH)_2$ 的衍射峰低于纯水泥试样，尤其是在磷渣粉掺量较大的条件下，掺磷渣粉的硬化浆体中 $Ca(OH)_2$ 的衍射峰明显降低。这是因为，在早期，磷渣粉会抑制水泥的水化，降低水泥的水化速率和水化程度，从而降低体系中 $Ca(OH)_2$ 的含量；在后期，磷渣粉的火山灰反应会消耗 $Ca(OH)_2$，降低体系中 $Ca(OH)_2$ 的含量。

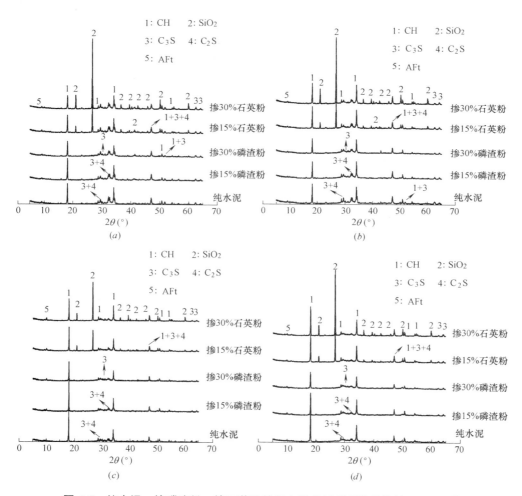

图 4-6 纯水泥、掺磷渣粉、掺石英粉的复合胶凝材料硬化浆体的 XRD 图谱

(a) 3d；(b) 7d；(c) 28d；(d) 90d

热重分析（TGA）能够精确地计算出复合胶凝材料硬化浆体中 $Ca(OH)_2$ 的含量，$Ca(OH)_2$ 含量的变化有助于印证并定量表征磷渣粉的火山灰活性。图 4-7

是复合胶凝材料硬化浆体的热重曲线。从图 4-7 可以看出，样品在 $400\sim500℃$ 之间有明显的受热分解失重，该热失重区间对应着 $Ca(OH)_2$ 的受热分解。此外，在 $600\sim800℃$ 之间还存在一个较小的受热分解失重峰，该失重峰主要对应着 $CaCO_3$ 的受热分解。根据热重曲线可以计算出硬化浆体中 $Ca(OH)_2$ 的含量，如图 4-8 所示。从图 4-8 可以看出，掺磷渣粉和石英粉的硬化浆体中 $Ca(OH)_2$ 的含量明显低于纯水泥组，为了能够更清晰地对比磷渣粉和石英粉对 $Ca(OH)_2$ 含量的影响，图中标示出了纯水泥样品 $Ca(OH)_2$ 含量的 85% 和 70% 刻度线（对应着磷渣粉或石英粉的掺量为 15% 和 30%）。对比掺石英粉的硬化浆体与修正后的纯水泥硬化浆体的 $Ca(OH)_2$ 含量可以发现，无论是 3d 还是 28d，掺石英粉的硬化浆体中 $Ca(OH)_2$ 的含量都明显高于纯水泥试样。这主要是因为：细石英粉有成核作用，能够促进水泥的早期水化；石英粉对水泥的稀释作用，一定程度上增大

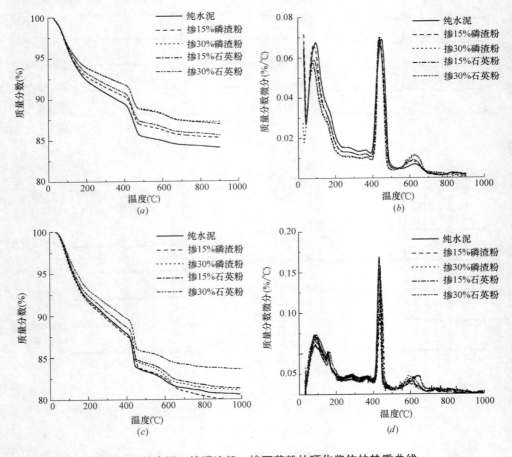

图 4-7　纯水泥、掺磷渣粉、掺石英粉的硬化浆体的热重曲线
(a) 3d 失重曲线；(b) 3d 失重速率曲线；(c) 28d 失重曲线；(d) 28d 失重速率曲线

了实际水灰比以及水化产物的生长空间。由于磷渣粉和石英粉粒度相近,上述石英粉的物理作用可以近似地表征磷渣粉对水泥水化的物理影响。但是,从图 4-8 中可以看到,掺磷渣粉的硬化浆体 3d 的 $Ca(OH)_2$ 含量略低于修正后的纯水泥试样,这是因为磷渣粉在早期具有延缓水泥水化的作用,具体机理详见(2)水化过程。在养护 28d 后,掺磷渣粉的硬化浆体中 $Ca(OH)_2$ 的含量虽然高于修正后的纯水泥试样,但仍然比掺等量石英粉的硬化浆体低。在后期,磷渣粉对水泥水化的延缓作用减弱,但磷渣粉自身的火山灰反应会消耗 $Ca(OH)_2$,降低了体系中 $Ca(OH)_2$ 的含量(相比于石英粉组)。

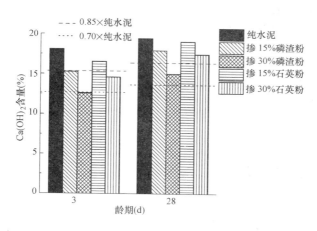

图 4-8 纯水泥、掺磷渣粉、掺石黄粉
的硬化浆体中 $Ca(OH)_2$ 的含量

图 4-9 是掺 30%磷渣粉的复合胶凝材料硬化浆体在 1 年龄期时的微观形貌及 EDS 图谱,从图中可以看出,1 年龄期时,硬化浆体的微观结构已经非常致密。硬化浆体中仍存在一些未反应的颗粒,经 EDS 分析,为磷渣。磷渣颗粒周围分布着致密的 C—S—H 凝胶,磷渣颗粒与周围结构紧密地粘结在一起,部分轮廓已无法清晰辨认。

纯水泥、掺 15%磷渣粉以及掺 30%磷渣粉的硬化浆体 1 年龄期时的 C—S—H 凝胶的钙硅比如图 4-10 所示。纯水泥试样中 C—S—H 凝胶的钙硅比范围为 1.66～2.78,平均钙硅比为 2.21;掺 15%磷渣粉的试样中 C—S—H 凝胶的钙硅比范围为 1.54～2.50,平均钙硅比为 1.94;掺 30%磷渣粉的试样中 C—S—H 凝胶的钙硅比范围为 1.50～2.36,平均钙硅比为 1.88。随着磷渣粉掺量的增加,硬化浆体中 C—S—H 凝胶的钙硅比逐渐降低,说明磷渣粉水化生成了低钙硅比的 C—S—H 凝胶,这与矿渣粉、粉煤灰等火山灰材料是一致的[5,6]。这主要是由于水泥原材料中的钙硅比为 3.09,而磷渣粉原材料中的钙硅比仅为 1.21,明显低于水泥。

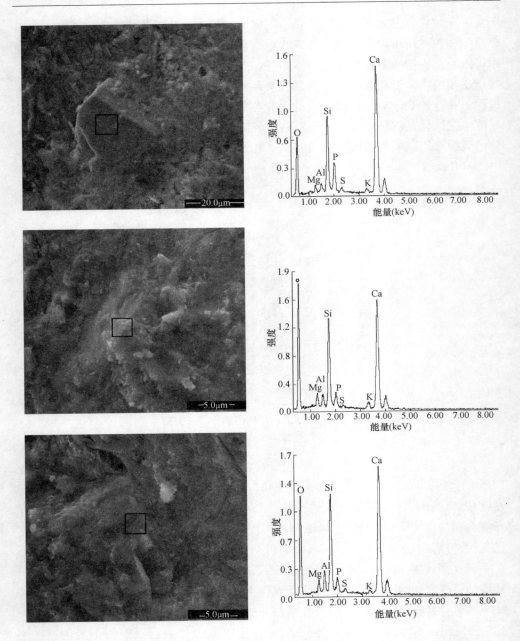

图 4-9　掺 30% 磷渣粉的复合胶凝材料硬化浆体在 1 年龄期时的微观形貌及 EDS 图谱

（2）水化过程

复合胶凝材料的水化放热速率和水化放热量如图 4-11 所示。从图中可以看出，因为水泥含量的减小，掺磷渣粉或者石英粉的复合胶凝材料的水化放热峰和

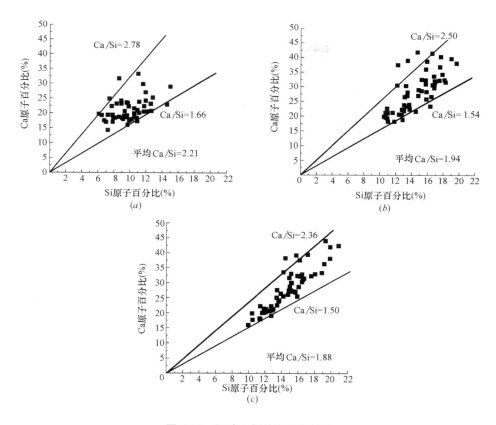

图 4-10 凝胶 1 年龄期的钙硅比

（a）纯水泥试样；（b）掺 15％磷渣粉的试样；（c）掺 30％磷渣粉的试样

累计放热量降低。但是，石英粉的掺入使得复合胶凝材料的水化放热加速期稍微提前，进一步证明了细石英粉的成核作用促进了水泥的早期水化。但掺磷渣粉的复合胶凝材料的第二放热峰却明显延后，表明磷渣粉对水泥的早期水化具有明显的延缓作用。很多研究也表明[7,8]，磷渣粉的掺入会明显降低胶凝材料的水化放热速率，但磷渣粉对水泥早期水化的延缓机理尚没有统一的理论。关于磷渣粉延缓水泥水化的作用机理主要有以下几种说法：磷渣粉中磷元素的溶出与 Ca^{2+}、OH^- 生成了氟羟基磷灰石和磷酸钙，覆盖在 C_3A 的表面从而抑制了其水化，导致缓凝；液相中的 $[PO_4]^{3-}$ 等磷酸根离子的存在限制了 AFt 的形成，而 $[SO_4]^{2-}$ 离子又阻碍了六方水化物向 C_3AH_6 转化，当可溶性磷与石膏同时存在时，它们的复合作用延缓了 C_3A 的整个水化过程，即 C_3A 的水化停留在生成六方水化物阶段，既没有 AFt 生成，也没有 C_3AH_6 生成[9,10]；磷渣颗粒吸附在硅酸盐水泥水化初期形成的半透水性水化产物薄膜上，使这层 C—S—H 半透性薄膜的致密性增加，延长了胶凝材料的水化诱导期[7,8,11,12]。截至目前，有关磷渣粉缓凝的作用机理尚需要更多直接的证据来佐证。

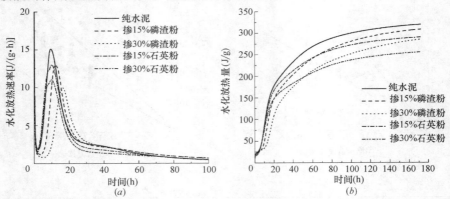

图 4-11 纯水泥、掺磷渣粉、掺石英粉的复合胶凝材料水化放热曲线
(a) 水化放热速率曲线；(b) 水化放热量曲线

图 4-12 是复合胶凝材料硬化浆体中化学结合水的含量，化学结合水含量可以定性的表征硬化浆体中水化产物的多少。从图 4-12 可以看出，掺磷渣粉和石英粉的硬化浆体中化学结合水的含量均略低于纯水泥试样，这主要是由水泥含量的降低引起的。为了能够更好地表征磷渣粉和石英粉对复合胶凝材料化学结合水含量的影响，同样对纯水泥试样的化学结合水含量进行了修正，分别乘以系数 0.85 和 0.70（对应着磷渣粉或石英粉的掺量为 15% 和 30%）。可以发现，掺磷渣粉或石英粉的硬化浆体中化学结合水含量均明显高于修正后的纯水泥试样。其中提到，细石英粉自身的成核作用和对水泥的稀释作用分别能够促进水泥的早期和后期水化程度，增加水化产物含量，进而增加硬化浆体中的化学结合水含量。掺磷渣粉的硬化浆体的化学结合水含量在 3d 龄期时略高于掺石英粉的硬化浆体，而在后期则明显高于掺石英粉的硬化浆体。这种掺磷渣粉和石英粉的硬化浆体的长龄期化学结合水含量的差异在较大掺量的情况下尤为明显。由于化学结合水含量最早从 3d 开始测量，磷渣粉对水泥水化的延缓作用已经较弱，而磷渣粉自身的火山灰反应能够提供额外的水化产物，增加化学结合水含量。磷渣粉自身的火山灰反应对化学结合水含量的贡献随着龄期的增长和掺量的增加而增大。

通过图像处理法可以精确测量出硬化浆体中各组分的反应程度。将 3d、28d、90d 龄期的硬化浆体镶嵌在环氧树脂中，先后用粒径为 $9\mu m$、$3\mu m$ 和 $1\mu m$ 的金刚石抛光粉抛光，在背散射电子显微镜（BSE）下得到样品放大到 500 倍的 BSE 图像。通过对图像像素的统计，得到各物相的体积分数，进而通过对比原始配合比得到各组分在特定龄期的反应程度。典型的 BSE 图像以及 BSE 图像对应的灰度分布分别如图 4-13 和图 4-14 所示。

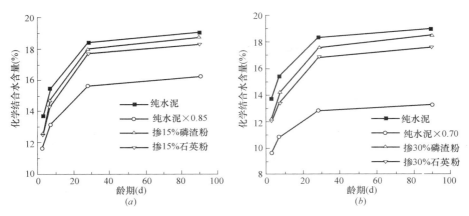

图 4-12　纯水泥、掺磷渣粉、掺石英粉的复合胶凝材料硬化浆体化学结合水含量对比

（a）掺量为 15％；（b）掺量为 30％

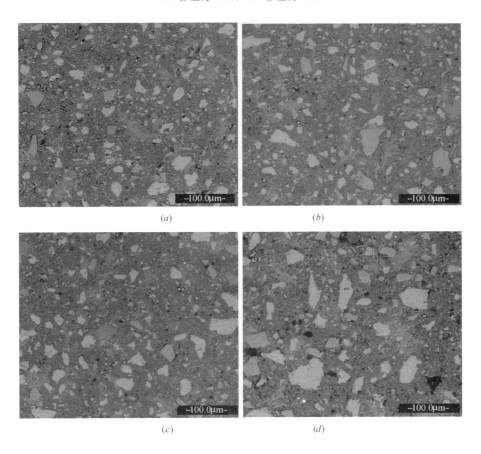

图 4-13　典型的 BSE 图像（一）

145

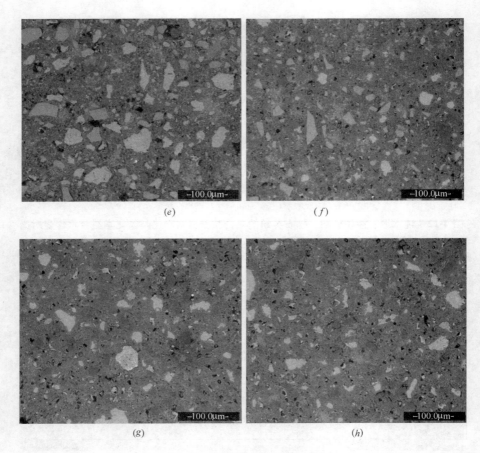

图 4-13　典型的 BSE 图像（二）

（a）～（f）掺磷渣粉的硬化浆体；（g）、（h）掺石英粉的硬化浆体

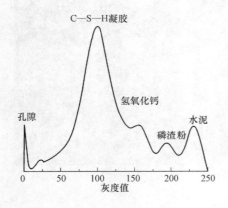

图 4-14　典型 BSE 图像的灰度分布

通过图像处理法得到的复合胶凝材料硬化浆体中水泥和磷渣粉的反应程度如图 4-15 所示。从图中可以看出，掺石英粉的硬化浆体中水泥的反应程度始终高于纯水泥试样，且随着石英粉掺量的增加，这种趋势更加明显，这进一步证明了石英粉自身的成核作用以及石英粉对水泥的稀释作用能够促进水泥的水化。但是，掺磷渣粉的硬化浆体中水泥 3d 的水化程度明显低于纯水泥试样，这主要是因为

磷渣粉对水泥早期水化的延缓作用，这种延缓作用随着磷渣粉掺量的增加而增大。随着养护龄期的延长，在28d之后，掺磷渣粉的硬化浆体中水泥的水化程度超过纯水泥试样，甚至高于掺石英粉的试样。这是因为磷渣粉与石英粉粒度相近，二者对水泥水化的物理作用相似，但在中后期，磷渣粉的缓凝作用不再产生影响，相反，磷渣粉的火山灰反应会消耗

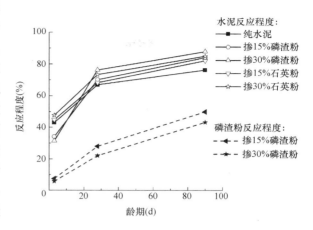

图 4-15　水泥和磷渣粉的反应程度

$Ca(OH)_2$，进一步促进了水泥的水化。磷渣粉的反应程度随着其掺量的增加而降低，15％和30％掺量的磷渣粉在90d的反应程度能够达到40％～50％。

（3）硬化浆体孔结构

图 4-16 是复合胶凝材料硬化浆体的孔径分布曲线。从图中可以看出，掺石英粉的硬化浆体 3d 的累积孔体积明显大于纯水泥试样，但多出的这部分孔隙主要是孔径小于 100nm 的孔。水泥含量降低使得孔隙率增大，但石英粉的填充作用细化了硬化浆体的孔结构。掺磷渣粉的硬化浆体 3d 的累积孔体积同样大于纯水泥试样，且多出的这部分孔隙的孔径在 100～200nm 之间。磷渣粉对水泥水化的延缓作用使得体系中 100～200nm 的孔隙不能够被水化产物很好地填充。在养护 28d 之后，所有样品的累积孔体积都有所减小，尤其是掺磷渣粉的硬化浆体。尽管掺磷渣粉的硬化浆体的累积孔体积仍然略大于纯水泥试样，但多出的这部分孔隙主要是孔径小于 50nm 的小孔。相比于 28d 的累积孔体积，纯水泥试样和掺石英粉的硬化浆体 90d 的累积孔体积变化较小，说明 28d 后由于水泥水化带来的硬化浆体孔结构的改善已经不明显。但掺磷渣粉的硬化浆体孔结构在后期仍然有较大的改善，90d 龄期时掺磷渣粉的硬化浆体的累积孔体积已经小于纯水泥试样。这主要是因为磷渣粉后期发生火山灰反应，生成了额外的水化产物，填充了孔隙，细化了孔结构。

（4）高温养护对复合胶凝材料水化性能的影响

胶凝材料水化是放热反应，实际混凝土结构中的温度要高于实验室标准养护温度，高温下磷渣粉在复合胶凝材料中的作用机理也将有所不同。60℃条件下复合胶凝材料的水化放热曲线如图 4-17 所示，60℃条件下硬化浆体的热零曲线、$Ca(OH)_2$含量、化学结合水含量、反应程度、孔径分布曲线分别如图 4-18～图

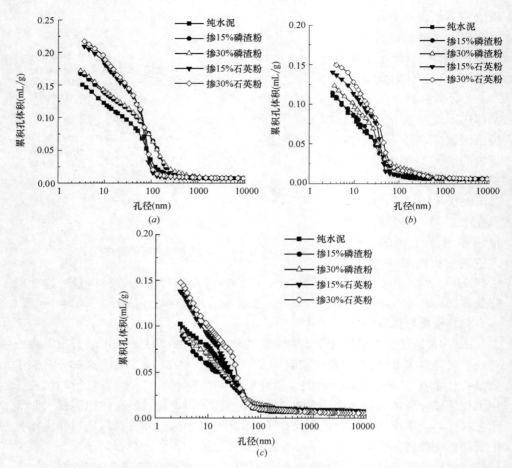

图 4-16　纯水泥、掺磷渣粉、掺石英粉的复合脱凝材料硬化浆体的孔径分布曲线

(a) 3d；(b) 28d；(c) 90d

4-22 所示。从图 4-17 可以看出，高温养护条件下磷渣粉仍然具有延缓水泥水化的作用，但这种对水泥早期水化的抑制作用明显减弱。与常温养护不同，在 28d 龄期时，掺磷渣粉的硬化浆体中 $Ca(OH)_2$ 的含量要明显低于修正后的纯水泥试样（见图 4-19），这说明高温激发了磷渣粉的火山灰活性，磷渣粉较强的火山灰反应消耗了较多的 $Ca(OH)_2$。与常温养护相似，掺磷渣粉或石英粉的硬化浆体在高温养护条件下的化学结合水含量高于修正后的纯水泥试样（见图 4-20）。此外，高温养护条件下掺磷渣粉的硬化浆体的化学结合水含量从 3d 龄期开始就明显高于掺石英粉的硬化浆体，这与常温养护有明显区别。化学结合水含量的改变进一步证明了高温养护提高了磷渣粉的火山灰反应活性，磷渣粉的火山灰反应起作用的时间明显提前。高温对磷渣粉反应活性的激发作用能够从水泥和磷渣粉的

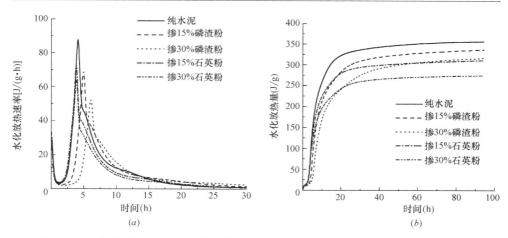

图 4-17 60℃ 条件下纯水泥、掺磷渣粉、掺石英粉的复合胶凝材料的水化放热曲线

（a）水化放热速率曲线；（b）水化放热量曲线

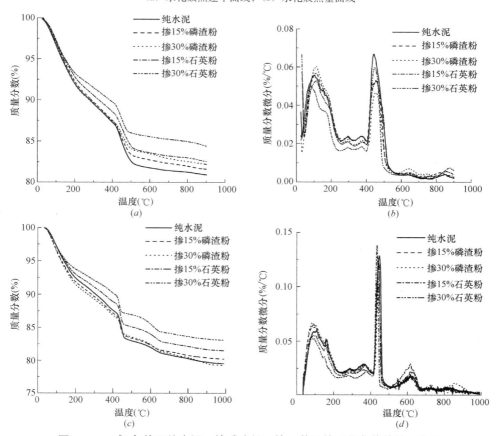

图 4-18 60℃ 条件下纯水泥、掺磷渣粉、掺石英粉的硬化浆体的热重曲线

（a）3d 失重曲线；（b）3d 失重速率曲线；（c）28d 失重曲线；（d）28d 失重速率曲线

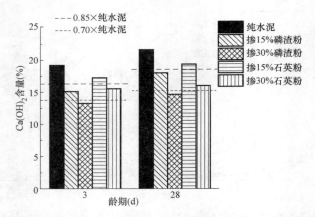

图 4-19　60℃条件下纯水泥、掺磷渣粉，掺石英粉的硬化浆体的 Ca(OH)₂ 含量

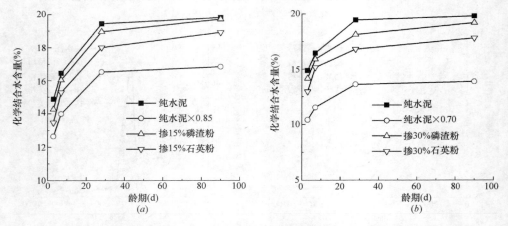

图 4-20　60℃条件下纯水泥、掺磷渣粉，掺石英粉的硬化浆体的化学结合水含量

(a) 掺量为 15％；(b) 掺量为 30％

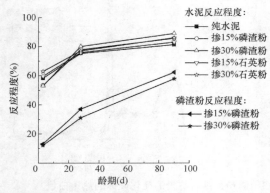

图 4-21　60℃条件下水泥和磷渣粉的反应程度

反应程度上更直观地体现出来（见图 4-21）：高温养护条件下磷渣粉 3d 的反应程度已经达到 12％，常温养护条件下仅为 5％～8％；高温养护条件下磷渣粉 90d 的反应程度能够达到 60％左右，明显高于常温养护条件下的值。图 4-22 显示高温养护条件下掺磷渣粉的硬化浆体 3d 的累积孔体积仍然大于纯水泥试样，但掺磷渣

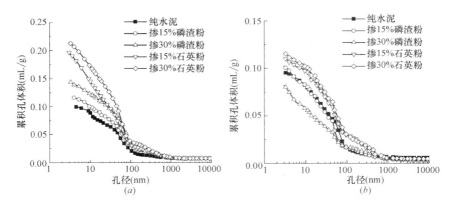

图 4-22　60℃条件下纯水泥、掺磷渣粉、掺石英粉的硬化浆体的孔径分布曲线

(*a*) 3d；(*b*) 90d

粉的硬化浆体中孔径在 100nm 以上的大孔的体积与纯水泥试样相差较小，这与常温养护有明显区别。这是因为高温条件下磷渣粉的反应活性被激发，磷渣粉的火山灰反应对孔结构的改善作用在较早龄期便体现出来。此外，高温养护条件下，掺石英粉的硬化浆体中 100～300nm 的大孔体积在 3d 和 90d 均大于纯水泥试样，这与常温养护条件下石英粉对硬化浆体孔结构的细化作用相反。这是因为高温条件下，水泥反应速率较快，在水泥颗粒表面快速生成一层致密的水化产物层，水化产物难以透过该产物层到达石英颗粒附近，石英颗粒附近的大孔隙不能被充分地填充。

4.4　磷渣粉对砂浆和混凝土性能的影响

（1）磷渣粉对砂浆强度的影响

图 4-23 是复合胶凝材料砂浆 3d、7d、28d 和 90d 的抗压强度。从图中可以看出，掺石英粉的砂浆抗压强度始终低于纯水泥砂浆，但掺磷渣粉的砂浆抗压强度只在早期低于纯水泥砂浆。在常温养护条件下，掺磷渣粉的砂浆抗压强度在 28d 时已经接近纯水泥砂浆，并随着养护时间的延长逐渐反超。而在高温养护条件下，掺磷渣粉的砂浆抗压强度在 7d 龄期时已经明显超过了纯水泥砂浆。不难理解，掺石英粉的砂浆由于水泥含量的降低导致抗压强度发展受限，早期磷渣粉的低活性属性以及磷渣粉对水泥早期水化的延缓作用使得掺磷渣粉的砂浆抗压强度低于纯水泥砂浆。但随着养护时间的延长，磷渣粉对水泥水化的延缓作用减弱，其自身的火山灰反应活性被激发，持续进行的火山灰反应为中后期砂浆抗压强度的增长做出额外的贡献。高温条件进一步削弱了磷渣粉对水泥水化的抑制作

用，同时进一步激发了磷渣粉的火山灰活性，使得磷渣粉火山灰反应对砂浆抗压强度增长的贡献更加明显。

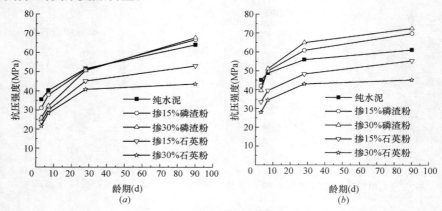

图 4-23　纯水泥、掺磷渣粉、掺石英粉的砂浆的抗压强度

（a）20℃养护；（b）60℃养护

（2）磷渣粉对水泥基材料新拌浆体工作性的影响

本小节选取 4 种不同细度的磷渣粉（P1～P4），研究磷渣粉对水泥基材料新拌浆体工作性的影响，磷渣粉的掺量为 30%，磷渣粉与水泥的粒径分布如图 4-24 所示。

新拌浆体剪切应力与剪切速率的关系如图 4-25 所示，根据宾汉塑性流体模型对图 4-25 中的数据进行线性拟合，计算得到新拌浆体的屈服应力和塑性黏度如表 4-4 所示。从表 4-4 可以看出，除磷渣粉 P3 外，掺其他磷渣粉的新拌浆体屈服应力或塑性黏度均低于纯水泥组，这说明磷渣粉的掺入能够增大新拌浆体的流变性能。从图 4-24 可以看出，磷渣粉 P3 含有较多粒径在 0.01～1μm 之间的

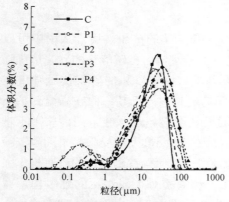

图 4-24　磷渣粉与水泥的粒径分布

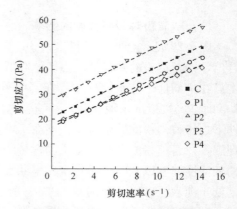

图 4-25　掺磷渣粉的新拌浆体剪切应力与剪切速率的关系

细颗粒，较多的细颗粒增大了磷渣粉的比表面积，进而增加了磷渣粉表面吸附水膜的体积，降低了新拌浆体中自由水的含量，最终导致掺磷渣粉 P3 的新拌浆体流变性能变差。

掺磷渣粉的新拌浆体屈服应力和塑性黏度　　　　表 4-4

编号	屈服应力(Pa)	塑性黏度(Pa·s)
C	20.84	2.04
P1	16.75	2.04
P2	18.11	1.69
P3	27.67	2.18
P4	18.11	1.67

（3）磷渣粉对混凝土强度和氯离子渗透性的影响

表 4-5 是标准养护条件下掺磷渣粉的混凝土抗压强度。从表中可以看出，磷渣粉的掺入大幅度降低了混凝土的 1d 抗压强度，在水胶比为 0.4 的条件下，掺磷渣粉的混凝土 1d 抗压强度甚至不足 4MPa，即便养护 3d 龄期，掺 15％ 和 30％磷渣粉的混凝土抗压强度仍然比纯水泥混凝土分别低 23.5％和 47.1％。但养护至 28d 龄期之后，掺磷渣粉的混凝土抗压强度与纯水泥混凝土的抗压强度差值很小，到 90d 时二者之间的差值基本可以忽略。在低水胶比条件下，磷渣粉对混凝土抗压强度的影响规律与高水胶比条件下相似。磷渣粉对水泥早期水化的抑制作用导致混凝土强度大幅度降低，随着养护时间的延长，这种抑制作用减弱，同时磷渣粉的火山灰反应为混凝土抗压强度的增长做出了额外的贡献。

标准养护条件下掺磷渣粉的混凝土抗压强度（MPa）　　　　表 4-5

水胶比	磷渣粉掺量	1d	3d	28d	90d
0.4	0	9.8	39.5	72.6	75.8
	15％	3.5	30.2	71.2	75.2
	30％	2.0	20.9	70.8	75.3
0.32	0	48.3	64.5	89.3	92.0
	15％	36.5	60.5	86.8	91.1
	30％	19.8	51.9	85.6	90.4

表 4-6 是标准养护条件下掺磷渣粉的混凝土氯离子渗透性。从表中可以看出，磷渣粉的掺入能够降低混凝土 28d 和 90d 的电通量，且降低幅度随着磷渣粉掺量的增加而增大。在水胶比为 0.4 的条件下，磷渣粉的掺入使得混凝土 28d 和 90d 的氯离子渗透性各降低了一个等级，这说明磷渣粉能够很好地改善混凝土的抗氯离子渗透性。磷渣粉的火山灰反应消耗 $Ca(OH)_2$ 并生成额外的 C-S-H 凝胶，能够改善硬化浆体的孔结构，同时改善混凝土界面过渡区的微结构，提高混

凝土的抗氯离子渗透性。但是在低水胶比条件下，混凝土已经非常密实，磷渣粉对混凝土硬化浆体孔结构和界面过渡区微结构的改善作用并不明显。因此，在低水胶比条件下磷渣粉对混凝土氯离子渗透性的影响非常有限，只有掺 30％磷渣粉的混凝土在 90d 龄期时氯离子渗透性降低了一个等级。

标准养护条件下掺磷渣粉的混凝土电通量和氯离子渗透性等级　　　表 4-6

水胶比	磷渣粉掺量	28d		90d	
		电通量(C)	渗透性等级	电通量(C)	渗透性等级
0.4	0	2260	中	2098	中
	15％	1927	低	1684	低
	30％	1434	低	1169	低
0.32	0	1305	低	1135	低
	15％	1242	低	1065	低
	30％	1131	低	869	极低

（4）磷渣粉对蒸养混凝土强度和氯离子渗透性的影响

磷渣粉掺量、蒸养温度、蒸养时间和水胶比对蒸养混凝土拆模强度的影响如表 4-7 所示。从表中可以看出，当掺磷渣粉的混凝土与纯水泥混凝土采用同样的蒸养制度时（60℃蒸养 8h），其拆模强度大幅度下降：在水胶比为 0.4 的条件下，掺 15％和 30％磷渣粉的混凝土拆模强度分别降低了 33％和 62.5％，不能满足蒸养混凝土的拆模要求。通过延长蒸养时间（11h）或者提高蒸养温度（80℃）都能够很好地改善掺磷渣粉蒸养混凝土的拆模强度：掺 15％磷渣粉的蒸养混凝土拆模强度超过纯水泥混凝土，掺 30％磷渣粉的蒸养混凝土拆模强度也能够达到纯水泥混凝土的 80％以上。提高蒸养温度和延长蒸养时间都能够有效地提高磷渣粉的反应活性，增加掺磷渣粉蒸养混凝土的早期强度。当水胶比从 0.4 降低到 0.32 时，蒸养混凝土的拆模强度均有大幅度的提升，当掺磷渣粉蒸养混凝土的拆模强度不足时，稍微降低混凝土的水胶比能够有效地提高拆模强度。此外，在低水胶比条件下，掺 15％和 30％磷渣粉的混凝土拆模强度相比于同水胶比的纯水泥混凝土分别降低了 13％和 25％，降低幅度远低于高水胶比条件下的值。

综上所述，磷渣粉的掺入会降低蒸养混凝土的早期拆模强度，且降低的幅度随磷渣粉掺量的增加而增大。延长蒸养时间、提高蒸养温度、降低混凝土水胶比是改善掺磷渣粉蒸养混凝土拆模强度的有效手段。根据以上关于磷渣粉掺量、蒸养温度、蒸养时间对蒸养混凝土拆模强度的影响规律的研究结果，确定了本小节有关蒸养混凝土的蒸养制度，如表 4-8 所示。混凝土水胶比为 0.4 和 0.32，纯水泥混凝土选择 60℃蒸养 8h，掺磷渣粉的混凝土选择 80℃蒸养 8h 或者 60℃蒸养 11h。

不同磷渣粉掺量、蒸养制度、水胶比条件下蒸养混凝土的拆模强度（MPa）

表 4-7

蒸养温度	蒸养时间	水胶比 0.4			水胶比 0.32		
		纯水泥	掺 15% 磷渣粉	掺 30% 磷渣粉	纯水泥	掺 15% 磷渣粉	掺 30% 磷渣粉
60℃	8h	28.5	19.1	10.7	64.7	56.3	47.5
	11h	—	30.2	22.0	—	62.7	56.2
80℃	8h	—	34.4	25.4	—	60.3	53.2

满足拆模强度要求的蒸养混凝土蒸养制度

表 4-8

编号	水胶比	磷渣粉掺量	蒸养温度（℃）	蒸养时间（h）
C-8-60	0.4	0	60	8
P1-8-80		15%	80	8
P1-11-60		15%	60	11
P2-8-80		30%	80	8
P2-11-60		30%	60	11
HC-8-60	0.32	0	60	8
HP1-8-80		15%	80	8
HP1-11-60		15%	60	11
HP2-8-80		30%	80	8
HP2-11-60		30%	60	11

　　蒸养混凝土 3d、28d、90d 的抗压强度如表 4-9 所示。尽管通过延长蒸养时间或者提高蒸养温度能够提高掺磷渣粉蒸养混凝土的拆模强度，甚至使低磷渣粉掺量的蒸养混凝土的拆模强度超过纯水泥混凝土，但掺磷渣粉蒸养混凝土的 3d 抗压强度仍然明显低于纯水泥混凝土。这说明无论是高水胶比还是低水胶比，掺磷渣粉蒸养混凝土从拆模到 3d 龄期内抗压强度的增长仍然受到磷渣粉的负面影响。28d 龄期时，延长蒸养时间的掺磷渣粉混凝土抗压强度与纯水泥混凝土的抗压强度差值仅为 5MPa 左右，这个差值到 90d 龄期时进一步减小为不足 2MPa。而提高蒸养温度的掺磷渣粉混凝土 28d 和 90d 的抗压强度明显低于纯水泥混凝土：无论高水胶比还是低水胶比，掺 15% 磷渣粉的蒸养混凝土在 80℃下养护 8h 的 28d 和 90d 抗压强度分别比 60℃下养护 8h 的 28d 和 90d 抗压强度低 7MPa 左右，而当磷渣粉掺量提高到 30% 时，以上差值达到 12MPa。

　　蒸养混凝土 28d 和 90d 的氯离子渗透性如表 4-10 所示。从表中可以看出，在高水胶比条件下，延长蒸养时间的掺磷渣粉混凝土 28d 和 90d 氯离子渗透性均比纯水泥混凝土低一个等级，说明延长蒸养时间能够有效地改善掺磷渣粉蒸养混凝土的抗氯离子渗透性。对于提高蒸养温度到80℃的掺磷渣粉混凝土，除掺量30%的90d氯离子渗透性比纯水泥混凝土低一个等级之外，其他情况下均与纯水泥混凝土处于同一等级。降低水胶比使得混凝土更加密实，磷渣粉对混凝土氯离子渗透性的影响减弱，掺磷渣粉的混凝土与纯水泥混凝土氯离子渗透性几乎都处在同一等级，但80℃下蒸养8h的掺15%磷渣粉的混凝土28d氯离子渗透性比纯水泥混凝土高一个等级。

综合延长蒸养时间和提高蒸养温度对掺磷渣粉混凝土拆模强度、后期抗压强度、后期抗氯离子渗透性的影响规律，可以认为延长蒸养时间是提高掺磷渣粉蒸养混凝土性能最有效的措施。

蒸养混凝土的抗压强度（MPa） 表4-9

编 号	龄期(d)		
	3	28	90
C-8-60	42.2	71.0	71.9
P1-8-80	37.9	64.2	65.1
P1-11-60	36.6	68.9	70.2
P2-8-80	30.2	59.4	59.8
P2-11-60	29.2	67.0	70.9
HC-8-60	69.6	89.1	91.2
HP1-8-80	65.5	81.5	82.9
HP1-11-60	66.4	85.5	89.6
HP2-8-80	63.2	78.3	79.8
HP2-11-60	64.2	83.1	90.6

蒸养混凝土的电通量和氯离子渗透性等级 表4-10

编 号	28d		90d	
	电通量(C)	渗透性等级	电通量(C)	渗透性等级
C-8-60	2168	中	2066	中
P1-8-80	2997	中	2245	中
P1-11-60	1829	低	1624	低
P2-8-80	2189	中	1869	低
P2-11-60	1409	低	1241	低
HC-8-60	1519	低	1214	低
HP1-8-80	2272	中	1897	低
HP1-11-60	1249	低	1121	低
HP2-8-80	1718	低	1521	低
HP2-11-60	1260	低	1069	低

4.5 含大掺量磷渣粉的大体积混凝土

第 2 章的 2.2.6 小节进行了大掺量电炉镍铁渣粉混凝土在大体积混凝土结构中应用的可行性研究，并与大掺量粉煤灰混凝土的应用效果作了比较，本节将重点进行大掺量磷渣粉以及磷渣粉和电炉镍铁渣粉复掺在大体积混凝土结构中应用的可行性研究。试验选用的水胶比为 0.4，掺合料掺量为 50%，其中单掺磷渣粉和复掺磷渣粉、电炉镍铁渣粉的为试验组，分别记为"PS"和"PN"；掺粉煤灰的为对照组，记为"FA"。混凝土的配合比如表 4-11 所示。

含大掺量磷渣粉的混凝土的配合比（kg/m³）　　　表 4-11

编号	水泥	粉煤灰	磷渣粉	电炉镍铁渣粉	砂	石	水
FA	210	210	0	0	780	1034	168
PS	210	0	210	0	780	1034	168
PN	210	0	105	105	780	1034	168

试验中采用两种不同的养护方式：（1）标准养护；（2）温度匹配养护，试样成型后放入可调控温度的水浴锅（净浆试样）或蒸养箱（混凝土试样）内，实时调节使其内部温度与混凝土绝热温升曲线基本保持一致，7d 之后自然冷却，然后标准养护至测试龄期。温度匹配养护主要用来模拟实际结构中大体积混凝土内部的真实温度环境。

（1）水化热

图 4-26 和图 4-27 分别显示了不同复合胶凝材料在 25℃ 和 50℃ 条件下的水化放热速率曲线和水化放热量曲线，其中 50℃ 用来简化模拟大体积混凝土结构中早期的高温环境。从图 4-26 和图 4-27 可以看出，无论是在 25℃ 还是 50℃ 条件下，含大掺量磷渣粉的胶凝体系的第二放热峰都明显晚于粉煤灰组出现，这与 4.3.2 小节中的试验结果一致，磷渣粉的掺入延缓了水泥的早期水化，当磷渣粉和电炉镍铁渣粉复掺时，磷渣粉对复合胶凝材料早期水化的延缓作用减弱。尽管大掺量磷渣粉明显延缓了水泥的早期水化，但掺磷渣粉的复合胶凝材料累计放热量最终仍然超过了掺粉煤灰组，说明磷渣粉的掺入会明显提高胶凝材料的水化放热量，不利于磷渣粉在大体积混凝土中的应用。当磷渣粉和电炉镍铁渣粉复掺之后，复合胶凝材料的累计放热量有所降低，尤其是在高温条件下，磷渣粉和电炉镍铁渣粉复掺的胶凝材料累计放热量与掺粉煤灰的胶凝材料累计放热量几乎相同，说明磷渣粉和电炉镍铁渣粉的复掺可以有效解决含大掺量磷渣粉的大体积混凝土的内部温升问题。

（2）混凝土绝热温升

图 4-28 显示了三组混凝土在 7d 内的绝热温升曲线，通过计算得到 FA 组、

157

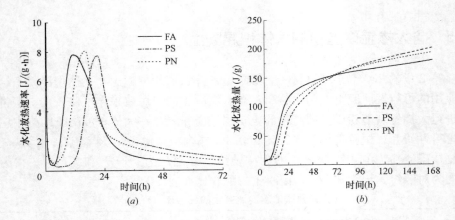

图 4-26　25℃条件下 FA、PS、PN 组复合胶凝材料的水化放热曲线

(a) 水化放热速率曲线；(b) 水化放热量曲线

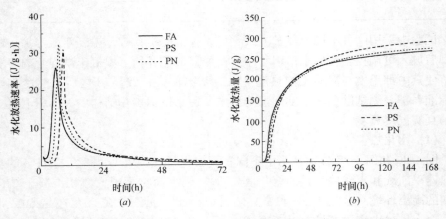

图 4-27　50℃条件下 FA、PS、PN 组复合胶凝材料的水化放热曲线

(a) 水化放热速率曲线；(b) 水化放热量曲线

PS 组和 PN 组混凝土的 7d 绝热温升值分别为 37.48℃、39.87℃和 37.55℃。从图中可以看出，大掺量磷渣粉混凝土在初始 1d 内的温度低于大掺量粉煤灰组，但随后明显超过了粉煤灰组。说明大掺量磷渣粉对降低大体积混凝土温升的效果低于粉煤灰。当磷渣粉和电炉镍铁渣粉复掺时，混凝土的绝热温升曲线几乎和粉煤灰组重合，说明电炉镍铁渣粉的掺入能够缓解大掺量磷渣粉大体积混凝土内部温升过高的问题。

(3) 水化产物

图 4-29 和图 4-30 分别显示了在 28d 和 90d 龄期时，三组硬化浆体在不同养护方式下的热重曲线。通过计算得到试样中 $Ca(OH)_2$ 的含量以及温度匹配组相

比于标准养护组的变化情况，结果如表 4-12 所示。

在 28d 和 90d 龄期时，无论是在何种养护条件下，含大掺量粉煤灰的硬化浆体中 Ca(OH)$_2$ 的含量都明显低于单掺或复掺大掺量磷渣粉的组，这说明磷渣粉火山灰反应所消耗的 Ca(OH)$_2$ 量不如粉煤灰消耗得多，结合磷渣粉的化学组成，推测主要是因为其自身的 CaO 含量比较高（40％左右），反应过程中并不需要由水泥水化产物 Ca(OH)$_2$ 提供太多 Ca^{2+}。另外，在温度匹配养护条件下，三种硬化浆体中 Ca(OH)$_2$ 的含量均低于标准养护组，其中大掺量粉煤灰组 Ca(OH)$_2$ 含量降低的程度更大。由此可知，温度匹配养护可以促进粉煤灰和磷渣粉后期的火山灰反应，消耗更多的 Ca(OH)$_2$。

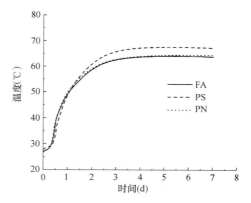

图 4-28 FA、PS、PN 组混凝土的绝热温升曲线

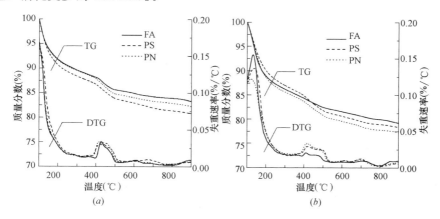

图 4-29 FA、PS、PN 组硬化浆体在 28d 龄期时的热重曲线

（a）标准养护；（b）温度匹配养护

两种养护方式下 FA、PS、PN 组硬化浆体中 Ca(OH)$_2$ 的含量对比   表 4-12

编号	28d 龄期			90d 龄期		
	标准养护	温度匹配养护	变化情况	标准养护	温度匹配养护	变化情况
FA	9.20％	7.21％	减小了 21.6％	8.20％	6.39％	减小了 22.1％
PS	11.80％	11.33％	减小了 4.0％	11.87％	11.46％	减小了 3.5％
PN	11.39％	10.90％	减小了 4.9％	11.56％	10.81％	减小了 6.5％

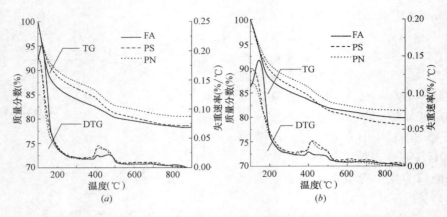

图 4-30　FA、PS、PN 组硬化浆体在 90d 龄期时的热重曲线
(a) 标准养护；(b) 温度匹配养护

（4）硬化浆体孔结构

图 4-31～图 4-33 分别显示了不同养护条件下三组硬化浆体在 3d、28d 和 90d 龄期时的孔径分布曲线。从图中可以看出，无论是在标准养护条件下还是在温度匹配养护条件下，大掺量磷渣粉组硬化浆体的孔隙率在 28d 和 90d 龄期时均低于大掺量粉煤灰组，这与第 2 章中提到的大掺量电炉镍铁渣粉组硬化浆体的孔隙率相反，虽然磷渣粉煤灰反应消耗的 Ca(OH)$_2$ 量不大，但是其活性高于粉煤灰，可以生成更多水化产物填充孔隙，这与水化热的分析结果是一致的。通过对比可以发现，在温度匹配养护条件下，所有硬化浆体的孔结构都得到了改善，孔隙率有所减小，这说明温度匹配养护对粉煤灰、电炉镍铁渣粉以及磷渣粉的活性都有一定的激发作用。在 3d 和 28d 龄期时，复掺电炉镍铁渣粉和磷渣粉的硬化浆体在标准养护条件下的孔隙率大于大掺量粉煤灰组，尤其是在早期，差距非常明显；但是在温度匹配养护条件下，两组硬化浆体的孔结构分布情况相差不大，电炉镍铁渣粉和磷渣粉复掺组的孔隙率甚至略小一些，这主要是因为高温对磷渣粉的激发作用比其对粉煤灰的激发作用更强，生成了更多的反应产物。到 90d 龄期时，复掺电炉镍铁渣粉和磷渣粉的硬化浆体在标准养护条件下的孔径分布与大掺量粉煤灰组比较接近，在温度匹配养护条件下的孔隙率则明显小于大掺量粉煤灰组。

另外，即便是在标准养护条件下，在 28d 龄期之后各组硬化浆体中大于 100nm 的大毛细孔数量都已经非常少，说明这三种掺合料在大掺量情况下可以使水泥浆体在后期获得比较致密的微观结构。

（5）混凝土力学性能

图 4-34 显示了三组混凝土在不同养护条件下的抗压强度。从图中可以看出，

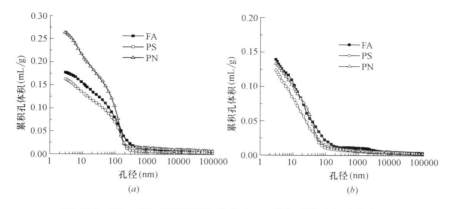

图 4-31　FA、PS、PN 组硬化浆体在 3d 龄期时的孔径分布曲线

（a）标准养护；（b）温度匹配养护

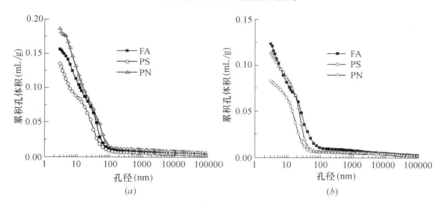

图 4-32　FA、PS、PN 组硬化浆体在 28d 龄期时的孔径分布曲线

（a）标准养护；（b）温度匹配养护

在所有龄期，温度匹配养护条件下三组混凝土的抗压强度都明显高于标准养护条件下的值，这说明温度匹配养护对掺磷渣粉、电炉镍铁渣粉和粉煤灰的胶凝体系都有激发作用，可以提高复合胶凝材料的反应程度，生成更多的水化产物，从而提高混凝土的抗压强度。由于温度匹配养护条件更接近于实际工程中大体积混凝土结构内部的温度环境，所以采用温度匹配养护条件下混凝土的抗压强度来评价实际结构中大体积混凝土的力学性能更为合理。

通过对比还可以发现，无论是在标准养护条件下还是在温度匹配养护条件下，在 1d 龄期时，大掺量磷渣粉单掺组的抗压强度值是最低的，这主要是由磷渣粉的缓凝作用引起的，随后单掺磷渣粉组的抗压强度迅速增长，在 3d 龄期以后明显高于其他两个组。在标准养护条件下，复掺磷渣粉和电炉镍铁渣粉组的后期抗压强度明显高于粉煤灰组，而在温度匹配养护条件下，这两个组的抗压强度

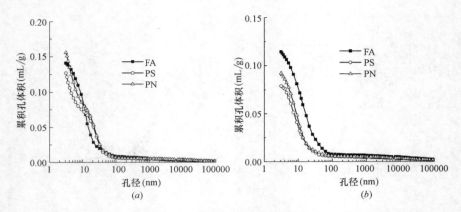

图 4-33　FA、PS、PN 组硬化浆体在 90d 龄期时的孔径分布曲线
（a）标准养护；（b）温度匹配养护

值比较接近。

　　表 4-13 显示了温度匹配养护条件下三组混凝土的抗压强度相比于标准养护条件下的增长率。从表中可以看出，温度匹配养护对不同混凝土早期抗压强度的提高作用都非常明显，其中，大掺量磷渣粉单掺组的抗压强度增长率是最高的，其他两组抗压强度的增长率相差不大，这说明温度匹配养护对磷渣粉早期活性的激发作用是最明显的，而对电炉镍铁渣粉的激发作用则不如其对粉煤灰的激发作用明显，这部分的试验结果与净浆水化热以及硬化浆体孔结构的规律都是一致的。

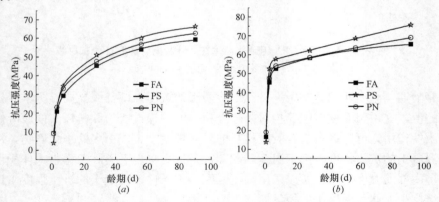

图 4-34　不同养护条件下 FA、PS、PN 组混凝土的抗压强度
（a）标准养护；（b）温度匹配养护

　　图 4-35 显示了三组混凝土在不同养护条件下的劈裂抗拉强度。总体而言，不同养护条件下三组混凝土劈裂抗拉强度的发展规律与抗压强度是类似的，在所有龄期，温度匹配养护条件下混凝土的劈裂抗拉强度都明显高于标准养护条件下

的值，说明复合胶凝体系在温度匹配养护条件下都得到了激发，反应程度提高，生成了更多的反应产物。同时，除 1d 龄期外，单掺磷渣粉混凝土的劈裂抗拉强度都要高于其他两组混凝土。

温度匹配养护条件下 FA、PS、PN 组混凝土的抗压强度相比于标准养护条件下的增长率（%）   表 4-13

龄期(d)	FA	PS	PN
1	81.5	247.5	111.0
3	117.7	134.2	105.2
7	79.5	67.5	63.7
28	28.4	21.7	22.9
56	15.7	14.5	12.1
90	10.6	14.2	10.2

表 4-14 显示了温度匹配养护条件下三组混凝土的劈裂抗拉强度相比于标准养护条件下的增长率。总体规律也类似于抗压强度的结果，单掺磷渣粉组的增长率基本都大于其他两组，粉煤灰组和磷渣粉、电炉镍铁渣粉复掺组的劈裂抗拉强度增长率接近。

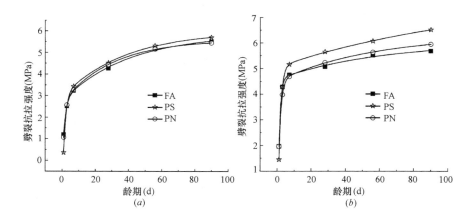

图 4-35 不同养护条件下 FA、PS、PN 组混凝土的劈裂抗拉强度
(a) 标准养护；(b) 温度匹配养护

图 4-36 显示了三组混凝土在不同养护条件下的弹性模量。与强度一样，温度匹配养护条件下混凝土的弹性模量均明显高于标准养护条件下的值，再次表明掺磷渣粉、电炉镍铁渣粉和粉煤灰的复合胶凝体系在温度匹配养护条件下可以得到一定程度的激发。在早龄期（1d 左右），由于磷渣粉的缓凝作用，单掺磷渣粉组的弹性模量是最小的，但是 3d 之后单掺磷渣粉组的弹性模量发展迅速，明显高于粉煤灰组。在标准养护条件下，三组混凝土长龄期的弹性模量差值减小。

温度匹配养护条件下 FA、PS、PN 组混凝土的劈裂抗拉强
度相比于标准养护条件下的增长率（%）　　　　　　　表 4-14

龄期(d)	FA	PS	PN
1	63.3	302.8	84.9
3	70.2	70.2	54.9
7	46.9	50.4	43.4
28	18.7	25.0	17.8
56	6.8	14.3	9.3
90	3.3	14.4	9.4

　　表 4-15 显示了温度匹配养护条件下三组混凝土的弹性模量相比于标准养护条件下的增长率。同样可以发现，混凝土的早期弹性模量在温度匹配养护条件下有显著的提高。总体上看，单掺磷渣粉组的增长率高于其他组，不过，在 3d 龄期之后，不同组混凝土的增长率相差不大。

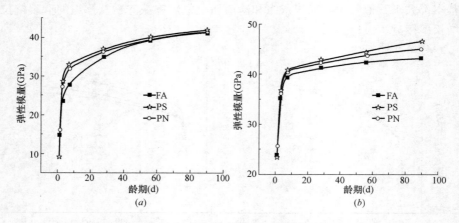

图 4-36　不同养护条件下 FA、PS、PN 组混凝土的弹性模量
(a) 标准养护；(b) 温度匹配养护

温度匹配养护条件下 FA、PS、PN 组混凝土的弹性
模量相比于标准养护条件下的增长率（%）　　　　　　表 4-15

龄期(d)	FA	PS	PN
1	61.3	150.5	58.5
3	49.4	28.3	32.4
7	41.9	23.4	26.5
28	18.4	16.3	17.1
56	7.2	10.4	9.9
90	4.8	11.1	8.8

(6) 混凝土氯离子渗透性

图 4-37 显示了三组混凝土在不同养护条件下的 6h 电通量和氯离子渗透性试验结果。从图中可以看出，在 28 d 龄期时，标准养护条件下单掺磷渣粉组混凝土的氯离子渗透性已经达到"低"的水平，比其他组低一个等级。这主要是因为磷渣粉的活性明显高于粉煤灰和电炉镍铁渣粉，因此 PS 组混凝土中水化产物的量更多，浆体微结构也更密实，所以其抗氯离子渗透性能更好。在温度匹配

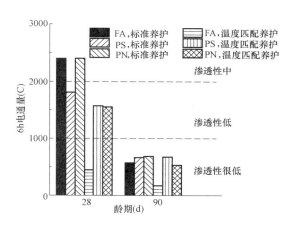

图 4-37　不同养护条件下 FA、PS、PN 组混凝土的 6h 电通量和氯离子渗透性等级

养护条件下，粉煤灰组混凝土的氯离子渗透性降低了两个等级，而复掺磷渣粉和电炉镍铁渣粉组混凝土的氯离子渗透性则降低了一个等级，但单掺磷渣粉组混凝土的氯离子渗透性等级则没有降低。这是因为在温度匹配养护条件下，粉煤灰和电炉镍铁渣粉的火山灰活性都能得到明显的激发，更多地消耗了由水泥水化生成的 $Ca(OH)_2$，从而改善了混凝土过渡区的微结构，并降低了其连通孔隙率，相比之下，温度匹配养护对粉煤灰的激发作用更强，这与水化热以及热重分析的结果都是相符的。而对于大掺量磷渣粉混凝土，虽然温度匹配养护也可以大幅度激发磷渣粉的火山灰反应，但是从热重分析结果可知，磷渣粉反应所消耗的 $Ca(OH)_2$ 量并不大，尽管混凝土的浆体孔隙率会进一步降低，但是其氯离子渗透性等级没有发生变化。

在 90d 龄期时，无论是在标准养护条件下还是在温度匹配养护条件下，三组混凝土的氯离子渗透性都达到了"很低"的水平。不过还是可以看出，在温度匹配养护条件下，粉煤灰组的 6h 电通量有明显的降低，而单掺磷渣粉组的 6h 电通量变化是最小的，这与 28d 龄期时的规律也是一致的。

参 考 文 献

[1]　长江水利委员会长江科学院. 水工混凝土掺用磷渣粉技术规范：DL/T 5387—2007 [S]. 北京：中国电力出版社，2007.

[2]　中国建筑材料科学研究总院等. 用于水泥和混凝土中的粒化电炉磷渣粉：GB/T 26751—2011 [S]. 北京：中国标准出版社，2012.

［3］　中华人民共和国住房和城乡建设部. 混凝土用粒化电炉磷渣粉：JG/T 317—2011［S］. 北京：中国标准出版社，2011.

［4］　中华人民共和国住房和城乡建设部. 磷渣混凝土应用技术规程：JGJ/T 308—2013［S］. 北京：中国建筑工业出版社，2014.

［5］　孙海燕，何真，龚爱民，等. 粉煤灰对水泥水化浆体微结构的影响［J］. 混凝土，2011，39（12）：79-82.

［6］　刘仍光，阎培渝. 水泥—矿渣复合胶凝材料中矿渣的水化特性［J］. 混凝土，2012，40（8）：1112-1118.

［7］　Chen X，Fang K H，Yang H，et al. Hydration kinetics of phosphorus slag-cement paste ［J］. Journal of Wuhan University of Technology（Materials Science Edition），2011，26（1）：142-146.

［8］　Chen X，Zeng L，Fang K H. Anti-crack performance of phosphorus slag concrete［J］. Wuhan University Journal of Natural Sciences，2009，14（1）：80-86.

［9］　王绍东，赵镇浩. 新型磷渣硅酸盐水泥的水化特性［J］. 硅酸盐学报，1990，18（4）：379-384.

［10］　冷发光，包春霞. 磷渣掺合料对水泥混凝土需水性与凝结时间影响的试验研究［J］. 混凝土与水泥制品，1998（2）：18-21.

［11］　程麟，盛广宏，皮艳灵，等. 磷渣对硅酸盐水泥的缓凝机理［J］. 硅酸盐通报，2005，24（4）：40-44.

［12］　盛广宏. 磷渣活性的激发及对硅酸盐水泥的缓凝机理［D］. 南京：南京工业大学，2004.

第5章 石灰石粉

5.1 石灰石粉的基本材料特性

石灰石粉（limestone powder）是一种常用的混凝土掺合料。石灰石粉的主要化学成分是 $CaCO_3$，还含有少量 SiO_2、Al_2O_3、MgO、Fe_2O_3 等，此外石灰石粉中还含有微量的 Na_2O 和 S。本章用到的 3 种石灰石粉（L1、L2 和 L3）的化学成分如表 5-1 所示。

不同来源石灰石粉的化学成分（%）　　　　　　　　　　表 5-1

编号	SiO_2	Al_2O_3	Fe_2O_3	$CaCO_3$	MgO	SO_3
L1	8.34	2.36	1.39	83.19	3.19	0.10
L2	8.43	2.39	1.41	82.85	3.28	0.10
L3	7.25	1.88	1.18	84.28	2.96	0.29

石灰石粉的 XRD 图谱如图 5-1 所示，同样可以看出石灰石粉的主要矿物相是晶态的 $CaCO_3$，建筑行业中常用的石灰石粉通常还含有少量的石英等杂质。

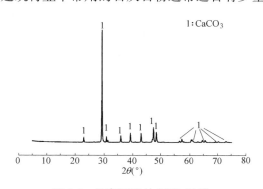

图 5-1　石灰石粉的 XRD 图谱

石灰石粉的微观形貌如图 5-2 所示，总体上石灰石粉是无规则形貌的，与规则的球形或立方体相距较大，含大量片状的颗粒。这就决定了石灰石粉在新拌混凝土中起不到粉煤灰那种滚珠润滑的作用。

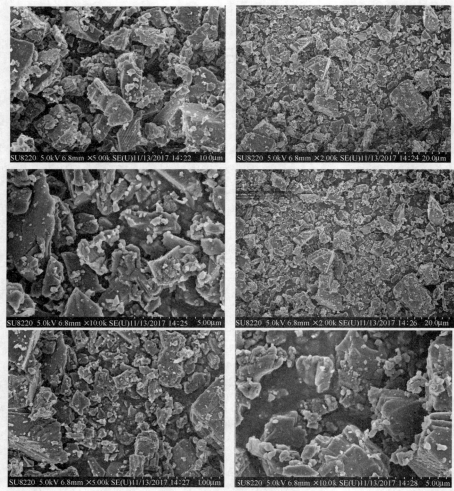

图 5-2　石灰石粉的微观形貌

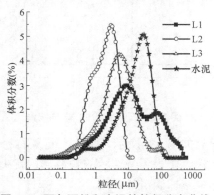

图 5-3　石灰石粉和水泥的粒径分布曲线

表 5-1 中 3 种石灰石粉和水泥的粒径分布曲线如图 5-3 所示。通过不同程度的粉磨可以得到不同细度的石灰石粉，用作混凝土掺合料的石灰石粉粒径一般小于水泥颗粒粒径。

5.2 石灰石粉在水泥或混凝土中应用的相关标准

目前我国已经正式颁布了多部有关石灰石粉作为混凝土掺合料或水泥混合材的标准，包括《石灰石粉混凝土》GB/T 30190—2013、《石灰石粉在混凝土中应用技术规程》JGJ/T 318—2014、《水工混凝土掺用石灰石粉技术规范》DL/T 5304—2013。

《石灰石粉混凝土》GB/T 30190—2013 和《石灰石粉在混凝土中应用技术规程》JGJ/T 318—2014 总结了石灰石粉原材料的技术要求和混凝土性能评价指标，而《水工混凝土掺用石灰石粉技术规范》DL/T 5304—2013 则主要统计了有关石灰石粉原材料、混凝土工作性以及国内外各大水库堤坝混凝土配合比和混凝土相关性能。表 5-2 主要针对国家标准《石灰石粉混凝土》GB/T 30190—2013、建筑工业行业标准《石灰石粉在混凝土中应用技术规程》JGJ/T 318—2014、电力行业标准《水工混凝土掺用石灰石粉技术规范》DL/T 5304—2013 中对石灰石粉的技术要求进行对比分析。

不同标准中石灰石粉的技术要求对比[1-3]   表 5-2

技术要求		标准的种类		
		GB/T 30190	JGJ/T 318	DL/T 5304
化学组成（%）	CaCO₃	≥75	≥75	≥85
含水量（%）		≤1.0		
氯离子含量（%）		≤0.06	≤0.06	未作规定
细度（%）		45mm 方孔筛筛余		80mm 方孔筛筛余
		≤15	≤15	≤10
活性指数（%）		7d≥60	7d≥60	≥60
		28d≥60	28d≥60	
流动度比（%）或需水量比（%）		流动度比≥100	流动度比≥100	需水量比≤105
亚甲基蓝吸附量（g/kg）		≤1.4	≤1.4	≤1.0

5.3 水泥-石灰石粉复合胶凝材料的早期水化

本节主要研究石灰石粉对胶凝材料早期水化的影响，主要包括石灰石粉对胶凝材料早期水化放热性能、硬化浆体微结构以及砂浆力学性能的影响。为了对比石灰石粉粒径对复合胶凝材料的影响，本节选用粗石灰石粉 L1 和细石灰石粉 L2，其粒径分布如图 5-3 所示。试验用到的净浆和砂浆的配合比分别如表 5-3 和表 5-4 所示。石灰石粉掺量为 0、8%、15% 和 20%。为了对比不同水灰比条件下石灰石粉的作用效果，本节选用 2 个水灰比：0.3 和 0.45。

掺石灰石粉的净浆的配合比（g）　　　　　　　　表 5-3

编号	水泥	粗石灰石粉 L1	细石灰石粉 L2	水
P-0-0.3	100	0	0	30
PL1-8%-0.3	92	8	0	30
PL1-15%-0.3	85	15	0	30
PL1-20%-0.3	80	20	0	30
PL2-8%-0.3	92	0	8	30
PL2-15%-0.3	85	0	15	30
PL2-20%-0.3	80	0	20	30
P-0-0.45	100	0	0	45
PL1-8%-0.45	92	8	0	45
PL1-15%-0.45	85	15	0	45
PL1-20%-0.45	80	20	0	45
PL2-8%-0.45	92	0	8	45
PL2-15%-0.45	85	0	15	45
PL2-20%-0.45	80	0	20	45

掺石灰石粉的砂浆的配合比（g）　　　　　　　　表 5-4

编号	水泥	粗石灰石粉 L1	细石灰石粉 L2	水	标准砂
M-0-0.3	100	0	0	30	300
ML1-8%-0.3	92	8	0	30	300
ML1-15%-0.3	85	15	0	30	300
ML1-20%-0.3	80	20	0	30	300
ML2-8%-0.3	92	0	8	30	300
ML2-15%-0.3	85	0	15	30	300
ML2-20%-0.3	80	0	20	30	300
M-0-0.45	100	0	0	45	300
ML1-8%-0.45	92	8	0	45	300
ML1-15%-0.45	85	15	0	45	300
ML1-20%-0.45	80	20	0	45	300
ML2-8%-0.45	92	0	8	45	300
ML2-15%-0.45	85	0	15	45	300
ML2-20%-0.45	80	0	20	45	300

（1）掺石灰石粉砂浆早期强度

掺石灰石粉的砂浆 3d 抗压强度如表 5-5 所示。从表中可以看到，在水灰比为 0.3 的条件下，掺石灰石粉的砂浆 3d 抗压强度均高于纯水泥组。这主要归因于石灰石粉在水泥早期水化过程中的成核作用以及石灰石粉对浆体孔隙的填充作用。石灰石粉为水泥早期水化产物的成核和生长提供了额外的位置，促进了水泥早期水化，提高了水泥水化产物的含量。同时，石灰石粉能够填充砂浆中的过渡区，使得硬化砂浆更加密实，提高砂浆的抗压强度。此外，从表 5-5 中还可以看出，在水灰比为 0.3 的条件下，石灰石粉掺量为 15% 的砂浆抗压强度高于其他组。当掺量较小时，石灰石粉的成核作用与填充作用有限；但当掺量较大时，由于水泥含量的降低，砂浆的抗压强度有所降低。因此，从砂浆早期抗压强度的角度看，石灰石粉的最佳掺量在 15% 左右。

在水灰比为 0.45 的条件下，除掺 8% 细石灰石粉的组外，掺石灰石粉的砂浆抗压强度均低于纯水泥砂浆。在水灰比较高的情况下，体系中含有较多的拌合水，石灰石粉的填充作用效果不明显。尽管如此，掺入少量细石灰石粉仍然能够提高硬化砂浆的早期力学性能。在两种不同的水灰比条件下，掺细石灰石粉的砂浆抗压强度均高于掺等量粗石灰石粉的砂浆。这主要是因为较细的石灰石粉能够提供更大的成核面积，较细的石灰石粉对砂浆微结构的填充作用也更明显。

从表 5-5 的结果可以看出，石灰石粉对硬化砂浆早期力学性能的促进作用明显受到石灰石粉的掺量、细度以及砂浆的水灰比的影响。

掺石灰石粉的砂浆 3d 抗压强度（MPa） 　　　　表 5-5

编　号	抗压强度	编　号	抗压强度
M-0-0.3	45.00	M-0-0.45	36.86
ML1-8%-0.3	47.85	ML1-8%-0.45	35.65
ML1-15%-0.3	50.06	ML1-15%-0.45	34.00
ML1-20%-0.3	47.39	ML1-20%-0.45	31.90
ML2-8%-0.3	50.05	ML2-8%-0.45	38.25
ML2-15%-0.3	51.54	ML2-15%-0.45	35.45
ML2-20%-0.3	49.74	ML2-20%-0.45	32.94

（2）水化过程

掺石灰石粉的复合胶凝材料水化放热速率曲线如图 5-4～图 5-7 所示。从图 5-4 可以看出，掺粗石灰石粉 L1 的复合胶凝材料水化诱导期缩短，水化加速期明显提前。这主要归因于石灰石粉的成核作用：石灰石粉提供了额外的水化产物生长位置，加速了水化产物的成核生长。石灰石粉对水泥早期水化的促进作用随其掺量的增加而增大。从图 5-5 可以看出，掺细石灰石粉 L2 同样能够加速水泥早期水化，促使水泥水化加速期提前，但当石灰石粉掺量较小时，石灰石粉对水泥早期水化的促进作用非常有限[4]。从图 5-6 和图 5-7 可以看出，在高水灰比条件下，石灰石粉的掺入同样缩短了水泥水化诱导期，加速了早期水泥水化。与低水灰比条件不同，在高水灰比条件下，石灰石粉的细度对其在复合胶凝材料早期水化过程中的作用效果有明显影响：细石灰石粉对水泥早期水化的促进作用更显著。

　　石灰石粉在早期并不参与水化反应，复合胶凝材料的水化放热主要归因于水泥的水化反应，为了更好地对比不同复合胶凝材料体系中水泥的水化进程，专门统计了 2h、12h、22h、32h、42h、52h、62h 和 72h 时刻掺石灰石粉的复合胶凝材料中单位质量水泥水化放热量相比于同时刻纯水泥累计放热量的增量，以表征石灰石粉对上述时刻水泥水化程度的影响，如表 5-6 所示。从表中可以看出，掺入石灰石粉后单位质量水泥的水化放热量均有所增加。在初始的 2h 内，尽管水化放热速率较慢，但石灰石粉的掺入仍然能够提高体系的水化放热量，这主要由 2 个因素导致：石灰石粉的掺入提高了实际的水灰比，促进了水泥熟料的溶解；粒径小于水泥的石灰石粉有助于减小体系中相邻颗粒的间距，加速水泥表面离子向外迁移，进而促进水泥熟料溶解[5]，石灰石粉粒径越小，体系水灰比越低，这种作用效果越明显。对比图 5-4～图 5-7 可知，2～12h 主要对应水泥的水化加速期，从表 5-6 可以看到在 12h 时，因为石灰石粉掺入导致的水泥水化放热增量相比于 2h 明显增大，这主要是因为石灰石粉的成核作用促进了加速期的水泥水化，且石灰石粉的颗粒越细，这种作用效果越明显。在水灰比为 0.3 的条件下，32～72h 之间水泥的水化放热增量仍然有上升的趋势，说明在这些时间段石灰石粉仍然能够促进水泥的水化。这是因为掺入石灰石粉增大了实际水灰比，使得处于稳定期的浆体中仍然有较多的自由水供水泥水化。与此相反，在高水灰比条件下，石灰石粉导致的水泥水化放热增量在 22h 后变化很小。这是因为水灰比为0.45 时，纯水泥样品中已经有足够的自由水供水泥水化，石灰石粉对实际水灰比的提高并不会对稳定期的水泥水化带来明显的促进作用。

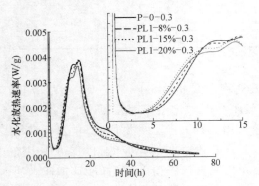

图 5-4　掺粗石灰石粉 L1 的复合胶凝材料水化放热速率曲线（水灰比 0.3）

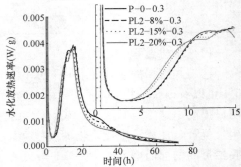

图 5-5　掺细石灰石粉 L2 的复合胶凝材料水化放热速率曲线（水灰比 0.3）

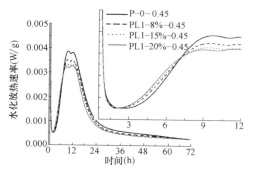

图 5-6　掺粗石灰石粉 L1 的复合胶凝材料
水化放热速率曲线 （水灰比 0.45）

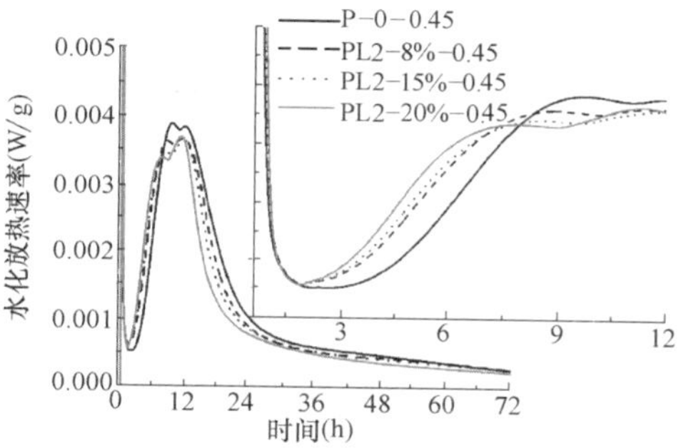

图 5-7　掺细石灰石粉 L2 的复合胶凝材料
水化放热速率曲线 （水灰比 0.45）

掺石灰石粉的复合胶凝材料水化放热增量 （J/g）　　　　　表 5-6

编号	2h	12h	22h	32h	42h	52h	62h	72h
PL1-8%-0.3	0.63	9.26	13.51	11.47	14.10	16.64	18.09	18.66
PL1-15%-0.3	1.08	21.53	22.20	17.71	21.57	26.99	30.51	32.59
PL1-20%-0.3	3.17	22.70	26.94	22.21	26.29	34.03	39.65	43.25
PL2-8%-0.3	3.38	6.64	16.50	15.97	20.09	23.66	25.56	26.47
PL2-15%-0.3	5.54	22.97	28.26	24.53	28.85	34.77	38.70	40.95
PL2-20%-0.3	8.11	32.28	36.30	31.16	35.07	42.81	48.74	52.47
PL1-8%-0.45	5.12	9.74	10.21	9.44	8.29	7.65	8.05	9.24
PL1-15%-0.45	3.12	13.37	16.49	16.72	15.81	15.33	15.99	17.77
PL1-20%-0.45	6.87	23.30	25.11	25.20	24.96	24.70	25.31	27.10
PL2-8%-0.45	8.89	23.92	21.52	20.39	19.83	19.86	20.94	22.45
PL2-15%-0.45	7.60	30.57	27.82	28.41	29.64	30.44	31.82	33.83
PL2-20%-0.45	12.94	46.97	35.27	35.14	35.80	35.24	34.78	35.11

（3）硬化浆体孔结构

　　掺石灰石粉的复合胶凝材料硬化浆体 3d 孔结构如图 5-8～图 5-11 所示。从图 5-8 可以看出，在低水灰比条件下，掺入粗石灰石粉会稍微增大硬化浆体 3d 的最可几孔径，硬化浆体 3d 的累积孔体积也比纯水泥硬化浆体稍高。与粗石灰石粉不同，掺入细石灰石粉并不会明显增大硬化浆体 3d 的最可几孔径，掺细石灰石粉的硬化浆体 3d 累积孔体积与纯水泥试样差别很小（见图 5-9）。这说明粗石灰石粉对水泥水化的促进作用并不能够弥补因为水泥含量降低带来的微结构方面的劣化，而细石灰石粉具有相对更强的成核作用，正好能够抵消因为水泥含量降低带来的缺陷。从图 5-10 和图 5-11 可以看出，在高水灰比条件下，无论掺入粗石灰石粉还是掺入细石灰石粉均明显增大了硬化浆体 3d 的最可几孔径，掺石灰石粉的硬化浆体累积孔体积也明显高于纯水泥试样，并且硬化浆体的总孔隙率随着石灰石粉掺量的增加而增大，增加的孔隙孔径在 $200\sim1000nm$ 之间。这是因为在高水灰比条件下，硬化浆体孔隙率较大，石灰石粉对水泥水化的促进作用导致体系产生的额外水化产物不能弥补因为水泥含量降低带来的缺陷。

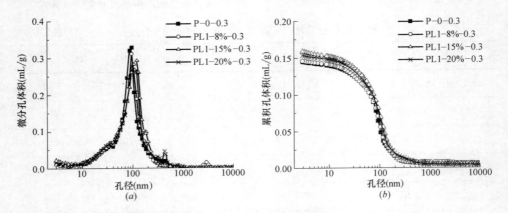

图 5-8　掺粗石灰石粉 L1 的复合胶凝材料硬化浆体 3d 孔结构（水灰比 0.3）
（a）微分孔体积分布曲线；（b）累积孔体积分布曲线

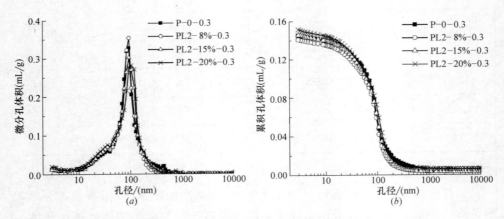

图 5-9　掺细石灰石粉 L2 的复合胶凝材料硬化浆体 3d 孔结构（水灰比 0.3）
（a）微分孔体积分布曲线；（b）累积孔体积分布曲线

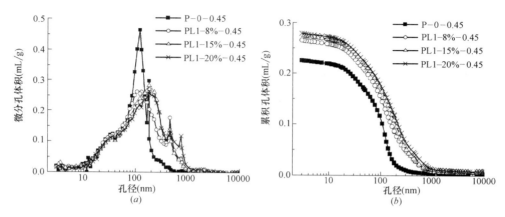

图 5-10　掺粗石灰石粉 L1 的复合胶凝材料硬化浆体 3d 孔结构（水灰比 0.45）

（a）微分孔体积分布曲线；（b）累积孔体积分布曲线

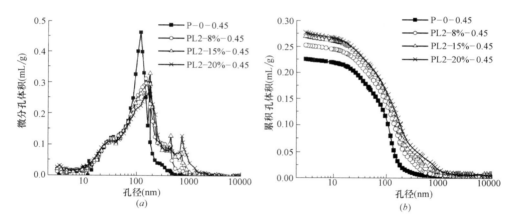

图 5-11　掺细石灰石粉 L2 的复合胶凝材料硬化浆体 3d 孔结构（水灰比 0.45）

（a）微分孔体积分布曲线；（b）累积孔体积分布曲线

5.4　掺石灰石粉混凝土的长龄期性能

　　本节主要研究掺石灰石粉混凝土的长龄期性能，包括 1 年、3 年和 5 年龄期的抗压强度、劈裂抗拉强度、抗氯离子渗透性、抗碳化性能、干燥收缩以及微结构等。实际工程中往往以 28d 抗压强度为设计标准，在本节的研究中设计了等 28d 抗压强度的不同石灰石粉掺量的 4 种混凝土配合比，如表 5-7 所示，4 种混凝土的 28d 抗压强度在 43MPa 左右。试验所用的石灰石粉为 5.1 节提到的石灰石粉 L3，其化学组成和粒径分布分别如表 5-1 和图 5-3 所示。

掺石灰石粉混凝土的配合比及 28d 抗压强度　　　　　　　　　表 5-7

编号	配合比（kg/m³）					28d 抗压强度（MPa）
	水泥	石灰石粉	细骨料	粗骨料	水	
C	350	0	821	1089	140	43.6
L3-10	315	35	822	1090	138	42.9
L3-20	280	70	826	1094	125	44.1
L3-30	245	105	829	1099	114	43.2

（1）长龄期石灰石粉混凝土浆体 XRD 图谱

掺石灰石粉的混凝土浆体 5 年龄期的 XRD 图谱如图 5-12 所示。从图中可以看到明显的 $Ca(OH)_2$ 和 $CaCO_3$ 衍射峰，其中 $Ca(OH)_2$ 主要是水泥水化产物，而 $CaCO_3$ 则主要是石灰石粉原材料的组成成分。此外，除水泥熟料矿物外，从图 5-12 中还可以看到其他反应产物，如钙矾石（AFt）、$C_3A \cdot 3CaCO_3 \cdot 32H_2O$、$C_3A \cdot CaCO_3 \cdot 11H_2O$ 等，其中钙矾石是水泥熟料自身的水化产物，而 $C_3A \cdot 3CaCO_3 \cdot 32H_2O$、$C_3A \cdot CaCO_3 \cdot 11H_2O$ 则是水泥和石灰石粉反应的产物。石灰石粉在后期并不仅仅是一种惰性掺合料，它能够参与到水泥的水化反应过程中，这与他人的研究成果一致[6,7]。但是，与 $Ca(OH)_2$ 的衍射峰相比，$C_3A \cdot 3CaCO_3 \cdot 32H_2O$ 和 $C_3A \cdot CaCO_3 \cdot 11H_2O$ 的衍射峰非常弱，说明即便石灰石粉在后期参与了反应，但其反应程度非常低。

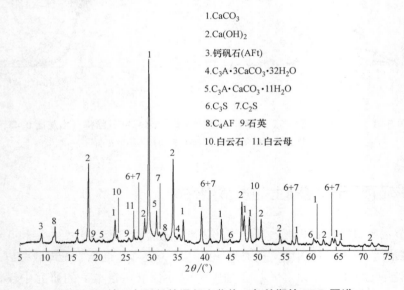

1.$CaCO_3$
2.$Ca(OH)_2$
3.钙矾石（AFt）
4.$C_3A \cdot 3CaCO_3 \cdot 32H_2O$
5.$C_3A \cdot CaCO_3 \cdot 11H_2O$
6.C_3S　7.C_2S
8.C_4AF　9.石英
10.白云石　11.白云母

图 5-12　掺石灰石粉的混凝土浆体 5 年龄期的 XRD 图谱

（2）长龄期石灰石粉混凝土宏观性能

掺石灰石粉的混凝土在 1 年、3 年和 5 年龄期时的抗压强度如表 5-8 所示。从

表 5-8 中可以看出，在 28d 抗压强度的前提下，掺 10% 石灰石粉的混凝土 1 年抗压强度略高于纯水泥混凝土，而掺 20% 和 30% 石灰石粉的混凝土 1 年抗压强度则低于纯水泥混凝土。在石灰石粉掺量较低的情况下，混凝土中水泥的水化程度略有增长，而混凝土的水灰比略有降低，因此掺 10% 石灰石粉的混凝土 1 年抗压强度略高于纯水泥混凝土。在第 1 年到第 5 年期间，纯水泥混凝土的抗压强度仍然有明显的增长，纯水泥混凝土在 5 年龄期时的抗压强度比 1 年龄期时增长了 6MPa。与纯水泥混凝土不同，掺石灰石粉的混凝土抗压强度在第 1 年到第 5 年期间几乎没有增长。这主要是因为掺石灰石粉的混凝土中水泥在 1 年龄期时已经具有较高的反应程度，后期水泥反应程度的发展几乎可以忽略。此外，这也说明后期石灰石粉与水泥之间的反应并不能够提供较多的反应产物，石灰石粉后期反应对混凝土强度的增长没有明显的贡献。5 年龄期混凝土的抗压强度随着石灰石粉掺量的增加而降低，说明石灰石粉的掺入并不利于长龄期混凝土力学性能的发展。

掺石灰石粉的混凝土长龄期抗压强度（MPa）　　　　　表 5-8

编号	1 年	3 年	5 年
C	59.2	62.8	65.7
L3-10	60.5	59.3	60.8
L3-20	57.3	58.1	55.9
L3-30	56.1	55.4	54.1

掺石灰石粉的混凝土在 1 年、3 年和 5 年龄期时的劈裂抗拉强度如表 5-9 所示。与抗压强度的发展趋势相似，石灰石粉混凝土长龄期的劈裂抗拉强度随石灰石粉掺量的增加而降低；在第 1 年到第 5 年期间，掺石灰石粉的混凝土劈裂抗拉强度基本不变，而纯水泥混凝土劈裂抗拉强度则稍有增长。

掺石灰石粉的混凝土长龄期劈裂抗拉强度（MPa）　　　　表 5-9

编号	1 年	3 年	5 年
C	5.1	5.6	5.9
L3-10	5.0	5.1	5.2
L3-20	4.8	4.9	4.6
L3-30	4.7	4.5	4.5

掺石灰石粉的混凝土在 28d、1 年、3 年和 5 年龄期时的氯离子渗透性如表 5-10 所示。从表中可以看出，随着龄期的增长，混凝土的电通量逐渐降低。28d 龄期时，虽然 4 种混凝土的电通量有差别，但 4 种混凝土的氯离子渗透性等级均为"中"，可以认为在等 28d 抗压强度的前提下，石灰石粉的掺入并不会影响混凝土 28d 氯离子渗透性。到 1 年龄期时，虽然混凝土的电通量明显降低，但 4 种混凝土的氯离子渗透性等级仍然为"中"，说明虽然第 28d 到第 1 年期间混凝土的强度有较大增长，但混凝土的氯离子渗透性等级并没有太大改变。3 年龄期

时，纯水泥混凝土的氯离子渗透性等级已经降低到了"低"，到5年龄期时，掺10%石灰石粉的混凝土氯离子渗透性等级也降低到了"低"，但掺20%和30%石灰石粉的混凝土氯离子渗透性等级始终处于"中"。这说明石灰石粉的掺入对混凝土长龄期的抗氯离子渗透性能不利，掺石灰石粉的混凝土长龄期微结构发展不如纯水泥混凝土好。

掺石灰石粉的混凝土长龄期氯离子渗透性 表 5-10

编号	28d		1 年		3 年		5 年	
	电通量(C)	渗透性等级	电通量(C)	渗透性等级	电通量(C)	渗透性等级	电通量(C)	渗透性等级
C	3687	中	2411	中	1862	低	1674	低
L3-10	3452	中	2697	中	2247	中	1947	低
L3-20	3128	中	2896	中	2428	中	2298	中
L3-30	3254	中	3147	中	2885	中	2658	中

掺石灰石粉的混凝土在3年和5年龄期时的自然碳化深度如表5-11所示。从表中可以看出，掺10%石灰石粉的混凝土在3年和5年龄期时的碳化深度均与纯水泥混凝土相近，但掺20%和30%石灰石粉的混凝土碳化深度则明显大于纯水泥混凝土。石灰石粉的掺入降低了混凝土的抗碳化性能。混凝土的氯离子渗透性和碳化性能与其微结构的密实性息息相关，从混凝土抗氯离子渗透性和抗碳化性能结果可知，较高掺量的石灰石粉会降低混凝土的密实性。

掺石灰石粉的混凝土长龄期自然碳化深度（cm） 表 5-11

编 号	3 年	5 年
C	2.1	3.8
L3-10	2.2	3.7
L3-20	2.8	4.3
L3-30	3.4	5.4

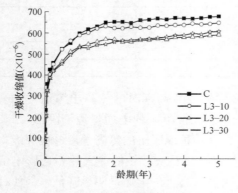

图 5-13 掺石灰石粉的混凝土 5 年内的干燥收缩曲线

掺石灰石粉的混凝土5年内的干燥收缩曲线如图5-13所示。从图中可以看出，掺10%石灰石粉的混凝土5年内的干燥收缩略小于纯水泥混凝土，但掺20%和30%石灰石粉的混凝土干燥收缩则明显小于纯水泥混凝土，说明石灰石粉的掺入能够有效降低混凝土的干燥收缩，改善混凝土的体积稳定性。这是因为在等28d抗压强度的前提下，掺石灰石粉的混凝土水灰比相对较低，有利于减少干燥收缩。此外，石灰石粉的掺入降低了混凝土中水泥的含量，体系中整体水化产物减少，降低了干燥收缩。

（3）长龄期石灰石粉混凝土微观结构

混凝土的连通孔隙率与混凝土的耐久性息息相关，掺石灰石粉的混凝土5年内的连通孔隙率如表5-12所示。从表中可以看出，4种混凝土28d的连通孔隙率随着石灰石粉的掺入而略有降低，但降低幅度很小。这主要是因为石灰石粉在混凝土中起到了填充作用，降低了孔隙率，同时掺石灰石粉的混凝土水灰比相对较低，有助于降低混凝土的总孔隙率。4种混凝土的抗压强度和氯离子渗透性都相近，连通孔隙率的降低幅度也并不明显。随着龄期的增长，混凝土的连通孔隙率逐渐减小，但不同混凝土的减小幅度有明显区别，纯水泥混凝土连通孔隙率的降低趋势更明显。养护至3年龄期时，掺石灰石粉混凝土的连通孔隙率已经超过纯水泥混凝土。连通孔隙率直接影响离子、气体等在混凝土内部的传输特性，因此连通孔隙率的测试结果可以解释石灰石粉对混凝土长龄期抗氯离子渗透性和抗碳化性能的不利影响。

掺石灰石粉的混凝土长龄期连通孔隙率（%） 表5-12

编号	28d	1年	3年	5年
C	12.96	12.06	11.73	11.26
L3-10	12.67	12.11	11.98	11.84
L3-20	12.44	12.02	11.88	11.81
L3-30	12.32	12.11	11.96	11.92

掺石灰石粉的硬化浆体28d和5年龄期的孔径分布曲线如图5-14所示。从图中可以看出，在28d龄期时，掺20%和30%石灰石粉的硬化浆体孔隙率低于纯水泥试样，且石灰石粉掺量越大，孔隙率越低。这可能主要归因于2个因素：石灰石粉的成核作用提高了水泥的水化程度，且细石灰石粉具有填充作用；掺石灰石粉的硬化浆体水灰比相对较低。尽管掺10%石灰石粉的硬化浆体28d的孔隙率与纯水泥浆体相近，但孔径在100～1000nm之间的孔隙率仍然明显低于纯水泥浆体。而掺10%石灰石粉的硬化浆体水灰比与纯水泥浆体水灰比相差很小，说明这种硬化浆体孔结构的细化主要归因于石灰石粉的填充作用和石灰石粉对水泥水化的促进作用。到5年龄期时，石灰石粉对硬化浆体孔结构的影响与28d龄期时相反，掺石灰石粉的硬化浆体长龄期的孔隙率以及大于100nm孔径的累积孔体积均明显高于纯水泥浆体。这说明掺入石灰石粉之后，长龄期的硬化浆体孔结构更粗。这与混凝土连通孔隙率的测试结果一致。硬化浆体的孔结构与体系中水化产物的含量以及水灰比密切相关，尽管掺石灰石粉的硬化浆体水灰比较低，且石灰石粉有填充作用和对水泥水化的促进作用，长龄期时石灰石粉的掺入导致水泥含量的减少对孔结构的不利影响仍然非常明显。

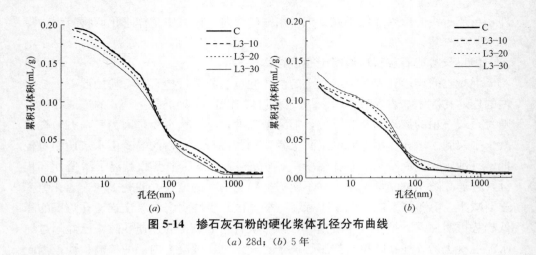

图 5-14　掺石灰石粉的硬化浆体孔径分布曲线

（*a*）28d；（*b*）5 年

5.5　大掺量石灰石粉混凝土的性能

　　水泥基材料的水化硬化过程是一个放热过程，超高层建筑基础底板等大体积混凝土结构会面临内部水化放热导致的温度开裂风险。大掺量的矿物掺合料是有效降低大体积混凝土温度开裂风险的手段，掺 40％粉煤灰已经被证实能够解决大体积混凝土的温度开裂问题[8]。本节重点研究大掺量石灰石粉在大体积混凝土结构中应用的可行性，并与大掺量粉煤灰混凝土的性能进行对比。试验采用的混凝土配合比如表 5-13 所示。试验采用的石灰石粉为 L2，其化学组成和粒径分布分别如表 5-1 和图 5-3 所示。单掺 40％粉煤灰的混凝土标记为"F"，作为对照组，水灰比为 0.4。单掺 40％石灰石粉（水灰比 0.4）的混凝土标记为"L2-1"，分别通过降低水灰比（水灰比 0.33）和掺入矿渣粉（10％矿渣粉＋30％石灰石粉）调整掺石灰石粉混凝土的性能，分别标记为"L2-2"和"L2-3"。试验采用的净浆配合比如表 5-14 所示。大体积混凝土内部温度较高，因此本节试验采用标准养护和高温蒸养 2 种养护方式，其中高温蒸养采用 45℃，蒸养 7d 后继续标准养护。

大掺量石灰石粉混凝土的配合比（kg/m³）　　　　　　　　　　表 5-13

编号	水泥	石灰石粉	粉煤灰	矿渣粉	细骨料	粗骨料	水
F	240	0	160	0	736	1104	160
L2-1	240	160	0	0	736	1104	160
L2-2	240	160	0	0	746	1118	136
L2-3	240	120	0	40	736	1104	160

大掺量石灰石粉净浆的配合比（％）　表 **5-14**

编号	水泥	石灰石粉	粉煤灰	矿渣粉	水灰比
F	60	0	40	0	0.4
L2-1	60	40	0	0	0.4
L2-2	60	40	0	0	0.33
L2-3	60	30	0	10	0.4

（1）大掺量石灰石粉混凝土绝热温升

4 组混凝土的绝热温升测试结果如图 5-15 所示。4 组混凝土的绝热温升值分别为 37.8℃、36.1℃、35.8℃和 38.9℃。单掺石灰石粉的混凝土绝热温升略低于单掺粉煤灰的混凝土，这主要归因于石灰石粉的低活性。而降低水灰比之后，单掺石灰石粉的混凝土绝热温升进一步降低，这主要是因为低水灰比条件下混凝土中的水泥反应程度降低，放热量减少。但是当掺入 10％矿渣粉之后，混凝土的绝热温升超过了单掺粉煤灰的混凝土，这主要是因为矿渣粉在早期具有相对较

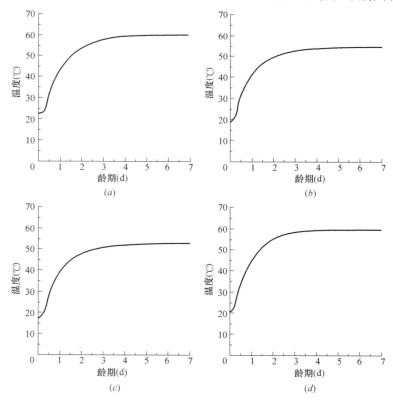

图 **5-15** 大掺量石灰石粉混凝土的绝热温升曲线

(*a*) F；(*b*) L2-1；(*c*) L2-2；(*d*) L2-3

高的反应活性。尽管如此，掺入矿渣粉的混凝土绝热温升值只比单掺粉煤灰的混凝土高 1℃。综合考虑，大掺量石灰石粉混凝土能够有效解决大体积混凝土的温度开裂问题。

（2）大掺量石灰石粉硬化浆体孔结构

标准养护条件下 4 组硬化浆体的孔径分布曲线如图 5-16 所示。从图 5-16（a）可以看出，3d 龄期时，硬化浆体 F、L2-1 和 L2-3 的总孔隙率几乎一致，而硬化浆体 L2-2 则明显低于以上 3 组硬化浆体。早龄期时，粉煤灰和矿渣粉的活性相对较低，和石灰石粉一样，二者主要起到成核作用和填充作用，因此总孔隙率相差较小，而降低水灰比能明显降低总孔隙率。尽管如此，掺粉煤灰的硬化浆体中 100～500nm 孔径的累积孔体积明显低于 L2-1 和 L2-3，说明与大掺量石灰石粉相比，粉煤灰更能够细化硬化浆体孔结构。养护至 28d 时，低水灰比的硬化浆体 L2-2 的总孔隙率仍然最低，含大掺量粉煤灰的硬化浆体 F 总孔隙率虽然高于 L2-2，但多出的孔隙主要是小于 50nm 的小孔，说明粉煤灰具有细化孔结构的作用。而硬化浆体 L2-1 和 L2-3 中 100～1000nm 孔径的累积孔体积明显偏高，掺矿渣粉的硬化浆体 L2-3 孔隙率相比于 L2-1 稍微有所降低。同等水灰比条件下，掺石灰石粉的硬化浆体孔结构比掺粉煤灰的硬化浆体孔结构更粗。养护至 90d 和 360d 时，降低水灰比的硬化浆体 L2-2 和掺矿渣粉的硬化浆体 L2-3 孔结构几乎一致，掺粉煤灰的硬化浆体 F 的孔结构相比于其他组明显细化，而单掺大掺量石灰石粉的硬化浆体 L2-1 则具有最高的孔隙率。综上所述，与单掺大掺量粉煤灰相比，单掺大掺量石灰石粉对硬化浆体微结构有不利影响，但通过降低水灰比或用矿渣粉取代部分石灰石粉能够消除这种不利影响。

早期高温蒸养条件下 4 组硬化浆体的孔径分布曲线如图 5-17 所示。从图中可以看出，在高温蒸养条件下，含大掺量石灰石粉的硬化浆体最可几孔径明显大于含大掺量粉煤灰的硬化浆体，且随着养护时间的延长，这种趋势更加明显，这主要归因于石灰石粉的低活性。尽管如此，通过降低水灰比（L2-2）或用矿渣粉取代部分石灰石粉（L2-3）能够明显降低掺石灰石粉硬化浆体的总孔隙率并明显细化硬化浆体孔结构。与标准养护条件类似，早期高温蒸养条件下，降低水灰比或用矿渣取代部分石灰石粉能够有效降低大掺量石灰石粉给硬化浆体微结构带来的不利影响（相比于同掺量粉煤灰）。

（3）大掺量石灰石粉混凝土连通孔隙率

大掺量石灰石粉混凝土 28d、90d、360d 的连通孔隙率如表 5-15 所示。从表中可以看出，无论是在标准养护条件下还是在早期高温蒸养条件下，单掺大掺量石灰石粉的混凝土各龄期连通孔隙率（L2-1）均明显高于大掺量粉煤灰混凝土（F）。降低水灰比能够明显改善大掺量石灰石粉混凝土的微结构（L2-2），降低连通孔隙率，使得混凝土 28d 连通孔隙率低于大掺量粉煤灰混凝土，但低水灰比

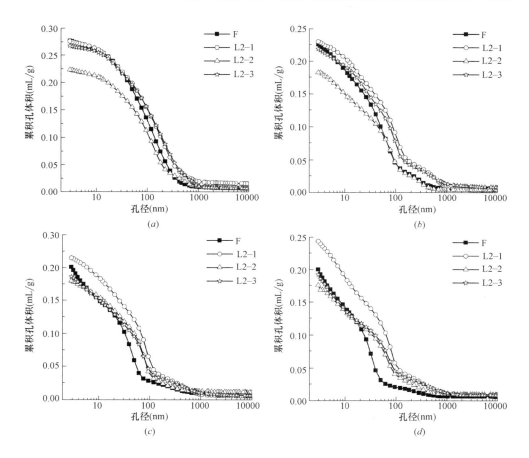

图 5-16 标准养护条件下大掺量石灰石粉硬化浆体的孔径分布曲线
(*a*) 3d；(*b*) 28d；(*c*) 90d；(*d*) 360d

条件下大掺量石灰石粉混凝土长龄期的微结构仍然没有大掺量粉煤灰混凝土密实。用矿渣粉取代部分石灰石粉同样能够改善大掺量石灰石粉混凝土的微结构，但改善效果不如降低水灰比对微结构的改善效果明显。

大掺量石灰石粉混凝土的连通孔隙率（%）　　　　　　表 5-15

编号	标准养护			早期高温蒸养		
	28d	90d	360d	28d	90d	360d
F	12.79	11.46	10.55	12.22	11.31	10.82
L2-1	14.18	13.08	12.31	13.85	12.86	12.12
L2-2	12.49	11.85	11.29	12.14	11.61	11.46
L2-3	13.51	12.65	12.06	13.24	12.19	11.88

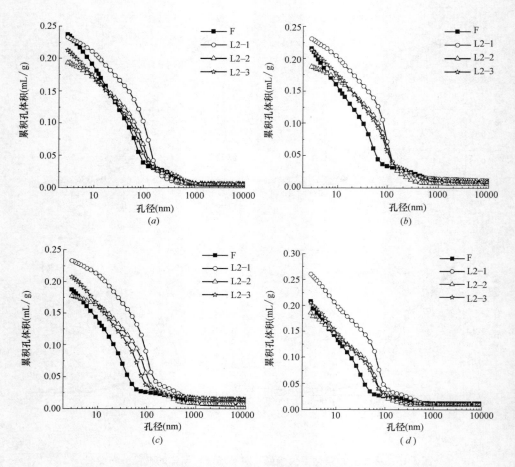

图 5-17　早期高温蒸养条件下大掺量石灰石粉硬化浆体的孔径分布曲线

(*a*) 3d；(*b*) 28d；(*c*) 90d；(*d*) 360d

（4）大掺量石灰石粉混凝土氯离子渗透性

大掺量石灰石粉混凝土 28d、90d、360d 的氯离子渗透性如表 5-16 所示。从表中可以看出，无论是在标准养护条件下还是在早期高温蒸养条件下，单掺大掺量石灰石粉的混凝土各龄期电通量均明显高于大掺量粉煤灰混凝土，氯离子渗透性等级也比大掺量粉煤灰混凝土高 1～2 个等级，尤其是在长龄期，粉煤灰的火山灰反应使得混凝土微结构更加密实，而由于石灰石粉的低活性使其在混凝土后期微结构的发展过程中贡献很小，掺石灰石粉的混凝土和掺粉煤灰的混凝土氯离子渗透性等级的差异随龄期的增长而增大。但在两种养护条件下，降低水灰比和用矿渣粉取代部分石灰石粉均能降低混凝土 28d 的电通量，使大掺量石灰石粉混凝土氯离子渗透性降低 1 个等级。随着养护时间的延长，用矿渣粉取代部分石灰石粉的混凝土渗透性等级进一步降低，这主要归因于后期矿渣粉的火山灰反应增加了混凝土的密实性。但降低水灰比的大掺量石灰石粉混凝土氯离子渗透性等级并不随养护时间改变，这主要是因为石灰石粉活性较低，不能像粉煤灰、矿渣粉一样持续改善混凝土后期微结构。

大掺量石灰石粉混凝土的电通量（C）和氯离子渗透性等级　　表 5-16

编号	标准养护			早期高温蒸养		
	28d	90d	360d	28d	90d	360d
F	2494/中	1072/低	454/极低	1080/低	656/极低	310/极低
L2-1	5611/高	3206/中	2596/中	5459/高	3482/中	2699/中
L2-2	3645/中	2969/中	2258/中	3854/中	3239/中	2394/中
L2-3	3578/中	2096/中	1612/低	2990/中	1970/低	1991/低

（5）大掺量石灰石粉混凝土抗碳化性能

大掺量石灰石粉混凝土 1 年龄期自然碳化深度如表 5-17 所示。从表中可以看出，混凝土的抗碳化性能与湿养护时间有密切的关系，早期湿养护 3d 混凝土的自然碳化深度是湿养护 28d 混凝土碳化深度的 2 倍以上。在湿养护时间相同的前提下，大掺量石灰石粉混凝土 1 年龄期的自然碳化深度明显高于掺粉煤灰的混凝土，这与混凝土氯离子渗透性的测试结果类似。混凝土的抗氯离子渗透性和抗碳化性能均与其孔隙率相关，在同等水灰比条件下，大掺量石灰石粉混凝土的微结构相比于大掺量粉煤灰混凝土更为疏松，混凝土抗离子、气体渗透的能力相对较差。降低大掺量石灰石粉混凝土的水灰比以及用矿渣粉取代部分石灰石粉能够有效改善混凝土的微结构，降低其孔隙率，进而改善混凝土的抗碳化性能。尤其是在湿养护时间不足的条件下，粉煤灰的火山灰反应对混凝土抗碳化性能的贡献减弱，降低水灰比和掺入矿渣粉的石灰石粉混凝土抗碳化性能甚至能够超过大掺量粉煤灰混凝土。

大掺量石灰石粉混凝土 1 年龄期的自然碳化深度（cm）　　表 5-17

编号	标准养护		早期高温蒸养	
	湿养护 3d	湿养护 28d	湿养护 3d	湿养护 28d
F	7.9	2.1	5.6	2.4
L2-1	9.6	4.5	7.1	4.1
L2-2	5.7	2.8	4.1	2.2
L2-3	7.1	3.7	6.2	3.2

（6）大掺量石灰石粉混凝土抗压强度

大掺量石灰石粉混凝土抗压强度如表 5-18 所示。从表 5-18 中可以看出，标准养护条件下大掺量石灰石粉混凝土 3d 抗压强度略高于大掺量粉煤灰混凝土，这是因为 3d 龄期时粉煤灰的火山灰活性较低，而石灰石粉具有较强的促进水泥早期水化的作用。但早期高温蒸养能够激发粉煤灰的火山灰活性，因此早期高温蒸养条件下大掺量石灰石粉混凝土 3d 抗压强度已经明显低于大掺量粉煤灰混凝土。无论是在标准养护条件下还是在早期高温蒸养条件下，降低水灰比或者用矿渣粉取代部分石灰石粉都能够使石灰石粉混凝土早期抗压强度超过粉煤灰混凝土。在养护 28d 之后，两种养护条件下大掺量石灰石粉混凝土的抗压强度均明显低于大掺量粉煤灰混凝土，这主要归因于石灰石粉的低活性。在两种养护条件下，降低水灰比和用矿渣粉取代部分石灰石粉仍然可以改善大掺量石灰石粉混凝土的力学性能，但因为较大掺量的石灰石粉活性过低，混凝土后期的强度增长较小，改进后的大掺量石灰石粉混凝土的抗压强度逐渐小于大掺量粉煤灰混凝土。

大掺量石灰石粉混凝土的抗压强度 （MPa） 表 5-18

编号	标准养护				早期高温蒸养			
	3d	28d	90d	360d	3d	28d	90d	360d
F	23.4	50.4	62.8	69.6	31.7	53.8	62.5	64.5
L2-1	24.3	45.8	50.8	54.0	28.8	44.3	52.7	52.4
L2-2	32.2	55.3	61.7	62.1	40.5	54.7	61.3	60.5
L2-3	25.4	47.5	55.2	56.9	34.7	48.9	54.7	54.5

（7）大掺量石灰石粉混凝土干燥收缩

大掺量石灰石粉混凝土的干燥收缩曲线如图 5-18 和图 5-19 所示。从图中可以看出，降低水灰比会明显减小混凝土的干燥收缩。在胶凝材料用量相等的条件下，水灰比越低，混凝土的干燥收缩越小[9]。此外，在同等水灰比条件下，掺石灰石粉和掺粉煤灰的混凝土的干燥收缩差值在 8% 以下，可以认为大掺量石灰石粉混凝土和大掺量粉煤灰混凝土的干燥收缩相近。对比图 5-18 和图 5-19 可知，早期高温蒸养可以明显降低混凝土最终的干燥收缩值。混凝土的干燥收缩主要发生在早龄期，而早期高温蒸养条件下混凝土的早期抗压强度明显提高。有文献证明干燥收缩值的大小与混凝土的抗压强度成负相关关系[10]，因此，早期高温蒸养有助于降低混凝土的干燥收缩。

（8）小结

大掺量石灰石粉能够与大掺量粉煤灰一样显著降低混凝土的早期水化放热，但大掺量石灰石粉会对混凝土的力学性能和耐久性能带来不利影响。通过降低水灰比或者用矿渣粉取代部分石灰石粉可以在一定程度上弥补大掺量石灰石粉带来的不利影响。

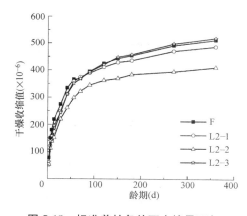

图 5-18 标准养护条件下大掺量石灰
石粉混凝土的干燥收缩曲线

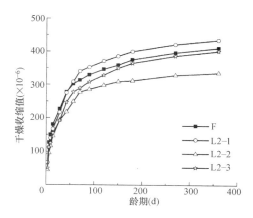

图 5-19 早期高温蒸养条件下大掺量
石灰石粉混凝土的干燥收缩曲线

5.6 石灰石粉混凝土抗硫酸盐侵蚀性能

本节主要通过干湿循环试验研究了石灰石粉混凝土的抗硫酸盐侵蚀性能。试验选用石灰石粉 L3，其化学组成和粒径分布分别如表 5-1 和图 5-3 所示。试验设计了一组纯水泥混凝土作为参照组，按照等水胶比原则和等 28d 抗压强度原则分别设计了不同掺量的石灰石粉混凝土，具体混凝土配合比如表 5-19 所示。石灰石粉掺量分别为 8%、16%、24%。为了得到相等的 28d 抗压强度，混凝土的水胶比石灰石粉掺量的增加而有所降低。混凝土的抗硫酸盐侵蚀性能与其早期的养护条件有密切关系[11]，为了研究不同养护条件下石灰石粉混混凝土的抗硫酸盐侵蚀性能，本节采用湿养护 28d、湿养护 7d、湿养护 3d 三种不同的养护制度。

石灰石粉混凝土的配合比 （kg/m³） 表 5-19

组　　别		水泥	水	砂	石	石灰石粉
对照组	C-0.45	400	180	788	1044	0
等水胶比	L3-8%-0.45	368	180	788	1044	32
	L3-16%-0.45	336	180	788	1044	64
	L3-24%-0.45	304	180	788	1044	96
等 28d 抗压强度	L3-8%-0.43	368	172	792	1051	32
	L3-16%-0.39	336	156	799	1060	64
	L3-24%-0.35	304	140	806	1069	96

（1）掺石灰粉混凝土 28d 抗压强度

掺石灰石粉混凝土的 28d 抗压强度如表 5-20 所示。从表中可以看出，混凝土 28d 抗压强度随着湿养护时间的延长而增大，早期充分的标准养护有助于提高混凝土中胶凝材料的水化程度，进而提高其抗压强度。在等水胶比条件下，混凝土 28d 抗压强度随着石灰石粉掺量的增加而降低。尽管石灰石粉能够促进水泥水化，且石灰石粉具有填充作用，但石灰石粉掺入导致的水泥含量的降低对混凝土强度的不利影响仍然不可忽略。通过调整不同掺量石灰石粉混凝土的水胶比，可以得到与纯水泥组相近的 28d 抗压强度。

掺石灰石粉混凝土的 28d 抗压强度（MPa）　　　　表 5-20

组　别		湿养护 28d	湿养护 7d	湿养护 3d
对照组	C-0.45	53.1	51.6	50.2
等水胶比	L3-8%-0.45	50.4	50.9	48.1
	L3-16%-0.45	47.1	45.6	43.7
	L3-24%-0.45	43.2	40.5	37.8
等 28d 抗压强度	L3-8%-0.43	52.6	50.6	50.9
	L3-16%-0.39	54.3	52.9	51.3
	L3-24%-0.35	52.2	53.7	50.4

（2）掺石灰石粉混凝土氯离子渗透性

混凝土的抗氯离子渗透性和抗硫酸盐侵蚀性能都与混凝土的连通孔隙率有密切关系，混凝土的抗氯离子渗透性能够粗略表征混凝土的连通孔隙率特征，对分析混凝土抗硫酸盐侵蚀性能有借鉴意义。本小节主要通过电通量法表征混凝土的抗氯离子渗透性，分析混凝土的微结构特征。掺石灰石粉混凝土等水灰比和等 28d 抗压强度条件下的氯离子渗透性分别如图 5-20 和图 5-21 所示。从图 5-20 可以看出，纯水泥对照组 28d 和 90d 的电通量均随湿养护时间的减小而增加，但氯离子渗透性等级始终处于"中"。等水灰比条件下，掺 8% 石灰石粉混凝土的 28d 电通量小于纯水泥对照组，但氯离子渗透性等级仍然处于"中"。混凝土的电通量主要与混凝土的连通孔隙率相关，尽管石灰石粉的掺入会降低水泥含量并减少总水化产物含量，石灰石粉的填充作用能够阻断部分孔隙，降低连通孔隙率，提高抗氯离子渗透性。但是当石灰石粉掺量较高时（掺 24% 石灰石粉），即便是在早期充分湿养护的条件下，混凝土的 28d 氯离子渗透性仍然比纯水泥对照组高 1 个等级。从图 5-20（a）还可以看出，改变湿养护时间只对掺 16% 石灰石粉混凝土的 28d 氯离子渗透性产生影响，当只湿养护 3d 时，掺 16% 石灰石粉混凝土的 28d 氯离子渗透性等级比湿养护 28d 和湿养护 7d 时均高出 1 个等级。到 90d 龄期时，早期充分湿养护 28d 的掺 24% 石灰石粉混凝土的氯离子渗透性等级为"中"，比 28d 龄期降低了 1 个等级。与 28d 龄期相比，虽然其他种类混凝土在各种湿养护条件下的90d电通量也有所降低，但混凝土的氯离子渗透性与28d龄期处于同一等级。

与等水胶比条件不同，为了达到相近的28d抗压强度，等28d抗压强度组掺石灰石粉的混凝土具有相对较低的水胶比。从图5-21（a）可以看出，等28d抗压强度条件下，掺石灰石粉混凝土的28d电通量小于纯水泥对照组，且在充分湿养护28d时，混凝土的电通量随石灰石粉掺量的增加而减小。但在28d时，所有混凝土在各种养护制度下的氯离子渗透性等级均为"中"。等28d抗压强度条件下，掺入石灰石粉并不会降低混凝土的抗氯离子渗透性。至90d龄期时，纯水泥混凝土的氯离子渗透性等级仍然为"中"，但在充分湿养护条件下的掺石灰石粉

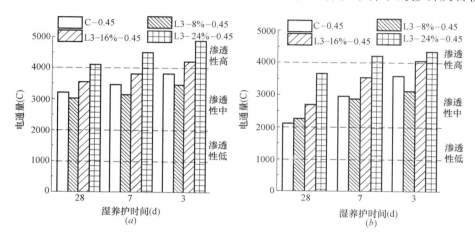

图 5-20 等水胶比条件下混凝土氯离子渗透性

（a）28d；（b）90d

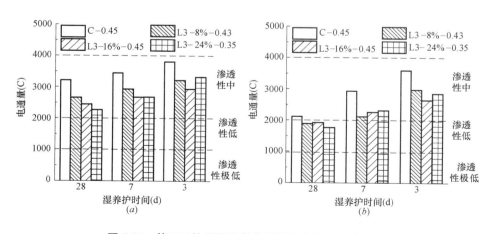

图 5-21 等 28d 抗压强度条件下混凝土氯离子渗透性

（a）28d；（b）90d

混凝土的氯离子渗透性等级降低到了"低"。说明在早期充分湿养护条件下，掺入石灰石粉能够改善混凝土长龄期的抗氯离子渗透性。

(3) 掺石灰石粉混凝土硫酸盐侵蚀强度损失率

早期三种养护制度养护至 28d 后，各种混凝土试块一半在水中养护，120d 和 150d 后测定混凝土抗压强度 C_1。另一半置于干湿循环环境中测试硫酸盐侵蚀性能。干湿循环 120 次和 150 次之后测定混凝土的抗压强度 C_2。以水中养护混凝土的抗压强度为基准，计算硫酸盐侵蚀之后混凝土的强度损失率：$R=(C_1-C_2)/C_1\times100\%$。

等水胶比条件下混凝土在经历硫酸盐侵蚀之后的抗压强度损失率如图 5-22 所示。从图中可以看出，掺石灰石粉混凝土的强度损失率高于纯水泥对照组，且强度损失率随着石灰石粉掺量的增加而增大。这说明等水胶比条件下石灰石粉的掺入会降低混凝土的抗硫酸盐侵蚀性能，且随着硫酸盐侵蚀干湿循环次数的增加，混凝土的力学性能损失增大。此外，充分湿养护 28d 的混凝土的抗硫酸侵蚀性能明显高于早期湿养护 7d 和 3d 的混凝土。早期的充分湿养护有助于提高胶凝材料的水化程度，增加水化产物，减少混凝土的连通孔隙率。

等 28d 抗压强度条件下混凝土在经历硫酸盐侵蚀之后的抗压强度损失率如图 5-23 所示。与等水灰比条件不同，在等 28d 抗压强度条件下，掺入少量石灰石粉（8%）可以明显减小混凝土的强度损失率。在等 28d 抗压强度条件下，掺石灰石粉的混凝土具有较低的水胶比，细小的石灰石粉的填充作用可以阻断部分孔隙，进一步降低连通孔隙率，这与氯离子渗透性的测试结果一致。但是掺石灰石粉混凝土的强度损失率随石灰石粉掺量的增加而增大。当石灰石粉的掺量较大时，水胶比的降低和石灰石粉的填充作用不能弥补因水泥含量降低带来的不利影响。以上结果说明，存在最优的石灰石粉掺量，使得等 28d 抗压强度条件下的混凝土得到最好的抗硫酸盐侵蚀性能，该最优掺量在 8% 左右。

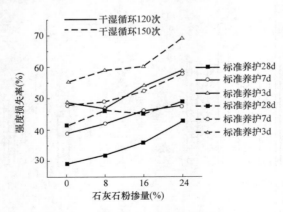

图 5-22　等水胶比条件下混凝土硫酸盐侵蚀强度损失率

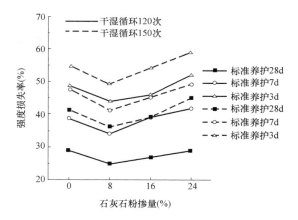

图 5-23　等 28d 抗压强度条件下混
凝土硫酸盐侵蚀强度损失率

参 考 文 献

［1］　中国建筑科学研究院等. 石灰石粉混凝土：GB/T 30190—2013［S］. 北京：中国标准
出版社，2014.

［2］　中华人民共和国住房和城乡建设部. 石灰石粉在混凝土中应用技术规程：JGJ/T 318—
2014［S］. 北京：中国建筑工业出版社，2014.

［3］　国家能源局. 水工混凝土掺用石灰石粉技术规范：DL/T 5304—2013［S］. 北京：中国
电力出版社，2014.

［4］　Ramezanianpour A A，Ghiasvand E，Nickseresht I，et al. Influence of various amounts of
limestone powder on performance of Portland limestone cement concretes［J］. Cement and
Concrete Composites，2009，31（10）：715-720.

［5］　Berodier E，Scrivener K. Understanding the filler effect on the nucleation and growth of C-
S-H［J］. Journal of the American Ceramic Society，2015，97（12）：3764-3773.

［6］　Ipavec A，Gabrovšek R，Vuk T，et al. Carboaluminate phases formation during the hydra-
tion of calcite-containing Portland cement［J］. Journal of the American Ceramic Society，
2011，94（4）：1238-1242.

［7］　Lothenbach B，Le Saout G，Gallucci E，et al. Influence of limestone on the hydration of
Portland cements［J］. Cement and Concrete Research，2008，38（6）：848-860.

［8］　Wang Q，Feng J，Yan P. Design of high-volume fly ash concrete for a massive foundation
slab［J］. Magazine of Concrete Research，2013，65（2）：71-81.

［9］　Bal L，Buyle-Bodin F. Artificial neural network for predicting drying shrinkage of concrete
［J］. Construction & Building Materials，2013，38（1）：248-254.

［10］　Shariq M，Prasad J，Abbas H. Creep and drying shrinkage of concrete containing GGBFS ［J］. Cement & Concrete Composites，2016，68：35-45.

［11］　Zhang Z Q，Wang Q，Chen H H，et al. Influence of the initial moist curing time on the sulfate attack resistance of concretes with different binders ［J］. Construction & Building Materials，2017，144：541-551.

第 6 章　粉煤灰微珠

6.1　粉煤灰微珠的基本材料特性

粉煤灰微珠的收集分选方式有湿法和干法两种，湿法使粉煤灰中部分可溶性物质溶解导致粉煤灰活性有一定程度的降低，且脱水工作量大，不如干法得到的粉煤灰微珠质量好。本章涉及的粉煤灰微珠采用干法收集分选。干法收集粉煤灰微珠的方法也有多种，本章涉及 2 种干法收集的粉煤灰微珠。

粉煤灰微珠 A 是从高炉膛温度的锅炉中采用多管陶瓷除尘管直接收集而得，如图 6-1 所示。锅炉排出的粉煤灰通过陶瓷除尘管在旋风子内部高速旋转，粒径较大的粉煤灰颗粒夹带着粒径较小的粉煤灰颗粒在离心力作用下被甩向边壁，随着离心力的减小，在重力作用下同时向下沉降。此时对粉煤灰进行风选分离，被夹带的粒径较小的粉煤灰颗粒由于重力作用小于上升气流的浮力作用，随着气流进入细灰库，含有少量细灰的气流进入袋式除尘器中进一步净化，所收集的细灰也通过管道进入细灰库（即粉煤灰微珠），而粒径较大的颗粒沉降到粗灰库。

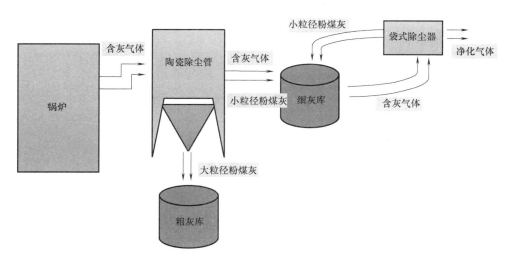

图 6-1　粉煤灰微珠 A 的收集分选方法

粉煤灰微珠 B 的收集分选方法（见图 6-2）：锅炉排出的含灰气体经过电除尘器的高压电场被电离，使粉尘带荷电，并在电场力的作用下，使粉尘沉积于电极上，将粉尘从含灰气体中分离出来形成粉煤灰原灰。粉煤灰原灰进入气力分选系统管道，通过分选机被分选，粗灰落入粗灰库，含有细灰的气体在旋风分离器中被分离，细灰顺着旋风分离器内壁下落装入细灰库中，含有少量细灰的气体进入袋式除尘器中进一步净化，所收集的细灰也通过管道进入细灰库（即粉煤灰微珠）。

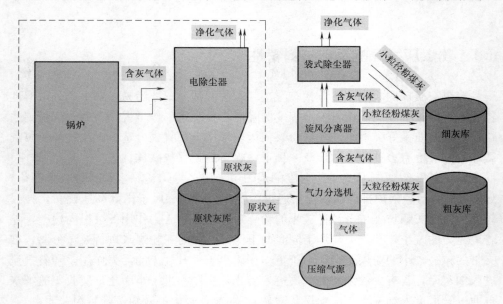

图 6-2　粉煤灰微珠 B 的收集分选方法

粉煤灰微珠 A 和粉煤灰微珠 B 的化学成分如表 6-1 所示，两种粉煤灰微珠的 CaO 含量均较高，但游离 CaO 的含量仅分别为 0.14％和 0.27％，因此 CaO 主要存在于粉煤灰微珠的玻璃体结构中。

两种粉煤灰微珠的化学成分（％）　　　　　　　　　　表 6-1

粉煤灰微珠类型	SiO_2	Al_2O_3	Fe_2O_3	CaO	MgO	Na_2O_{eq}	烧失量
粉煤灰微珠 A	59.21	12.95	9.64	10.19	1.03	2.44	0.75
粉煤灰微珠 B	58.07	17.88	6.69	7.59	1.14	2.62	0.68

注：$Na_2O_{eq}=Na_2O+0.658K_2O$。

粉煤灰微珠 A 和粉煤灰微珠 B 的微观形貌分别如图 6-3 和图 6-4 所示，两种粉煤灰微珠的颗粒形貌均为标准球形，且大部分颗粒的粒径小于 $2\mu m$，相对而言，粉煤灰微珠 B 中粗颗粒略多一些。图 6-5 是两种粉煤灰微珠的粒径分布对比图，总体上粉煤灰微珠 A 比粉煤灰微珠 B 细一些，这与扫描电子显微镜观察的结果是一致的。从扫描电子显微镜中观察可以确定，两种粉煤灰微珠几乎都不存在大于 $10\mu m$ 的颗粒，因此可以推断，图 6-5 中显示的两种粉煤灰微珠大于

$10\mu m$ 的部分应该是过细的粉煤灰微珠由于物理吸附作用团簇的"大颗粒"。

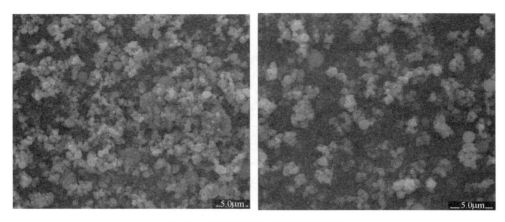

图 6-3 粉煤灰微珠 A 的微观形貌

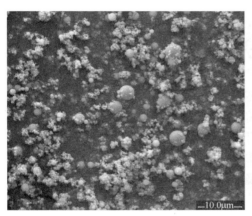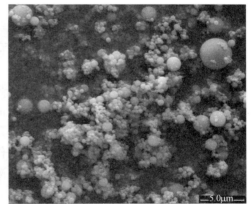

图 6-4 粉煤灰微珠 B 的微观形貌

图 6-6 是两种粉煤灰微珠的 X-射线衍射（XRD）图谱，很显然，两种粉煤灰微珠都仅有一个非常明显的漫散峰，这说明两种粉煤灰微珠的物相都基本为非晶态的玻璃体。由于两种粉煤灰微珠的 CaO 含量较高，因而富钙玻璃体含量高于普通低钙粉煤灰，从理论上来说，活性也高于普通低钙粉煤灰。图 6-6 还显示两种粉煤灰微珠的漫散峰出现的位置相近，这说明两种粉煤灰微珠中的玻

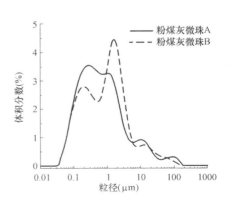

图 6-5 两种粉煤灰微珠的粒径分布

璃体结构类似。

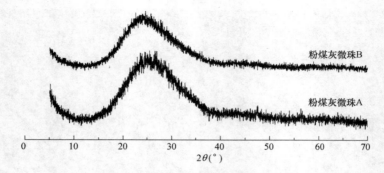

图 6-6 两种粉煤灰微珠的 XRD 图谱

由于粉煤灰微珠 A 与粉煤灰微珠 B 具有相似的化学成分、微观形貌、粒径分布和矿物特性，因此本章只采用粉煤灰微珠 A 作进一步研究，并直接称作粉煤灰微珠。

6.2 粉煤灰微珠在高强混凝土中的作用机理

随着现代建筑结构向大跨、高层、高耐久性方向发展，高强混凝土的应用越来越普遍，掺入高活性矿物掺合料是目前配制高强混凝土的基本途径之一。硅灰是一种高火山灰活性的微细粉体，也是目前高强混凝土制备中应用最多的矿物掺合料，但是掺入硅灰会降低混凝土的工作性，增大混凝土的早期自生收缩。因此采用其他高活性矿物掺合料制备高强混凝土的研究具有重要意义。本节探究掺入粉煤灰微珠制备高强混凝土的可行性，并将掺入硅灰的体系作为对照组。

本节使用的原材料有：比表面积为 312m²/kg 的 P.I 42.5 硅酸盐水泥、密度为 650kg/m³ 的加密硅灰、5～25mm 连续级配的碎石、细度模数为 2.4 的天然河砂和苏博特高效减水剂。水泥和硅灰的化学成分见表 6-2。

水泥和硅灰的化学成分（%）   表 6-2

材料	SiO_2	Al_2O_3	Fe_2O_3	CaO	MgO	SO_3	Na_2O_{eq}	烧失量
水泥	21.18	4.73	3.41	62.48	2.53	2.83	0.56	0.72
硅灰	92.30	—	—	—	—	—	0.06	2.50

注：$Na_2O_{eq}=Na_2O+0.658K_2O$。

本节设置 0.35 和 0.25 两种水胶比（对应的混凝土强度等级分别为 C60 和 C80），以及 8% 和 15% 两种矿物掺合料的掺量，净浆和混凝土试样的配合比及编号见表 6-3 和表 6-4。

掺粉煤灰微珠和硅灰的净浆试样的配合比（%） 表 6-3

编号	水泥	粉煤灰微珠	硅灰	水
C0	100	0	0	35
F1	92	8	0	35
F2	85	15	0	35
S1	92	0	8	35
S2	85	0	15	35
C00	100	0	0	25
F11	92	8	0	25
F22	85	15	0	25
S11	92	0	8	25
S22	85	0	15	25

掺粉煤灰微珠和硅灰的混凝土试样的配合比（kg/m³） 表 6-4

编号	水泥	粉煤灰微珠	硅灰	水	细骨料	粗骨料
CC0	400	0	0	140	667	956
CF1	368	32	0	140	667	956
CF2	340	60	0	140	667	956
CS1	368	0	32	140	667	956
CS2	340	0	60	140	667	956
CC00	400	0	0	100	667	956
CF11	368	32	0	100	667	956
CF22	340	60	0	100	667	956
CS11	368	0	32	100	667	956
CS22	340	0	60	100	667	956

（1）水化热

水泥水化过程伴随着一系列物理化学反应，而反应过程伴随着热量的释放，因此测定水泥浆体的水化热可以反映水泥水化进程。试验采用 TAM Air 微量热仪测试五种不同配合比浆体的水化热：纯水泥体系（C0）、分别掺入 8% 和 15% 粉煤灰微珠体系（F1 和 F2）以及分别掺入 8% 和 15% 硅灰体系（S1 和 S2）。图 6-7～图 6-9 和图 6-10～图 6-12 分别为在 25℃ 和 60℃ 条件下测定的水化放热速率曲线和水化放热量曲线。观察纯水泥体系、水泥-粉煤灰微珠体系和水泥-硅灰体系的水化放热过程可以看出，三者的水化过程是类似的，都符合水泥水化的五个阶段：诱导前期、诱导期、加速期、减速期和稳定期。

图 6-7 对比 25℃ 条件下纯水泥体系、掺 8% 粉煤灰微珠体系和掺 15% 粉煤灰

微珠体系的水化放热过程，从图中可以看出，三种体系的第二放热峰出现的时间相近，但是掺8％粉煤灰微珠体系的第二放热峰峰值和96h总放热量均高于纯水泥体系，这主要是因为粉煤灰微珠的"填充效应"可以为产物提供更多的生长空间，并且矿物掺合料的颗粒表面可以充当产物的"生长点"[1]。此外，粉煤灰微珠的早期反应程度相对较低，掺入粉煤灰微珠增大了水泥早期水化的有效水灰比，促进了水泥的反应。但是当粉煤灰微珠的掺量增加到15％时，复合胶凝体系的第二放热峰峰值和96h总放热量均小于纯水泥体系，这说明即使粉煤灰微珠对体系中的水泥水化有促进作用，但是在15％掺量的情况下，由于复合胶凝体系中的水泥含量降低，从而总体上体现为复合胶凝体系的总放热量降低。

当粉煤灰微珠和硅灰的掺量均为8％时（见图6-8），掺8％硅灰体系的第二放热峰出现的时间早于掺8％粉煤灰微珠体系和纯水泥体系，这是因为硅灰是一种高活性的矿物掺合料，细度远小于粉煤灰微珠，早期活性高于粉煤灰微珠。但是掺8％硅灰体系的96h总放热量小于掺8％粉煤灰微珠体系，这是因为复合胶凝材料的水化放热是由水泥和矿物掺合料共同决定的，粉煤灰微珠的早期活性较低，表面更加光滑，对水的吸附作用更小，可以更大程度上促进水泥的水化，从而总体上掺8％粉煤灰微珠体系的总放热量更高。当粉煤灰微珠和硅灰的掺量均为15％时（见图6-9），掺15％硅灰对胶凝体系第二放热峰的提前作用更加明显，但是96h总放热量与掺15％粉煤灰微珠体系接近，且均小于纯水泥体系。

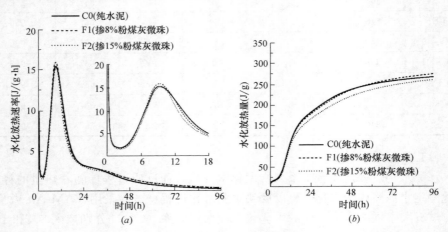

图6-7 25℃条件下纯水泥体系和不同掺量粉煤灰微珠体系的水化放热曲线
（a）水化放热速率曲线；（b）水化放热量曲线

图6-10对比60℃条件下纯水泥体系、掺8％粉煤灰微珠体系和掺15％粉煤灰微珠体系的水化放热过程，图6-11主要对比60℃条件下掺8％粉煤灰微珠体系和掺8％硅灰体系的水化放热过程，图6-12主要对比60℃条件下掺15％粉煤

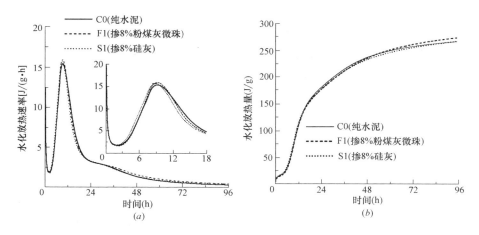

图 6-8　25℃条件下掺 8％粉煤灰微珠体系、掺 8％硅灰体系和纯水泥体系的水化放热曲线

（*a*）水化放热速率曲线；（*b*）水化放热量曲线

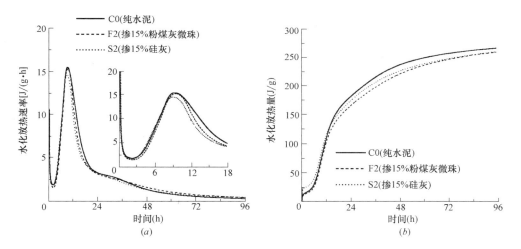

图 6-9　25℃条件下掺 15％粉煤灰微珠体系、掺 15％硅灰体系和纯水泥体系的水化放热曲线

（*a*）水化放热速率曲线；（*b*）水化放热量曲线

灰微珠体系和掺 15％硅灰体系的水化放热过程。显然，提高水化温度能够明显促进胶凝体系的早期水化，表现在第二放热峰的峰值明显增大，且第二放热峰出现的时刻大幅度提前，总放热量提高。但当第二放热峰形成后，在高温水化条件下，胶凝材料的放热速率急剧降低，这主要是因为胶凝材料在水化加速期反应已达到很高的程度，体系的活性点数量急剧减少，且在未水化的颗粒表面形成了很厚的 C—S—H 凝胶层，抑制了进一步的水化。

　　从图 6-10 可以看出，与 25℃条件下的规律类似，掺入更多的粉煤灰微珠降低了第二放热峰的峰值和早期的总放热量，并延迟了第二放热峰出现的时刻，这说明在高温激发条件下，粉煤灰微珠的活性仍低于相同条件下水泥的活性。从图6-11和图6-12可以看出，掺8%硅灰体系的放热量略高于掺8%粉煤灰微珠体系，48h的放热量差值为14.1J/g；掺15%硅灰体系的放热量明显低于掺15%粉煤灰微珠体系，48h的放热量差值为46.4J/g。由此可见，在水化反应剧烈的情况下，胶凝体系中的活性点数量多并不意味着活性大，当硅灰的掺量达到15%时，在高温水化条件下硅灰的活性被明显激发，早期参与大量反应，第二放热峰

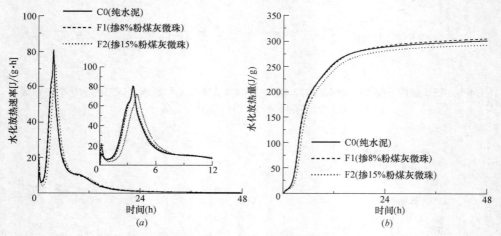

图6-10　60℃条件下纯水泥体系和不同掺量粉煤灰微珠体系的水化放热曲线

（a）水化放热速率曲线；（b）水化放热量曲线

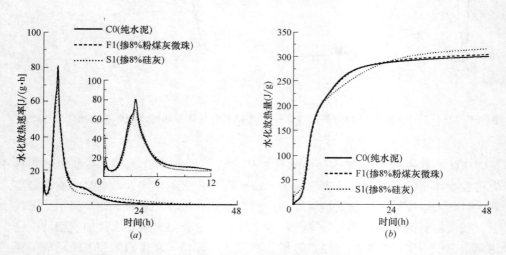

图6-11　60℃条件下掺8%粉煤灰微珠体系、掺8%硅灰体系和纯水泥体系的水化放热曲线

（a）水化放热速率曲线；（b）水化放热量曲线

出现的时刻早于掺15％粉煤灰微珠体系，但硅灰的反应与水泥的水化争夺水分和水化产物生长空间，第二放热峰过后的水化放热速率迅速降低；而当粉煤灰微珠的掺量达到15％时，尽管粉煤灰微珠的活性低于硅灰，但粉煤灰微珠改善了水泥的水化环境，这种改善作用在高温水化条件下更加明显，因而水泥-粉煤灰微珠体系的整体活性高于水泥-硅灰体系。

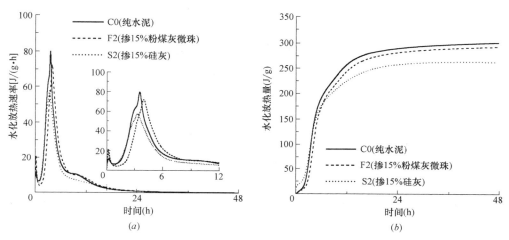

图 6-12 60℃条件下掺15％粉煤灰微珠体系、掺15％硅灰体系和纯水泥体系的水化放热曲线
（a）水化放热速率曲线；（b）水化放热量曲线

（2）水化产物

试验采用 QUANTA 200 FEG 场发射环境扫描电镜在高真空模式下观察水胶比为 0.35 时掺 15％粉煤灰微珠（F2）的硬化浆体在 3d 和 90d 两个龄期时的微观形貌，观察的表面为用尖嘴钳截断的新鲜断面。采用多晶结构分析仪对 90d 龄期的纯水泥（C0）、掺 15％粉煤灰微珠（F2）和掺 15％硅灰（S2）的硬化浆体做 XRD 分析，分析不同试样水化产物的矿物特性。

图 6-13 和图 6-14 分别为掺 15％粉煤灰微珠的硬化浆体在 3d 和 90d 龄期时的电镜图片。从图 6-13（a）可以直观地看出，3d 龄期时硬化浆体中存在大量未参加反应的粉煤灰微珠颗粒。但从图 6-13（b）可以看出，也有很多粉煤灰微珠颗粒的表面已经发生反应，与周围的凝胶紧密结合在一起，由此可见，粉煤灰微珠的活性高于普通粉煤灰（普通粉煤灰早期几乎不反应），这不仅是因为粉煤灰微珠的粒径明显小于普通粉煤灰，还因为粉煤灰微珠的 Ca 含量明显高于低钙粉煤灰。相对于单价离子，二价 Ca^{2+} 对 Si—O—Al 和 Si—O—Si 的破坏作用更加明显，玻璃体中的 Ca 增加了结构无序化的趋势，降低了聚合度，从而可以提高玻璃体的活性[2,3]。此外，从 XRD 图谱（见图 6-6）可以看出，粉煤灰微珠基本全是非晶态，这有利于粉煤灰微珠活性的提高[4]。尽管如此，从水化热的结果

可以看出（水化热内容），总体上粉煤灰微珠早期的反应程度并不过高。从图
6-14可以看出，90d 龄期时，硬化浆体中既有大量表面已发生反应的粉煤灰微珠
颗粒，也有大量表面光滑未参加反应的粉煤灰微珠颗粒，因此，尽管粉煤灰微珠
在后期的反应程度明显提高，但仍有很大一部分未参与反应，这些未参与反应的
粉煤灰微珠发挥着微集料填充的作用。

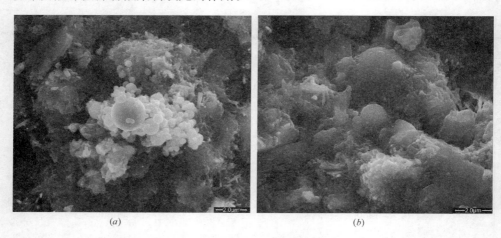

图 6-13　掺 15%粉煤灰微珠胶凝体系的电镜图片（3d 龄期）

图 6-14　掺 15%粉煤灰微珠胶凝体系的电镜图片（90d 龄期）

图 6-15 是纯水泥体系、掺 15%粉煤灰微珠体系、掺 15%硅灰体系在标准养
护条件下养护 90d 之后的 XRD 图谱。三种体系水化产物中的晶态物质相似，主
要包括 $Ca(OH)_2$、钙矾石以及未反应的 C_3S 和 C_2S。由图中 $Ca(OH)_2$ 对应峰的
强度可以直观地看出，掺入粉煤灰微珠可以明显降低水化产物中 $Ca(OH)_2$ 晶体
的含量，这是因为一方面粉煤灰微珠替代了 15%水泥，使胶凝体系中的水泥含
量降低，另一方面粉煤灰微珠的火山灰反应消耗体系中水泥反应生成的

Ca(OH)$_2$。相对粉煤灰微珠而言，硅灰的活性更高，在掺量相同的情况下，硅灰-水泥体系中 Ca(OH)$_2$ 的特征峰强度低于粉煤灰微珠-水泥体系，这说明硅灰消耗的 Ca(OH)$_2$ 量多于粉煤灰微珠。

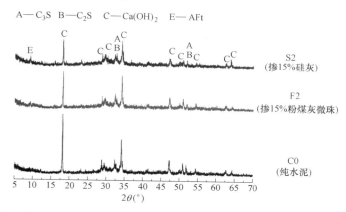

图 6-15　纯水泥体系、掺 15％粉煤灰微珠体系和掺 15％硅灰体系的 XRD 图谱（90d 龄期）

图 6-16～图 6-18 分别为在水胶比 0.25 条件下，各试样在 3d、28d、90d 龄期时的热重曲线。从图中可以看出，在 100～900℃ 的范围内主要有两个吸热峰：Ca(OH)$_2$ 脱水（400～500℃），C—S—H 凝胶和 AFm 后期脱水（550～770℃）。根据热重曲线可以计算出水化产物中 Ca(OH)$_2$ 的含量，计算结果见图 6-19。从图 6-19 可以看出，3d 龄期时，掺 8％粉煤灰微珠体系的 Ca(OH)$_2$ 含量略高于纯水泥体系，掺 15％粉煤灰微珠体系的 Ca(OH)$_2$ 含量略低于纯水泥体系，但是降低百分比（2.5％）远小于掺入量百分比（15％）。而电镜图片（见图 6-13）显示，粉煤灰微珠在 3d 龄期时部分发生反应，从而可以消耗水泥水化生成的 Ca(OH)$_2$。这些结果说明，粉煤灰微珠可以促进水泥的早期反应，从而生成更多的 Ca(OH)$_2$，因此即使粉煤灰微珠自身的火山灰反应消耗 Ca(OH)$_2$，但是整个复合胶凝体系中 Ca(OH)$_2$ 的含量并不明显低于纯水泥体系。但是在 3d 龄期时，掺入硅灰体系的 Ca(OH)$_2$ 含量明显低于纯水泥体系，且掺量越大，Ca(OH)$_2$ 含量越低，这说明硅灰的早期活性较高——明显高于粉煤灰微珠。

从图 6-19 可以看出，纯水泥体系中 Ca(OH)$_2$ 含量在 3d 龄期到 28d 龄期之间快速增长，在 28d 龄期到 90d 龄期之间增长较为缓慢，这说明水泥的水化程度在 3d 龄期到 28d 龄期增长较快，而在 28d 龄期到 90d 龄期增长较慢。但是对于掺 8％和 15％硅灰的复合体系而言，即使体系中水泥水化程度在 3d 龄期到 28d 龄期之间快速增长从而可以生成更多的 Ca(OH)$_2$，但是硅灰可以发生反应消耗 Ca(OH)$_2$，因此掺硅灰体系的 Ca(OH)$_2$ 含量在 3d 龄期到 28d 龄期之间几乎没有变化。在 28d 龄期到 90d 龄期期间，水泥水化程度增长缓慢，从而 Ca(OH)$_2$ 增

量较少,同时未反应的硅灰含量减少,消耗 Ca(OH)$_2$ 的能力减弱,因此在 28d
龄期到 90d 龄期阶段掺硅灰体系的 Ca(OH)$_2$ 含量依然没有明显变化。对于掺粉
煤灰微珠的复合体系而言,Ca(OH)$_2$ 含量在 3d 龄期到 28d 龄期之间快速增长,
这说明在此阶段粉煤灰微珠消耗 Ca(OH)$_2$ 的量小于水泥水化生成 Ca(OH)$_2$ 的
量,同时也说明了粉煤灰微珠的反应活性小于硅灰。在 28d 龄期到 90d 龄期之
间,复合体系中 Ca(OH)$_2$ 的含量明显降低,这说明在此阶段粉煤灰微珠反应消
耗 Ca(OH)$_2$ 的量高于水泥生成 Ca(OH)$_2$ 的量。

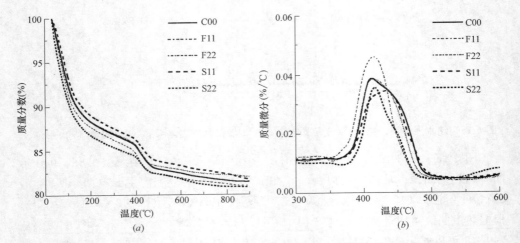

图 6-16 C00、F11、F22、S11、S22 试样在 3d 龄期时的热重曲线

(a) 失重曲线;(b) 失重速率曲线

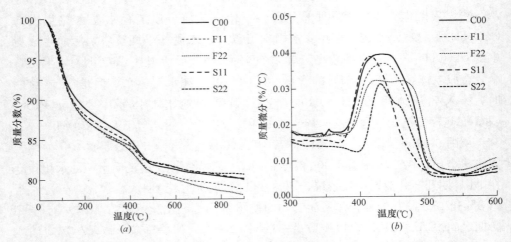

图 6-17 C00、F11、F22、S11、S22 试样在 28d 龄期时的热重曲线

(a) 失重曲线;(b) 失重速率曲线

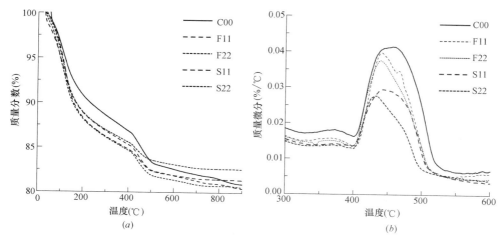

图6-18 C00、F11、F22、S11、S22试样在90d龄期时的热重曲线

（a）失重曲线；（b）失重速率曲线

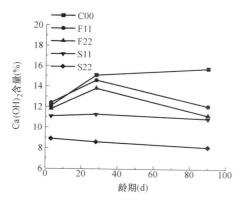

图6-19 C00、F11、F22、S11、S22体系中Ca(OH)₂的含量（水胶比0.25）

在90d龄期时，掺粉煤灰微珠和硅灰的复合体系中Ca(OH)$_2$的含量均低于纯水泥体系。此外，在相同掺量下，掺硅灰体系中Ca(OH)$_2$的量低于掺粉煤灰微珠体系。

（3）硬化浆体孔结构

胶凝材料硬化浆体是一个含有固、液、气相的非均质多孔体系，主要含有三种类型的孔：胶凝孔、毛细孔和气孔。胶凝孔是胶凝颗粒之间互相连通的孔隙，尺寸小于10nm，其体积一般为C—S—H凝胶体积的28%左右。毛细孔是没被水化产物填充而是由净浆中的水所填充的空间，尺寸在10～10000nm之间，呈弯曲管状，比胶凝孔更容易让水渗透。气孔是由于不完全密实或残留的空气所引起的。孔可以划分为四级：无害孔（＜20nm）、少害孔（20～50nm）、有害孔

（50～200nm）和多害孔（＞200nm）。孔结构是混凝土微观结构中的重要组成部分，对混凝土的宏观性能起着至关重要的作用，而浆体的孔结构在很大程度上能够反映混凝土的孔结构，因此对孔结构的研究往往从浆体着手。

试验采用 Autopore IV 9510 压汞仪测试两种水胶比条件下（0.35 和 0.25），纯水泥（C0 和 C00）、掺粉煤灰微珠（F1、F2 和 F11、F22）和掺硅灰（S1、S2 和 S11、S22）的硬化浆体在 3d、7d、28d、90d 四个龄期的孔径分布和总孔隙率。在孔径分布曲线中，峰值对应的孔径被称为最可几孔径，最可几孔径通常代表硬化浆体的平均孔径，是孔径分布曲线中的一个重要参数。

图 6-20 是水胶比 0.35 条件下硬化浆体累积孔体积和孔径分布的曲线。3d 龄期时，掺粉煤灰微珠的硬化浆体（F1、F2）的多害孔（＞200nm）体积小于纯水泥硬化浆体（C0），但是最可几孔径略大于纯水泥硬化浆体。从而累积孔体积结果体现为：掺 15％粉煤灰微珠的硬化浆体（F2）与纯水泥硬化浆体相当，掺 8％粉煤灰微珠的硬化浆体（F1）略低于纯水泥硬化浆体。在 7d、28d 和 90d 龄期时，掺粉煤灰微珠的硬化浆体的累积孔体积和多害孔体积均明显小于纯水泥硬化浆体，最可几孔径接近（7d、28d）甚至小于（90d）纯水泥硬化浆体。这说明相比于纯水泥体系，掺入粉煤灰微珠可以明显改善硬化浆体的孔结构，这主要是因为粉煤灰微珠不仅具有火山灰反应的化学作用，还具有超细颗粒的物理填充作用。

3d 龄期时，两种粉煤灰微珠掺量（8％和 15％）的硬化浆体具有相似的最可几孔径，但是掺 15％粉煤灰微珠的硬化浆体的累积孔体积略微大于掺 8％粉煤灰微珠的硬化浆体。而掺 15％硅灰的硬化浆体的最可几孔径和累积孔体积均明显小于掺 8％硅灰的硬化浆体。此外，在相同掺量下，掺粉煤灰微珠的硬化浆体的最可几孔径和累积孔体积均明显大于掺硅灰的硬化浆体，这主要是因为硅灰的早期活性明显高于粉煤灰微珠，且硅灰颗粒更细，在早期水化程度较低时，相比于粉煤灰微珠具有更好的物理填充效果。

与 3d 龄期时不同，在 7d 龄期时，掺 15％粉煤灰微珠的硬化浆体的最可几孔径和累积孔体积略小于掺 8％粉煤灰微珠的硬化浆体，这说明随着龄期的增长，粉煤灰微珠的反应程度提高，对微结构的改善作用增强。但是在相同掺量下，掺粉煤灰微珠的硬化浆体的最可几孔径和累积孔体积仍然小于掺硅灰的硬化浆体，这说明在 7d 龄期时，粉煤灰微珠对硬化浆体的改善作用仍然小于硅灰。

28d 龄期时，掺 15％粉煤灰微珠的硬化浆体的最可几孔径和大孔体积均小于掺 8％粉煤灰微珠的硬化浆体。总体来讲，掺硅灰的硬化浆体的孔结构比掺粉煤灰微珠的硬化浆体更加密实，大孔体积和累积孔体积略小。

90d 龄期时，对于粉煤灰微珠和硅灰而言，两种矿物掺合料的掺量越大，硬化浆体的孔结构越致密。在相同掺量下，掺粉煤灰微珠和掺硅灰的硬化浆体具有相似的总孔体积，但是相对而言，掺粉煤灰微珠的硬化浆体大孔更多而小孔更少。

从图 6-20 可以看出，随着龄期的增长，粉煤灰微珠的水化程度提高，火山灰反应对硬化浆体微结构的改善作用增强。7d 龄期之后，增加粉煤灰微珠的掺量可以使硬化浆体的孔结构更加致密；而普通粉煤灰对硬化浆体微结构的改善作用一般只体现在后期[5]，这说明粉煤灰微珠的反应活性高于普通粉煤灰。此外，粉煤灰微珠对硬化浆体孔结构的改善作用小于硅灰（尤其在早期），但是随着龄期的增长，两者之间的差距不断缩小。

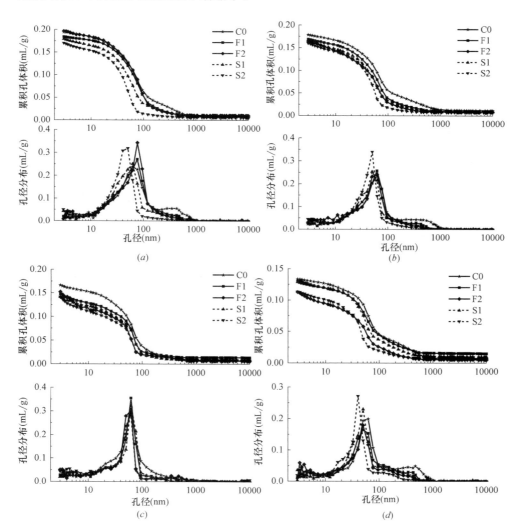

图 6-20　C0、F1、F2、S1、S2 硬化浆体累积孔体积和孔径分布曲线（水胶比 0.35）

(a) 3d；(b) 7d；(c) 28d；(d) 90d

　　图 6-21 是水胶比 0.25 条件下硬化浆体累积孔体积和孔径分布的曲线。从图 6-21（a）可以看出，3d 龄期时，掺 8％粉煤灰微珠的硬化浆体的孔结构与纯水泥硬化浆体类似，但是当掺量增加到 15％时，硬化浆体的最可几孔径和累积孔体积随之增加。7d 龄期之后，掺粉煤灰微珠的硬化浆体的孔结构比纯水泥硬化浆体更加致密，且粉煤灰微珠掺量越大对孔结构的改善作用越明显，这与水胶比 0.35 条件下的规律是一致的。此外，无论是在早期还是在后期，粉煤灰微珠对硬化浆体孔结构的改善作用都小于硅灰，这与水胶比 0.35 条件下的规律也是一致的。

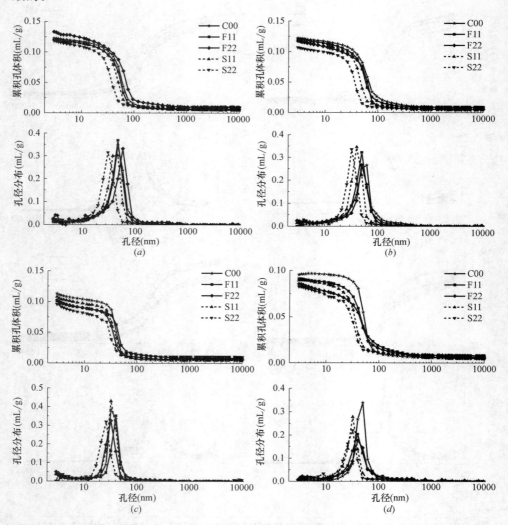

图 6-21　C00、F11、F22、S11、S22 硬化浆体累积孔体积和孔径分布曲线（水胶比 0.25）
（a）3d；（b）7d；（c）28d；（d）90d

（4）混凝土流动性能

流动性是混凝土最重要的性能之一。由于混凝土或砂浆的流动性受到集料容积比、系统中颗粒的粒径分布、集料表面结合水的状态以及拌和环境等诸多复杂因素的影响，所以在采用混凝土坍落度试验的同时可以结合净浆流变试验评价混凝土的流动性能。

试验采用 DV-III Ultra 流变仪测试浆体的屈服应力和黏度。净浆水胶比为 0.35，对于纯水泥和掺粉煤灰微珠的净浆，加入 4g 高效减水剂，对于掺硅灰的净浆，加入 8g 高效减水剂。浆体首先搅拌 5min，然后静置 5min，再搅拌 1min，最后进行测试。混凝土水胶比为 0.35，对于每一组试样加入 50g 高效减水剂调节流动性，采用坍落度筒并根据《普通混凝土拌合物性能试验方法标准》GB/T 50080—2016 测试不同混凝土试样的坍落度。

图 6-22 是水胶比 0.35 条件下 5 种浆体屈服应力和黏度的测试结果，从图中可以看出，掺粉煤灰微珠的浆体比纯水泥浆体具有更小的屈服应力和黏度，且粉煤灰微珠掺量越大，浆体的屈服应力和黏度越小。此外，掺粉煤灰微珠的浆体的屈服应力和黏度均明显小于掺硅灰的浆体。

表 6-5 是水胶比 0.35 条件下 3 种混凝土坍落度的测试结果，从表中可以看出，掺粉煤灰微珠的混凝土的坍落度明显大于纯水泥混凝土和掺硅灰的混凝土。这些结果说明掺入粉煤灰微珠可以明显改善浆体的流动性和混凝土的工作性，这主要是因为粉煤灰微珠具有标准球形形貌且表面光滑，能够起到很好的"滚珠轴承"作用；此外，粉煤灰微珠颗粒较小，能够填充水泥颗粒之间的空隙，从而释放束缚在空隙中的水，形成更多包裹在颗粒表面的水膜，起到润滑作用[6,7]。

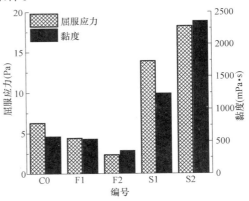

图 6-22 C0、F1、F2、S1、S2 浆体的屈服应力和黏度（水胶比 0.35）

CC0、CF2、CS2 混凝土坍落度（cm）　　　　　表 6-5

编　　号	刚搅拌完	搅拌 1h 后
CC0	16.5	3.0
CF2	20.5	14.5
CS2	3.5	0

（5）混凝土抗压强度

抗压强度是高强混凝土最重要的宏观力学性能之一，是混凝土在实际工程中需要重点保证的性质。图 6-23 和图 6-24 分别是水胶比 0.35 和 0.25 条件下混凝土在不同龄期的抗压强度。掺粉煤灰微珠的混凝土和掺硅灰的混凝土 3d 和 7d 抗压强度略低于纯水泥混凝土，但是 28d 和 90d 抗压强度高于纯水泥混凝土。尽管硅灰对硬化浆体的改善作用比粉煤灰微珠更加明显，但是两者对混凝土抗压强度具有相似的影响，这可能是由于硅灰的大比表面积和强吸附能力使得它易团簇、难分散[8-10]，从而减弱了其在混凝土中的物理和化学作用。此外，普通粉煤灰会明显降低混凝土的早期强度[11,12]，但是掺粉煤灰微珠的混凝土 3d 和 7d 抗压强度与纯水泥混凝土非常接近，这说明粉煤灰微珠的早期反应活性高于普通粉煤灰。

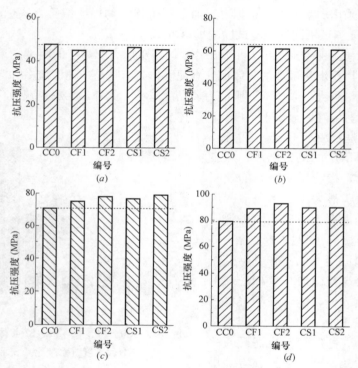

图 6-23　CC0、CF1、CF2、CS1、CS2 混凝土在不同龄期的抗压强度（水胶比 0.35）
(*a*) 3d；(*b*) 7d；(*c*) 28d；(*d*) 90d

（6）混凝土氯离子渗透性

混凝土属于多孔材料，渗透性是混凝土耐久性的重要指标之一，它表征气体、液体或者离子受压力、化学势或者电场的作用，在混凝土中渗透、扩散或迁移的难易程度。混凝土的渗透性是由其微观结构决定的，一般认为，混凝土的毛细孔越大，其强度越低，渗透性越大。试验采用直流电量法（ASTM C1202）评价的混凝土的渗透性。混凝土试件直径约 100mm，厚度约 50mm。首先将试件

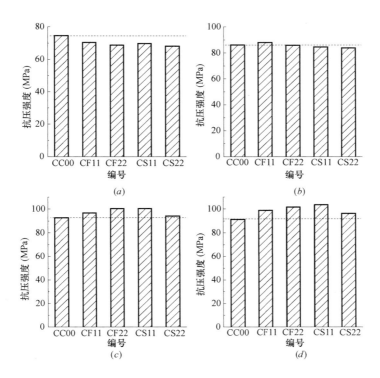

图 6-24 CC00、CF11、CF22、CS11、CS22 混凝土在不同龄期的抗压强度（水胶比 0.25）
(*a*) 3d；(*b*) 7d；(*c*) 28d；(*d*) 90d

进行真空饱水处理，然后将试件安装于试验槽内，试件两侧的试验槽分别注入浓度为 3% 的 NaCl 溶液和 0.3mol/L 的 NaOH 溶液，在准备就绪后在两电极间施加 60V 直流电压，获得 6h 的电通量。

图 6-25 是水胶比 0.35 条件下混凝土在 28d 和 90d 龄期时氯离子渗透性的结果。28d 龄期时，掺粉煤灰微珠的混凝土比掺硅灰的混凝土的氯离子渗透性高一个等级。从 28d 龄期到 90d 龄期，掺粉煤灰微珠的混凝土和掺硅灰的混凝土的抗氯离子渗透能力均明显提高，但是纯水泥混凝土的抗氯离子渗透能力没有明显的变化。此外，在 90d 龄期时，掺 15% 粉煤灰微珠的混凝土与掺硅灰的混凝土的氯离子渗透性处于同一等级。

图 6-26 是水胶比 0.25 条件下混凝土在 28d 和 90d 龄期时氯离子渗透性的结果。掺粉煤灰微珠的混凝土在 28d 龄期时比掺硅灰的混凝土的氯离子渗透性高一个等级，但是在 90d 龄期时两者可以达到相同的等级。此外，掺粉煤灰微珠的混凝土和掺硅灰的混凝土的氯离子渗透性均比纯水泥混凝土低一个等级。

总体来讲，粉煤灰微珠对混凝土抗氯离子渗透能力的提高作用小于硅灰。但是，在较大掺量（15％）或者低水胶比（0.25）条件下，掺粉煤灰微珠的混凝土在后期可以达到和掺硅灰的混凝土相同的氯离子渗透性等级。

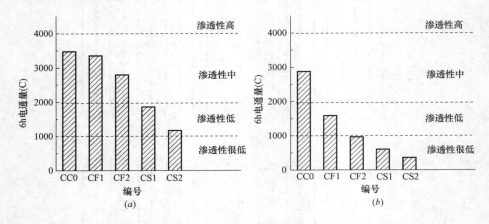

图 6-25　C00、CF1、CF2、CS1、CS2 混凝土氯离子渗透性（水胶比 0.35）
（*a*）28d；（*b*）90d

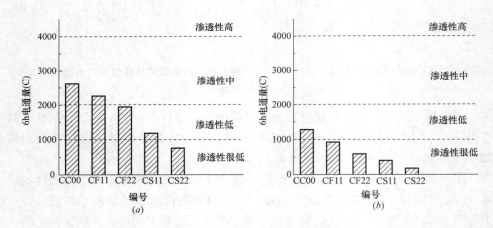

图 6-26　CC00、CF11、CF22、CS11、CS22 混凝土氯离子渗透性（水胶比 0.25）
（*a*）28d；（*b*）90d

（7）混凝土自生收缩

自生收缩是因为水分变化而引起的体积变化，它是指在恒温、绝湿的条件下混凝土初凝后因胶凝材料的继续水化引起自干燥而造成的混凝土宏观体积减小的现象。高强混凝土与普通混凝土相比，最大的不同就是降低水胶比和掺入高活性的矿物掺合料，从而使水泥石结构致密、毛细孔细化、过渡区改善。因此，高强混凝土的体积稳定性与普通混凝土有所不同，它的特点是：早期自生收缩大，温度收缩大且出现的时间提前，而干燥收缩相对较小。高强混凝土在早期产生很大的收缩，这对高强混凝土的抗裂性能极为不利，因为高强混凝土的弹性模量比普通混凝土大得多，而其早期抗拉强度并无显著提高，因此在相同的微应变下，高强混凝土将产生更大的拉应力，增大了开裂的风险。试验采用激光测距收缩仪测试纯水泥混凝土、掺 15% 粉煤灰微珠混凝土和掺 15% 硅灰混凝土三组试样的自生收缩，每组配合比设置三个试样，试验结果取平均值。

图 6-27 是水胶比 0.35 条件下混凝土早期自生收缩曲线，从图中可以看出，掺 15% 硅灰混凝土的自生收缩明显大于纯水泥混凝土，而掺 15% 粉煤灰微珠混凝土的自生收缩小于纯水泥混凝土。这可能是因为粉煤灰微珠的反应速率小于硅灰和水泥，在一定水胶比条件下，用粉煤灰微珠替代部分水泥等价于增加了体系的有效水灰比，从而降低了体系的自干燥作用，减小了混凝土早期自生收缩[13]。此外，也有研究者认为超细颗粒会导致颗粒之间的距离缩小，孔隙变小，孔隙水压力增大，从而增大自收缩[14,15]。但是这一规律并不适用于本试验结果，这可能是由于粉煤灰微珠的颗粒大于以上研究者所研究的超细颗粒的粒径范围。

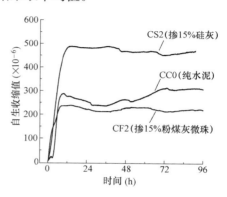

图 6-27　CC0、CF2、CS2 混凝土早期自生收缩曲线（水胶比 0.35）

6.3　粉煤灰微珠在 C100 超高泵送混凝土中的应用

目前高强混凝土在我国重点工程中的应用越来越广泛，高强混凝土的泵送问题一直是困扰工程单位的难题。目前国内的多个重点工程已经实现了 C60～C80 混凝土的高层泵送施工，但混凝土强度等级达到 C100 时，配制难度和泵送难度会大幅度提升，这方面的研究尚未有较大的进展。本节以深圳平安金融中心 C100 混凝土的千米泵送为工程背景，针对胶凝材料组成对抗压强度和工作性的影响规律进行了系统的试验研究，最终采用复掺粉煤灰微珠和硅灰的方式制备出扩展度接近 800mm 的 C100 混凝土。

6.3.1　原材料与初始配合比设计

试验采用的原材料包括：P. II52.5R 水泥、一级粉煤灰、S95 矿渣粉、硅灰、粉煤灰微珠、聚羧酸减水剂（固含量 25%）、5～20mm 连续级配碎石、细度模数为 2.8 的砂。初始配合比设计如表 6-6～表 6-8 所示。

胶凝材料用量为 600kg/m³、砂率为 38% 的混凝土的配合比（kg/m³）　表 6-6

编号	P·O42.5 水泥	硅灰	粉煤灰	矿渣粉	砂	石	水	减水剂
M1 （水胶比 0.24）	420	60	60	60	648	1058	135	12
M2 （水胶比 0.21）	420	60	60	60	653	1065	114	16
M3 （水胶比 0.24）	420	60	120	0	648	1058	135	12
M4 （水胶比 0.21）	420	60	120	0	653	1065	114	16

胶凝材料用量为 550kg/m³、砂率为 38% 的混凝土的配合比（kg/m³）　表 6-7

编号	P·O42.5 水泥	硅灰	粉煤灰	矿渣粉	砂	石	水	减水剂
N1 （水胶比 0.24）	385	55	55	55	672	1096	123.8	11
N2 （水胶比 0.21）	385	55	55	55	676	1103	104.3	15
N3 （水胶比 0.24）	385	55	110	0	672	1096	123.8	11
N4 （水胶比 0.21）	385	55	110	0	676	1103	104.3	15

使用粉煤灰微珠的混凝土的配合比（kg/m³）　表 6-8

编号	P·O42.5 水泥	硅灰	粉煤灰微珠	矿渣粉	砂	石	水	减水剂
N22 （水胶比 0.21）	385	55	55	55	676	1103	104.3	15
M11 （水胶比 0.24）	420	60	60	60	648	1058	135	12

6.3.2　胶凝材料组成对混凝土抗压强度的影响

图 6-28 对比了在不同水胶比、砂率和胶凝材料用量的情况下，掺 10% 粉煤灰＋10% 矿渣粉与掺 20% 粉煤灰对混凝土抗压强度的影响，从图中可以看出，复掺粉煤灰和矿渣粉的混凝土抗压强度略高于单掺粉煤灰的混凝土，但总体而言，这个强度差距很小，是可以忽略的。图 6-29 对比了在不同水胶比、砂率和胶凝材料用量的情况下，一级粉煤灰和粉煤灰微珠对混凝土抗压强度的影响，总体而言，采用粉煤灰微珠的混凝土抗压强度略高于采用一级粉煤灰的混凝土，但差异同样较小。

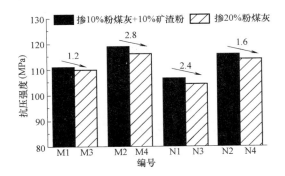

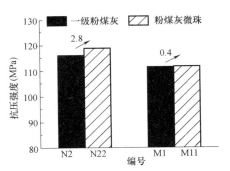

图 6-28　矿渣粉对混凝土
抗压强度的影响

图 6-29　粉煤灰微珠对混凝土
抗压强度的影响

6.3.3　胶凝材料组成对混凝土工作性的影响

超高泵送混凝土需要具有优异的流动性能，坍落度需要远高于普通泵送混凝土，因而采用混凝土的扩展度来评价其工作性。

矿渣粉对混凝土工作性的影响如图 6-30 所示，从图中可以看出，复掺矿渣粉和粉煤灰的混凝土扩展度小于单掺粉煤灰的混凝土，这是因为矿渣粉的需水量高于粉煤灰，且粉煤灰是球形的，能够在混凝土的流动过程中起到滚珠润滑的作用。综合矿渣粉对混凝土抗压强度和流动性的影响可以看出，掺入矿渣粉后对混凝土抗压强度的积极影响小于对混凝土流动性的消极影响，且掺入矿渣后，在实际生产中多了一个掺加矿渣粉的环节，因而在本项目中不宜采用矿渣粉。

图 6-31 将一级粉煤灰和粉煤灰微珠对混凝土工作性的影响进行了对比，从图中可以看出，用粉煤灰微珠替代一级粉煤灰后，混凝土的流动性明显增大，这

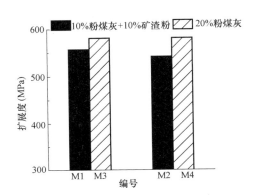

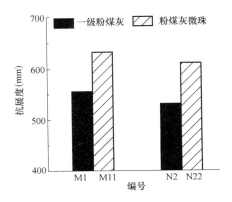

图 6-30　矿渣粉对混凝土
工作性的影响

图 6-31　粉煤灰微珠对混凝土
工作性的影响

说明粉煤灰微珠对于改善混凝土的工作性具有非常明显的效果。尽管粉煤灰微珠对混凝土抗压强度的贡献并不明显大于一级粉煤灰，但混凝土的工作性是本项目重点关注的性能之一，因此在配合比设计中应优先选用粉煤灰微珠。

6.3.4　实际配合比设计

由初始配合比设计的试验结果可以看出，矿渣粉和一级粉煤灰对混凝土的抗压强度和工作性作用有限，因此实际采用粉煤灰微珠（有利于混凝土的流动性）和硅灰（有利于混凝土的抗压强度）复掺制备高流动性 C100 混凝土，最终确定的配合比如表 6-9 所示。

C100 混凝土的配合比　（kg/m）　　　　　　　表 6-9

P. II52.5R 水泥	粉煤灰微珠	硅灰	河砂	5～20mm 碎石	水	减水剂
460	140	60	727	970	120	23.1

C100 混凝土的抗压强度和弹性模量如表 6-10 所示，从表中可以看出，混凝土的 28d 抗压强度接近 130MPa，满足 C100 混凝土的强度等级要求。

C100 混凝土的力学性能　　　　　　　表 6-10

龄期(d)	抗压强度(MPa)	弹性模量(GPa)
3	94.2	44.6
28	128.2	48.7
56	130.4	48.1

C100 混凝土在初始时刻、0.5h、1h、1.5h 的扩展度如表 6-11 所示。由表可见，C100 混凝土的扩展度非常大，说明混凝土的流动性很好，且在 1.5h 内扩展度几乎没有损失，这说明减水剂的保塑效果好，且胶凝体系与减水剂的相容性好。

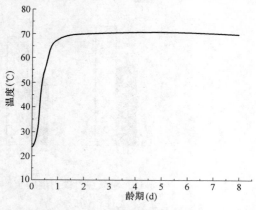

图 6-32　C100 混凝土的绝热温升曲线

C100 混凝土的工作性　表 6-11

时间(h)	扩展度/mm
0	765
0.5	780
1	790
1.5	775

C100 混凝土的绝热温升曲线如图 6-32 所示，从图中可以看出，混凝土的早期温升发展非常快，但总体而言，C100 混凝土的绝热

温升值并不过高。

6.3.5　C100 千米泵送试验设计

泵送试验混凝土的 100mm×100mm×100mm 立方体试块的 28d 平均抗压强度接近 130MPa，混凝土在出厂时的扩展度为 780mm。试验现场的混凝土结构高度为 555m，采用水平直管及弯头转换竖向高度的方式使总垂直泵送高度超过 1000m，具体转换根据《混凝土泵送施工技术规程》JGJ/T 10—2011 计算：水平管每 20 m 换算压力损失 0.1MPa；垂直管每 5 m 换算压力损失 0.1MPa；45°弯管每只换算压力 0.05MPa；90°弯管每只换算压力 0.1MPa；管道截止阀每个换算压力 0.05MPa。试验结果表明，采用表 6-9 中的配合比设计出的混凝土能够在泵机压力范围内完成千米泵送且保持良好的工作性（见图 6-33）。

图 6-33　C100 混凝土千米泵送试验现场

参 考 文 献

［1］ Scrivener K L，Juilland P，Monteiro P J M. Advances in understanding hydration of Portland cement［J］. Cement & Concrete Research，2015，78：38-56.

［2］ Li C，Sun H，Li L. A review：The comparison between alkali-activated slag（Si+Ca）and metakaolin（Si+Al）cements［J］. Cement & Concrete Research，2010，40（9）：

1341-1349.

[3]　Yip C K, Lukey G C, Deventer J S J V. The coexistence of geopolymeric gel and calcium silicate hydrate at the early stage of alkaline activation [J]. Cement & Concrete Research, 2005, 35 (9): 1688-1697.

[4]　Shaikh F U A, Supit S W M. Compressive strength anddurability properties of high volume fly ash (HVFA) concretes containing ultrafine fly ash (UFFA) [J]. Construction & Building Materials, 2015, 82: 192-205.

[5]　Yu Z, Ye G. The pore structure of cement paste blended with fly ash [J]. Construction & Building Materials, 2013, 45 (7): 30-35.

[6]　Kwan A K H, Chen J J. Adding fly ash microsphere to improve packingdensity, flowability and strength of cement paste [J]. Powder Technology, 2013, 234: 19-25.

[7]　Kwan A K H, Li Y. Effects of fly ash microsphere on rheology, adhesiveness and strength of mortar [J]. Construction & Building Materials, 2013, 42 (5): 137-145.

[8]　Zhang Z, Zhang B, Yan P. Comparative study of effect of raw anddensified silica fume in the paste, mortar and concrete [J]. Construction & Building Materials, 2016, 105: 82-93.

[9]　Ji Y, Cahyadi J H. Effects ofdensified silica fume on microstructure and compressive strength of blended cement pastes [J]. Cement & Concrete Research, 2003, 33 (10): 1543-1548.

[10]　Diamond S, Sahu S, Thaulow N. Reaction products ofdensified silica fume agglomerates in concrete [J]. Cement & Concrete Research, 2004, 34 (9): 1625-1632.

[11]　Benli A, Karatas M, Bakir Y. An experimental study of different curing regimes on the mechanical properties and sorptivity of self-compacting mortars with fly ash and silica fume [J]. Construction & Building Materials, 2017, 144: 552-562.

[12]　Han S H, Kim J K, Park Y D. Prediction of compressive strength of fly ash concrete by new apparent activation energy function [J]. Cement & Concrete Research, 2003, 33 (7): 965-971.

[13]　Jiang C, Yang Y, Wang Y, et al. Autogenous shrinkage of high performance concrete containing mineral admixtures underdifferent curing temperatures [J]. Construction & Building Materials, 2014, 61 (3): 260-269.

[14]　Wang K, Shah S P, Phuaksuk P. Plastic shrinkage cracking in concrete materials-influence of fly ash and fibers [J]. Aci Materials Journal, 2001, 98 (6): 458-464.

[15]　Termkhajornkit P, Nawa T, Nnkai M, et al. Effect of fly ash on autogenous shrinkage [J]. Cement & Concrete Research, 2005, 35 (3): 473-482.

第7章 超细矿渣

现代建筑结构向大跨、高层、高耐久性方向发展，高强混凝土的应用越来越普遍。高强混凝土的制备主要通过降低水胶比（一般控制在 0.20～0.35 范围内）、慎重选择水泥品种、筛选高质量集料、加入矿物掺合料和化学添加剂来实现。其中，矿物掺合料是高强混凝土设计中不可缺少的组分，掺入矿物掺合料不仅为工程结构材料带来技术效益，还能循环再利用工业废弃物，从而具有巨大的社会经济效益和环境保护效益。

超细矿渣作为机械粉磨的矿物掺合料，是高强混凝土制备中常用的组分，在实际工程中的应用较为广泛和成熟，例如，日本明石跨海大桥锚碇部位的混凝土中掺加了 40%超细矿渣，悉尼港海底隧道内混凝土沉箱中掺有 60%超细矿渣，香港青马大桥中间结构的混凝土使用的超细矿渣比例高达近 65%[1]。

目前，关于超细矿渣的研究较为丰富，例如，郭书辉等[2]研究发现掺加超细矿渣能明显减少浆体内部的氢氧化钙和钙矾石含量，能够提高砂浆强度及其抗硫酸盐侵蚀性能；杨雷等[3]的研究表明掺加超细矿渣能显著提高高强混凝土的力学性能及抗渗性；朱蓓蓉等[4]研究发现超细矿渣的高水化活性能显著改善浆体孔结构从而改善硬化浆体的力学性能，提高浆体与骨料之间的粘结强度；杨利香等[5]的研究表明磨细矿渣的高活性能提高混凝土的早期强度，具有促使混凝土构件免蒸养的潜力。

7.1 超细矿渣的基本材料特性

7.1.1 化学组成

三种不同产地超细矿渣的化学组成见表 7-1，从表中可以看出，三种超细矿渣的化学组成相近，且与普通矿渣的化学组成没有明显区别，这是因为超细矿渣是通过普通矿渣的进一步机械粉磨而得到的，因而并不会改变矿渣的化学组成。

三种超细矿渣的化学成分（%）　　　　　　　　表 7-1

编号	CaO	SiO$_2$	Al$_2$O$_3$	MgO	Fe$_2$O$_3$	SO$_3$	Na$_2$O$_{eq}$	LOI
S-1	43.18	31.57	15.27	6.68	0.23	1.08	0.72	1.14
S-2	43.03	32.27	14.32	6.98	0.27	1.04	0.74	2.09
S-3	42.99	32.28	14.41	6.91	0.24	1.03	0.79	1.66

7.1.2 粒径分布

图 7-1 是普通矿渣和三种超细矿渣的粒径分布图，表 7-2 是四种矿渣粒度累积分布区间所对应的直径，从表 7-2 可以直观地看出，超细矿渣具有更小的粒径。

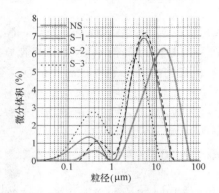

图 7-1 普通矿渣和超细矿渣的粒径分布

普通矿渣和超细矿渣的粒径（μm）   表 7-2

编号	D(0.1)	D(0.5)	D(0.9)	体积平均粒径
NS	3.41	12.56	32.98	15.67
S-1	0.34	4.98	12.50	5.95
S-2	1.36	5.26	12.93	6.37
S-3	0.21	2.19	6.36	2.72

7.1.3 矿物组成

图 7-2 是三种超细矿渣的 XRD 图谱，从图中可以看出，超细矿渣只在 $20°\sim40°$ 之间有一个"驼峰"，而没有尖锐的衍射峰，这说明超细矿渣的矿物相主要是非晶态物质。

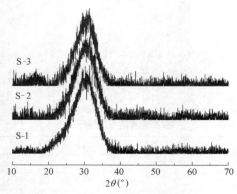

图 7-2 三种超细矿渣的 XRD 图谱

7.1.4 微观形貌

图 7-3 是超细矿渣 S-1 的电镜图片，从图中可以看出，超细矿渣颗粒形貌不规则，这主要是因为矿渣和超细矿渣都是通过机械粉磨得到的。此外，尽管经过了进一步的粉磨，超细矿渣中仍然存在较大粒径的颗粒（20μm），但大部分颗粒的粒径小于 10μm。

图 7-3　超细矿渣 S-1 的电镜图片

7.2　流动性能和砂浆强度

7.2.1　流动性能

流动性是混凝土最重要的性能之一，流动性与水胶比以及辅助性胶凝材料的种类密切相关。辅助性胶凝材料的种类对堆积密度有很大影响，堆积密度是决定浆体流动性的关键因素（尤其是在低水胶比的情况下），堆积密度越大，颗粒之间的空隙越小，因此在相同水胶比的情况下，堆积密度越大，释放的水也就越多，在颗粒表面形成的"水膜层"也就越厚。理论上讲，任何粒径小于水泥粒径的颗粒都可以提高胶凝体系的堆积密度，从而增加"水膜层"的厚度。但是事实上并非如此，虽然更小的颗粒可以填充更多的空间，从而释放更多的水，但是小颗粒的比表面积大，对水的黏附作用大，因此"水膜层"不一定变厚[6]。

由于混凝土或砂浆的流动性受到集料容积比、系统中颗粒的粒径分布、集料表面结合水的状态以及拌和环境等诸多复杂因素的影响，因此为了更准确地探究超细矿渣对浆体流动性的影响，本节采用净浆流变试验评价混凝土的流动性能。试验采用 S-1、S-2 和 S-3 超细矿渣，掺量为 30%，水胶比为 0.38，流变试验结果见图 7-4。从图中可以看出，净浆剪切应力与剪切速率呈线性关系，满足"宾汉姆模型"（$\tau=\tau_0+\eta\dot{\gamma}$），因此采用线性拟合的方式计算并比较浆体"宾汉姆模型"参数（即屈服应力和黏度系数），计算结果见表 7-3。

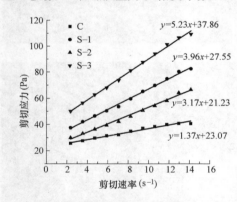

图 7-4　纯水泥净浆和掺超细矿渣的净浆的剪切速率-剪切应力曲线

从图 7-4 可以直观地看出，在剪切速率为 $2\sim14s^{-1}$ 的范围内掺超细矿渣的净浆的剪切应力大于纯水泥净浆，且在特定速率下剪切应力的大小关系为：S-3 组＞S-1 组＞S-2 组。此外，由线性拟合的结果可以发现，黏度系数的大小关系同样是：S-3 组＞S-1 组＞S-2 组＞C 组。由表 7-2 可知，颗粒粒径的关系为：水泥＞S-2＞S-1＞S-3，这与剪切应力和黏度系数的规律是对应的。以上结果说明掺入超细矿渣会降低浆体的流动性，且颗粒越细降低作用越明显。根据 Kwan[6] 的理论，这是因为虽然超细矿渣填充了颗粒之间的空隙，提高了堆积密度，释放出更多的水，但是由于超细矿渣的比表面积较大，因此摊薄了颗粒表面的"水膜层"，从而降低了流动性。

净浆的屈服应力和黏度系数　　　　　　　　　　　　　　　　表 7-3

编号	屈服应力 τ_0(Pa)	黏度系数 η(Pa·s)
C	23.07	1.37
S-1	27.55	3.96
S-2	21.23	3.17
S-3	37.86	5.23

7.2.2 砂浆强度

强度是高强混凝土最重要的性能参数之一，本节采用 S-1 超细矿渣（注：如未说明，下文均采用 S-1 超细矿渣），掺量分别为 10%、20%、30% 和 50%，水胶比为 0.38，探究超细矿渣对高强混凝土早期强度的影响。标准养护条件下（20℃，95% 相对湿度），纯水泥砂浆和不同掺量超细矿渣砂浆的早期抗压强度见图 7-5。由图可见，在 1d 和 3d 龄期时，掺 10%、20% 和 30% 超细矿渣的砂浆的抗压强度略低于纯水泥砂浆，但是在 7d 龄期时，掺 20% 和 30% 超细矿渣的砂浆的抗压强度高于纯水泥砂浆，掺 10% 超细矿渣的砂浆的抗压强度与纯水泥砂浆接近，这说明掺入一定量的超细矿渣并不明显降低砂浆的早期抗压强度，甚至能够提高砂浆的早期抗压强度，这主要是因为超细矿渣的物理填充效应可以提高浆体的密实度，稀释效应和成核效应可以促进水泥的反应，且自身反应活性较高。但是当掺量达到 50% 时，砂浆的早期抗压强度明显低于纯水泥砂浆，这主要是因为掺量过大，水泥的含量明显减少，导致水化产物的量减少。

在实际工程中，高强混凝土内部的温度往往较高，因此设置 50℃ 的蒸汽养护（浇筑后放置在 50℃ 的蒸养箱中 1d，拆模后标准养护）探究高温条件下超细矿渣对砂浆抗压强度的影响。纯水泥砂浆和不同掺量超细矿渣砂浆在高温养护条件下的早期抗压强度见图 7-6。由图可见，高温养护条件下，砂浆的抗压强度均明显提高，这主要是因为高温养护促进了水泥和超细矿渣的反应。此外，掺 10%、20% 和 30% 超细矿渣的砂浆的抗压强度在 1d 龄期时就与纯水泥砂浆的抗压强度接近，在 3d 和 7d 龄期时高于纯水泥砂浆，这说明高温对超细矿渣-水泥复合胶凝体系反应的促进作用比对纯水泥体系的促进作用更明显，这可能是因为高温条件下水泥反应速率急剧加快，抑制了随后的进一步反应，且过快的反应使

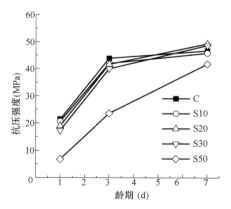

图 7-5　标准养护条件下纯水泥砂浆和不同掺量超细矿渣砂浆的早期抗压强度

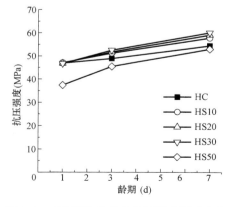

图 7-6　50℃蒸汽养护条件下纯水泥砂浆和不同掺量超细矿渣砂浆的早期抗压强度

223

得水化产物分布不均匀，而掺入超细矿渣后，可以提供更多的产物沉淀表面，促进水泥的进一步水化；此外，超细矿渣的活性在常温下较低，高温可以促进其反应。

7.3 水化过程和微观结构

7.3.1 水化放热

图 7-7（a）和图 7-7（b）分别显示了水胶比为 0.38、温度为 25℃条件下不同掺量超细矿渣对胶凝材料水化放热速率和水化放热量的影响规律。与纯水泥胶凝材料的水化放热历程相同，掺超细矿渣的复合胶凝材料的水化历程同样可以分为 5 个阶段：快速放热期、诱导期、加速期、减速期和稳定期。从图 7-7（a）可以看出，掺超细矿渣的复合胶凝材料的水化第二放热峰均低于纯水泥胶凝材料，且在大掺量的情况下（掺量 50%）这种降低趋势更加明显，这主要是因为超细矿渣替代部分水泥后会使胶凝体系中的活性点数量减少（尤其是主要水化矿物相 C_3S）。但是水化 30h 之后，掺超细矿渣的复合胶凝材料的水化放热速率均高于纯水泥胶凝材料，这主要是因为水泥之前的反应较快，生成的水化产物包裹在水泥颗粒表面，抑制了水泥的进一步水化；而掺入超细矿渣后，由于超细矿渣的反应活性与水泥相比较弱，前期反应较为缓慢，水化产物的包裹作用不明显，因此超细矿渣可以持续反应，从而体现为 30h 之后掺超细矿渣的复合胶凝材料的水化放热速率高于纯水泥胶凝材料。

从图 7-7（b）可以看出，掺 10%、20%、30%超细矿渣的复合胶凝体系的 65h 水化放热量均高于纯水泥胶凝体系，而掺 50%超细矿渣的复合胶凝体系的 65h 水化放热量虽然低于纯水泥胶凝体系，但是降低的百分比（8%）远小于掺入量（50%），这主要是由于：①矿渣具有一定的反应活性，在水泥水化生成 $Ca(OH)_2$ 形成碱性环境后，这种活性得到进一步激发，从而促进矿渣反应；②矿渣的反应活性低于水泥，早期反应程度低，需水量少，从而增大了水泥的"实际水灰比"，促进水泥水化；③掺入矿渣为水化产物提供了更多的成核表面，促进了水化产物的生成。

此外，图 7-7（b）的结果显示，纯水泥的水化放热量一开始最高，但是分别在 42.80h、52.82h 和 64.69h 被掺 10%、30% 和 20%超细矿渣的复合胶凝体系超越，这一规律与图 7-7（a）所显示的 30h 后水化放热速率的规律是对应的。

图 7-8 进一步对比纯水泥、掺超细矿渣和掺普通矿渣的胶凝体系的水化放热速率和水化放热量。从图中可以看出以下规律：①掺超细矿渣和掺普通矿渣的复

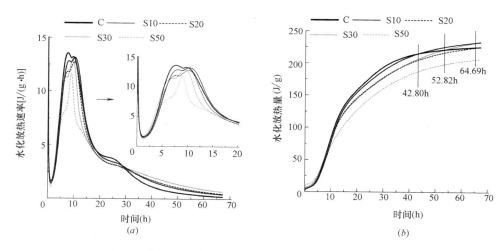

图7-7 纯水泥和掺超细矿渣的胶凝体系的水化放热曲线

(*a*)水化放热速率曲线;(*b*)水化放热量曲线

合胶凝体系的第二放热峰均低于纯水泥胶凝体系,且掺量越大,降低越明显。此外,在不同掺量下,掺超细矿渣的复合胶凝体系的第二放热峰均明显高于掺普通矿渣的复合胶凝体系,这说明超细矿渣对复合胶凝体系水化的改善作用优于普通矿渣。②第二放热峰中存在两个小峰,其中第一个小峰对应于 C_3S 的水化反应,第二个小峰对应于 C_3A 的再次水化和矿渣的反应。掺入 30% 和 50% 超细矿渣后,复合胶凝体系第二放热峰的第一个小峰分别提前了 46.20min 和 64.20min,而掺入普通矿渣则没有提前现象,这说明掺入一定量的超细矿渣可以促进水化产物的成核和生长,而普通矿渣的这种促进作用不明显;掺入超细矿渣和普通矿渣后,复合胶凝体系第二放热峰的第二个小峰有所提高,且掺量越大,提高越明显,此外,在相同掺量下,掺超细矿渣的复合胶凝体系的第二个小峰高于掺普通矿渣的复合胶凝体系,且出现的时间提前,这说明超细矿渣自身的反应活性明显高于普通矿渣。③在 20% 掺量下,掺超细矿渣、普通矿渣和纯水泥三个胶凝体系的 65h 水化放热量接近;在 30% 掺量下,掺超细矿渣的复合胶凝体系的 65h 水化放热量高于掺普通矿渣的复合胶凝体系和纯水泥胶凝体系,这再次说明了超细矿渣对复合胶凝体系水化的促进作用;但是在 50% 掺量下,由于水泥替代量过大,掺超细矿渣的复合胶凝体系的水化放热量虽然高于掺普通矿渣的复合胶凝体系,但是明显低于纯水泥胶凝体系。

混凝土的绝热温升是指混凝土成型后置于绝热容器中,测得混凝土内部在某一阶段的温度上升。与胶凝材料的水化放热不同(通常是恒定温度),绝热条件下混凝土的内部温度是不断升高的,因而混凝土中的胶凝材料实际上是在一个不断升高的温度条件下水化的。

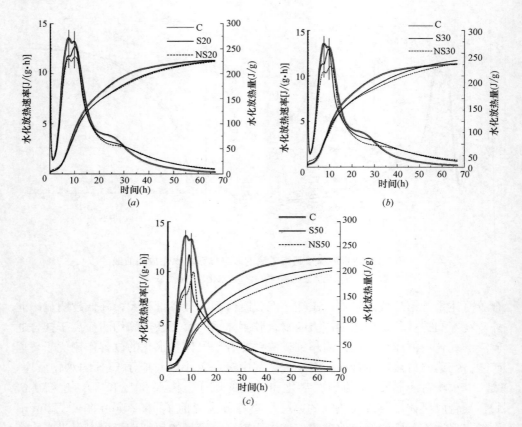

图 7-8　纯水泥、掺超细矿渣和掺普通矿渣的胶凝体系的水化放热曲线

(a) 掺量为 20%；(b) 掺量为 30%；(c) 掺量为 50%

　　图 7-9 显示了超细矿渣掺量对混凝土绝热温升的影响规律，从图中可以看出，纯水泥、掺 25% 超细矿渣和掺 45% 超细矿渣三组混凝土的绝热温升在 24h 内速率最高，温升曲线在第二天基本达到第峰值，到第 7d 时已经趋于稳定。在 7d 龄期时，纯水泥、掺 25% 超细矿渣和掺 45% 超细矿渣的混凝土的绝热温升值分别是 56.56℃、60.58℃ 和 54.07℃。可以看出，掺 25% 超细矿渣可以提高混凝土 7d 的温升值（提高了 7.11%），而掺 45% 超细矿渣略微降低了混凝土 7d 的温升值（降低了 4.40%，远小于 45% 的替代量），这说明超细矿渣的反应活性较高，且在较高温度下反应活性提高更加明显，因此在绝热条件下，掺入一定量的超细矿渣并不会明显降低混凝土的温升值，甚至会提高温升值。此外，观察初始 24h 的温升曲线可以发现，在 4h 左右（温度约为 25℃），掺 25% 和 45% 超细矿渣的混凝土的温度高于纯水泥混凝土，这主要是因为超细矿渣的稀释效应和成核效应促进了水泥的早期水化，这与恒温条件下的水化放热结果是一致的；8h 后，

掺 25％超细矿渣的混凝土的温度高于纯水泥混凝土，这是因为除了矿渣的稀释效应和成核效应之外，高温对超细矿渣的反应活性存在激发作用；但是掺 45％超细矿渣的混凝土的温度低于纯水泥混凝土，这主要是因为超细矿渣的大量掺入减少了水泥含量，从而降低了水泥水化放热总量。综合不同掺量下超细矿渣对混凝土绝热温升的影响可以得出如下结论：掺入超细矿渣并不能有效降低混凝土的绝热温升，且有可能会增大混凝土的绝热温升。

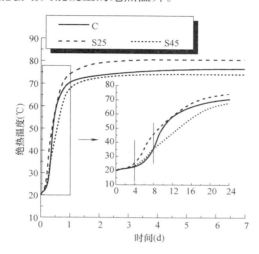

图 7-9　超细矿渣掺量对混凝土绝热温升的影响

7.3.2　Ca(OH)$_2$含量

图 7-10 为纯水泥浆体和掺超细矿渣的浆体（水胶比 0.38）在标准养护条件下 14d、28d 和 90d 的热重曲线，根据 400～500℃范围的失水量计算出浆体所含 Ca(OH)$_2$ 的量。

由热重结果计算 Ca(OH)$_2$ 的含量见图 7-11，标准养护条件下掺加超细矿渣能降低浆体内部 Ca(OH)$_2$ 的含量，且掺量越多，降低的幅度越大，这说明超细矿渣的火山灰效应能够消耗水泥水化生成的 Ca(OH)$_2$。随着龄期的增长，纯水泥硬化浆体由于持续的水化而使得 Ca(OH)$_2$ 的含量不断增加；而掺 25％超细矿渣的硬化浆体中 Ca(OH)$_2$ 的含量随着龄期的增长略有下降，这是因为超细矿渣的火山灰反应可以消耗 Ca(OH)$_2$，且消耗量大于水泥随龄期增长而生成的 Ca(OH)$_2$ 量；掺 45％超细矿渣的硬化浆体中 Ca(OH)$_2$ 的含量随着龄期的增长下降趋势较为明显，这表明掺入 45％超细矿渣消耗的 Ca(OH)$_2$ 量更多。

在实际工程中（例如，大体积混凝土、高强混凝土），混凝土内部温度明显高于环境温度，且有可能会随着水化的进行温度不断升高，因此实验室内的标准

227

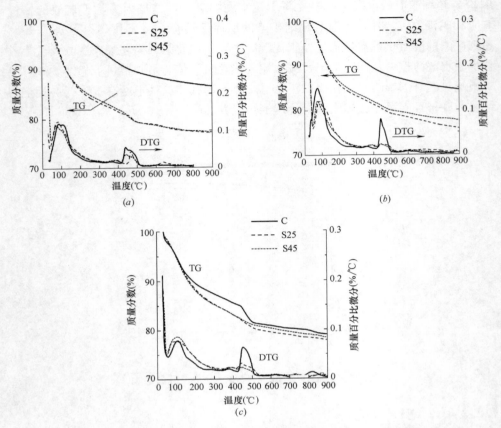

图 7-10　标准养护条件下纯水泥和掺超细矿渣的硬化浆体的热重曲线

(a) 14d；(b) 28d；(c) 90d

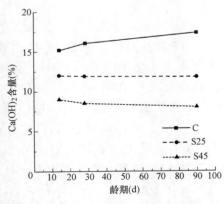

图 7-11　标准养护条件下纯水泥和掺超细矿渣的硬化浆体中 Ca(OH)$_2$ 的含量

养护条件与工程实际情况有差别，因此本节根据图 7-9 的绝热温升值设置温度匹配养护。图 7-12 为纯水泥浆体和掺超细矿渣的浆体在温度匹配养护条件下 14d、28d 和 90d 的热重曲线，根据 $400 \sim 500℃$ 范围的失水量计算出浆体所含 $Ca(OH)_2$ 的量。

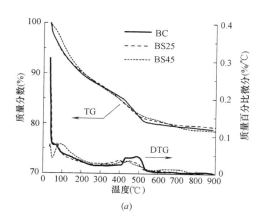

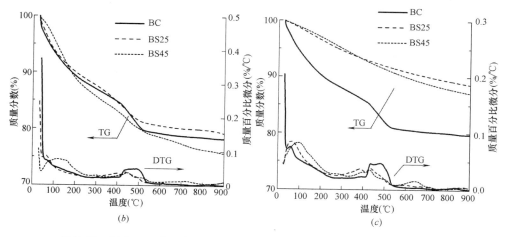

图 7-12　温度匹配养护条件下纯水泥和掺超细矿渣的硬化浆体的热重曲线

(a) 14d；*(b)* 28d；*(c)* 90d

由热重结果计算 $Ca(OH)_2$ 的含量见图 7-13，与标准养护条件下的规律类似，温度匹配养护条件下，掺加超细矿渣同样可以降低浆体内部 $Ca(OH)_2$ 的含量，且掺量越多，降低的幅度越大。随着龄期的增长，纯水泥硬化浆体水化程度提高，$Ca(OH)_2$ 的含量不断增加。此外，温度匹配养护条件下的纯水泥硬化浆体在 7d、14d 和 90d 的 $Ca(OH)_2$ 含量分别比标准养护条件下提高了 3.35%、4.47% 和 1.90%，这主要是因为升高温度可以促进水泥的水化。然而，温度匹

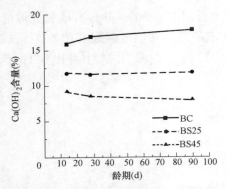

图 7-13　温度匹配养护条件下纯水泥和掺超细矿渣的硬化浆体中 Ca(OH)₂ 的含量

配养护条件下，掺超细矿渣的硬化浆体中 Ca(OH)₂ 的含量相比于标准养护条件下并没有明显升高，甚至还略有下降，这说明尽管升高温度会促进水泥水化，从而生成更多的 Ca(OH)₂，但是在高温条件下，超细矿渣的反应活性得到明显激发，通过火山灰反应可以消耗更多的 Ca(OH)₂，从而整体上体现为在温度匹配养护条件下，复合胶凝体系中 Ca(OH)₂ 的含量与标准养护条件下相似。

7.3.3　反应程度

图 7-14 和图 7-15 分别为在标准养护条件下和温度匹配养护条件下硬化浆体在不同龄期的化学结合水含量。由图可知，在两种养护条件下，掺入超细矿渣都明显提高了浆体的化学结合水含量。但是，由于浆体的化学结合水含量与水泥及超细矿渣的反应程度、反应种类等因素有关，因此，其发展并不呈现特定的规律。

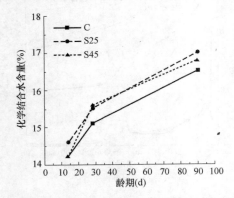

图 7-14　标准养护条件下纯水泥浆体和掺超细矿渣的浆体的化学结合水含量

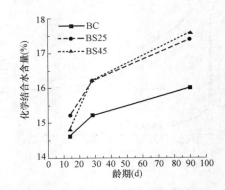

图 7-15　温度匹配养护条件下纯水泥浆体和掺超细矿渣的浆体的化学结合水含量

为了更好地研究水泥和超细矿渣的反应程度，可以将超细矿渣浆体的 Ca(OH)₂ 含量与化学结合水含量划分为水泥和超细矿渣两部分，分别表示为公式（7-1）和公式（7-2）。

$$w_n^t = w_n^c f_c + w_n^p f_p \tag{7-1}$$

$$CH_t = CH_c f_c + CH_p f_p \tag{7-2}$$

其中 w_n^c 和 w_n^p 分别表示单位质量水泥和超细矿渣反应产生的化学结合水含

量，CH_c 表示单位质量水泥水化产生的 Ca(OH)$_2$ 含量，CH_p 表示单位质量超细矿渣反应消耗的 Ca(OH)$_2$ 含量，当求出 w_n^c 和 w_n^p 后，水泥和超细矿渣的反应程度 α_c 和 α_p 便能确定：

$$\alpha_c = \frac{w_n^c}{w_n^c(\infty)} , \alpha_p = \frac{w_n^p}{w_n^p(\infty)} \tag{7-3}$$

同理，反应程度还可以通过 Ca(OH)$_2$ 含量来计算：

$$\alpha_c = \frac{CH_c}{CH_c(\infty)} , \alpha_p = \frac{CH_p}{CH_p(\infty)} \tag{7-4}$$

综合式 7-1～式 7-4 可以求出水泥和磨细矿渣的反应程度：α_c 和 α_p。

超细矿渣的反应过程难以用方程式概括。表 7-4 为 Kolani 等[7] 研究给出的矿渣水化产物的摩尔分子比值，其中的钙硅比与矿渣的掺量有关，根据其试验结果，本节取：当超细矿渣掺量为 25% 时，比值为 1.75；当超细矿渣掺量为 45% 时，比值为 1.6。表 7-5 为 Kolani 等[7] 给出的矿渣水化产物的总量，结合表 7-4 和表 7-5，以及不同矿渣掺量的钙硅比比值，可以计算出掺加 25% 超细矿渣时，$w_n^p(\infty) = 0.174$，$CH_p(\infty) = -0.206$；掺加 45% 超细矿渣时，$w_n^p(\infty) = 0.19$，$CH_p(\infty) = -0.156$。将试验数据及上述计算数值代入公式（7-1）～公式（7-4）可以求出水泥和超细矿渣的反应程度。

矿渣水化产物的摩尔分子比值　　　　　　　　　　　　表 7-4

水化产物	摩尔平衡					
	CaO	SiO$_2$	Al$_2$O$_3$	SO$_3$	MgO	H$_2$O
C—S—A—H	Ca/Si	1	Al/Si	—	—	1.2
M$_5$AH$_{13}$	—	—	1	—	5	13
C$_6$A$\overline{S}_3$H$_{32}$	6	—	1	3	—	32
C$_4$AH$_{13}$	4	—	1	—	—	13

矿渣水化产物的总量　　　　　　　　　　　　表 7-5

水化产物	总质量（10^{-5} mol/g 矿渣）	水化产物	总质量（10^{-5} mol/g 矿渣）
C—S—A—H	597.34	C$_6$A$\overline{S}_3$H$_{32}$	0.83
M$_5$AH$_{13}$	39.70	C$_4$AH$_{13}$	5.90

图 7-16 为标准养护条件下纯水泥浆体和掺超细矿渣的浆体中水泥的反应程度，由图可知，掺加超细矿渣能提高水泥的反应程度，且掺量越多，提高的幅度越大，这说明超细矿渣能促进水泥水化（稀释效应和成核效应）。随着龄期的增长，水泥反应程度逐渐提高，掺超细矿渣的浆体中后期水泥反应程度增长率略低

于纯水泥浆体，这可能是因为超细矿渣后期的火山灰反应需要与水泥水化"竞争"水分。

图 7-17 为标准养护条件下掺超细矿渣的浆体中超细矿渣的反应程度，由图可知，14d 和 28d 龄期时，掺 45％超细矿渣的浆体中超细矿渣的反应程度要高于掺 25％超细矿渣的浆体，而 90d 龄期时情况相反。这可能是因为前期超细矿渣掺量越多，水泥含量越少，水泥水化消耗的水分越少，因此前期有更多的水分提供给超细矿渣反应。后期由于掺 25％超细矿渣的浆体中水泥含量要高于掺 45％超细矿渣的浆体，水泥水化生成的 $Ca(OH)_2$ 更多，给超细矿渣提供了更好的碱激发环境，因此在 90d 龄期时，掺 25％超细矿渣的浆体中超细矿渣的反应程度较高。

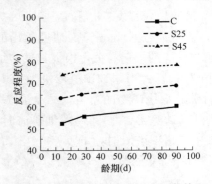

图 7-16　标准养护条件下纯水泥浆体和
掺超细矿渣的浆体中水泥的反应程度

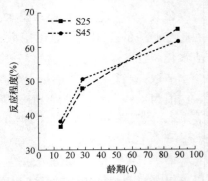

图 7-17　标准养护条件下掺超细矿渣的
浆体中超细矿渣的反应程度

表 7-6 综述了常温下普通矿渣在复合胶凝体系中的反应程度，与图 7-17 对比可以发现，超细矿渣的反应程度明显高于普通矿渣，这与 7.3.1 节水化放热的结果是一致的，这主要是因为磨细可以提高矿渣的反应活性[8]。

常温下普通矿渣在复合胶凝体系中的反应程度　　　　　　　　表 7-6

文献来源	矿渣掺量（％）	水胶比	温度（℃）	矿渣反应程度（％）			
				3d	7d	28d	90d
刘仍光[9]	30	0.30	20	19.10	27.21	33.46	40.01
	50			18.05	25.12	31.92	35.56
	70			20.37	24.83	29.78	34.02
	90			12.59	15.43	19.70	24.15
刘仍光[9]	30	0.40	20	22.26	28.55	36.75	46.05
	50			18.42	25.40	33.47	44.33
	70			21.61	26.15	31.41	39.68
	90			12.83	16.96	20.05	25.49

文献来源	矿渣掺量（%）	水胶比	温度（℃）	矿渣反应程度（%）			
				3d	7d	28d	90d
Fanghui Han[10]	30	0.40	25	10.25	—	—	—
	70			8.96	—	—	—
Fanghui Han[11]	30	0.40	20	5.62	—	24.50	39.37
	70			4.21	—	18.99	32.61

在温度匹配养护条件下水泥和超细矿渣的反应程度分别见图7-18和图7-19。由图可知，相比于标准养护条件，在温度匹配养护条件下纯水泥浆体和掺超细矿渣的浆体中水泥的反应程度在早期略有上升，但在后期略有下降，这说明温度匹配养护并不能明显提高水泥的反应程度；而在掺超细矿渣的浆体中，超细矿渣的反应程度明显提高，这说明高温对矿渣反应的促进作用更为明显。

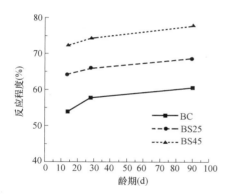

图 7-18　温度匹配养护条件下纯水泥浆体和掺超细矿渣的浆体中水泥的反应程度

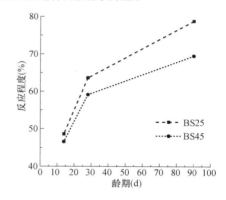

图 7-19　温度匹配养护条件下掺超细矿渣的浆体中超细矿渣的反应程度

7.3.4　硬化浆体孔结构

胶凝材料硬化浆体是一个含有固、液、气相的非均质多孔体系，主要含有三种类型：胶凝孔、毛细孔和气孔。胶凝孔是胶凝颗粒之间互相连通的孔隙，尺寸小于10nm，其体积一般为C—S—H凝胶体积的28%左右。毛细孔是没被水化产物填充而是由净浆中的水所填充的空间，尺寸在10nm到10000nm之间，呈弯曲管状，比胶凝孔更容易让水渗透。气孔是由于不完全密实或残留的空气所引起的。孔结构是混凝土微观结构中的重要组成部分，对混凝土的宏观性能起着至关重要的作用。

图 7-20 和图 7-21 分别为标准养护条件下纯水泥和掺超细矿渣的硬化浆体在28d 龄期时的孔径分布曲线和孔隙大小分布，由图可知，掺加超细矿渣能够改善

硬化浆体孔结构，且掺量越多，改善效果越明显，具体表现为：总孔隙率降低，且大孔体积减小，小孔体积增加，这主要是因为超细矿渣的填充效应和火山灰效应。

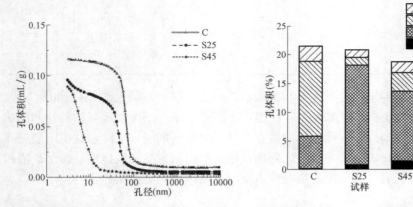

图 7-20　标准养护条件下纯水泥和掺超细矿渣　　图 7-21　标准养护条件下纯水泥和掺超细
　　的硬化浆体在 28d 龄期时的孔径分布曲线　　　　矿渣的硬化浆体的孔隙大小分布

7.4　混凝土宏观性能

（1）抗压强度

　　图 7-22 是标准养护条件下纯水泥混凝土和掺超细矿渣的混凝土的抗压强度，表 7-7 计算了标准养护条件下掺超细矿渣的混凝土相对于纯水泥混凝土的抗压强度增长率。可以看出，在各龄期，随着超细矿渣掺量的增加，混凝土的抗压强度略有增长，这与 Erdogan[12] 和 Sharmila[13] 的研究结论是一致的，这主要是因为

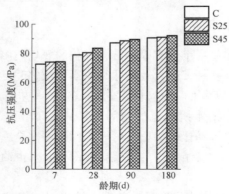

图 7-22　标准养护条件下纯水泥混凝土和掺超细矿渣的混凝土的抗压强度

超细矿渣具有良好的物理填充作用和火山灰反应作用。

标准养护条件下超细矿渣对混凝土抗压强度的影响　　　　表 7-7

龄期（d）	C	S25		S45	
	抗压强度（MPa）	抗压强度（MPa）	增长率（%）	抗压强度（MPa）	增长率（%）
7	72.50	73.90	1.93	74.10	2.21
28	78.90	80.40	1.90	83.50	5.83
90	87.20	88.50	1.49	89.50	2.64
180	90.60	91.00	0.44	92.10	1.66

图 7-23 是温度匹配养护条件下纯水泥混凝土和掺超细矿渣的混凝土的抗压强度，表 7-8 计算了温度匹配养护条件下掺超细矿渣的混凝土相对于纯水泥混凝土的抗压强度增长率。对比表 7-7 可以看出，在温度匹配养护条件下，纯水泥混凝土的抗压强度略有降低，这可能是因为在温度较高的环境下，水泥水化速率加快，抑制了随后的反应，且过快的反应会导致产物分布不均匀。此外，在温度匹配养护条件下，掺超细矿渣的混凝土相对于纯水泥混凝土的抗压强度增长率高于标准养护条件下，这说明高温对超细矿渣的活性激发作用更为明显，这与超细矿渣反应程度的试验结果是一致的。

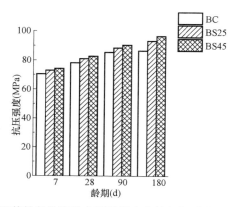

图 7-23　温度匹配养护条件下纯水泥混凝土和掺超细矿渣的混凝土的抗压强度

温度匹配养护条件下超细矿渣对混凝土抗压强度的影响　　　　表 7-8

龄期（d）	BC	BS25		BS45	
	抗压强度（MPa）	抗压强度（MPa）	增长率（%）	抗压强度（MPa）	增长率（%）
7	70.50	72.90	3.40	74.20	5.25
28	78.20	81.10	3.71	82.80	5.88
90	85.40	88.50	3.63	90.40	5.85
180	86.50	93.20	7.75	96.50	11.56

（2）氯离子渗透性

图 7-24 显示了标准养护条件下掺入超细矿渣对混凝土氯离子渗透性的影响，由图可知，掺入超细矿渣能够改善混凝土的抗氯离子渗透性，且效果随超细矿渣掺量的增加而提高。这与其他研究者的结论是类似的：Otieno 等[14]的研究表明混凝土的氯离子渗透性随着超细矿渣掺量的增加而降低；Osborne[15]的试验也证明超细矿渣对降低混凝土的氯离子渗透性有良好的效果；Duan 等[16]的试验证明超细矿渣可以改善混凝土的孔结构和过渡区。超细矿渣对混凝土抗氯离子渗透性能的提高作用主要是因为超细矿渣颗粒填充了混凝土的孔隙，且其火山灰反应消耗了过渡区的 $Ca(OH)_2$，生成的水化产物细化了孔结构。此外，随着龄期的增长，纯水泥混凝土的氯离子渗透性等级从"中"降低为"低"；而掺超细矿渣的混凝土的氯离子渗透性等级在 28d 和 180d 龄期时相同，但电通量有所降低。

图 7-25 显示了温度匹配养护条件下掺入超细矿渣对混凝土氯离子渗透性的影响。不同于标准养护条件，在温度匹配养护条件下纯水泥混凝土的 28d 和 180d 氯离子渗透性等级均为"中"，这说明早期的较高温度抑制了纯水泥的后期水化，导致后期纯水泥混凝土孔结构的改善效果有限。此外，相对于标准养护，温度匹配养护条件下掺 25％超细矿渣的混凝土的氯离子渗透性在 28d 和 180d 龄期均下降了一个等级；掺 45％超细矿渣的混凝土的氯离子渗透性等级与标准养护条件下相同，但电通量有所降低。这主要是由于温度匹配养护促进了复合胶凝体系的水化，生成更多的水化产物填充了混凝土内部的孔隙，且超细矿渣因为火山灰效应消耗了更多的 $Ca(OH)_2$，改善了混凝土界面过渡区，从而提高了混凝土的抗氯离子渗透性。

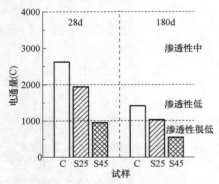

图 7-24　标准养护条件下纯水泥混凝土和掺超细矿渣的混凝土的氯离子渗透性

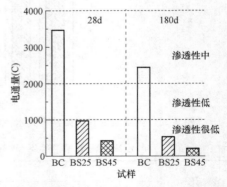

图 7-25　温度匹配养护条件下纯水泥混凝土和掺超细矿渣的混凝土的氯离子渗透性

（3）干燥收缩

干燥收缩是指由于外部环境湿度较低，混凝土内部水分向环境中散失从而造成混凝土体积收缩的过程。混凝土的干燥收缩会导致混凝土开裂，从而影响混凝土的宏观力学性能和耐久性。目前对于混凝土干燥收缩机理的解释主要有：毛细管张力理论[17,18]、层间水丧失理论[19]、表面能改变理论[20]和分离压力理论[21]，其中毛细管张力理论和分离压力理论被研究者普遍接受。毛细管张力理论可以很好地解释相对湿度大于 40%～50% 且孔径大于 10nm 时混凝土的早期干燥收缩[22]。毛细管中的水分蒸发形成弯液面，在气相和液相之间形成压差（即液相压力小于大气压），从而导致孔隙的收缩[23]。分离压力理论能够很好地解释后期混凝土的干燥收缩，且 Beltzung 等[24]和 Maruyama 等[25]认为，后期混凝土的干燥收缩只与分离压力有关。分离压力理论认为，在后期硬化浆体中，孔隙之间的距离很小，表面力（比如范德华力和静电力）很大，因此孔隙边壁受到较大作用力，而在干燥环境下，水分的散失使得平衡表面力的反作用力减少，从而导致固体收缩[23]。

  图 7-26 是掺 40% 普通矿渣的混凝土在湿养护（20℃，95% 相对湿度）2d、5d 和 8d 之后再干燥养护（20℃，50% 相对湿度）1 年的干燥收缩曲线，水胶比为 0.42 和 0.50。以 "NS-0.42-2d" 为例，编号表示 "普通矿渣-水胶比 0.42-湿养护 2d"。由图可见，水胶比越低，干燥收缩越小，这主要是因为在低水胶比条件下混凝土的刚度和密实度更高，这与 Brooks 等[26,27]的研究结果是一致的。此外，在 0.42 和 0.50 两个水胶比条件下，湿养护时间越长，干燥收缩越小。

  图 7-27 是掺 40% 普通矿渣的混凝土和掺 10% 超细矿渣＋30% 普通矿渣的混凝土在湿养护（20℃，95% 相对湿度）2d 之后再干燥养护（20℃，50% 相对湿度）1 年的干燥收缩曲线，水胶比为 0.50。从图中可以看出，掺入部分超细矿渣后可以明显降低混凝土的干燥收缩值，这与其他研究的结论是一致的[28,29]，这主要是因为超细矿渣比表面积大、活性高，能够提高胶凝体系的整体水化程度，此外其超细颗粒能够发挥物理填充作用，从而从化学作用和物理作用两方面提高混凝土的密实性，减少混凝土的干燥收缩。

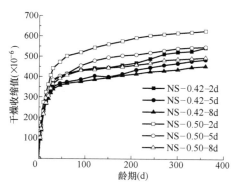
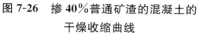

图 7-26　掺 40% 普通矿渣的混凝土的
干燥收缩曲线

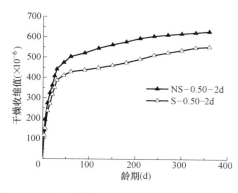

图 7-27　掺 40% 普通矿渣的混凝土和掺 10% 超
细矿渣＋30% 普通矿渣的混凝土的干燥收缩曲线

7.5 含超细矿渣的复合矿物掺合料

提高水泥熟料的利用率，减少熟料用量，最大化利用辅助性胶凝材料，有助于实现水泥混凝土行业的可持续发展。技术路线之一就是发挥水泥和矿物掺合料之间水化性能、水化机理迥异的特点，实现胶凝材料的合理搭配，从而达到物尽其用、优势互补的效果，可以根据这一思路来确定复合胶凝体系中各个胶凝材料的种类、粒度和掺量，从而实现胶凝材料综合效能的最大化。本节探究了利用含超细矿渣的复合矿物掺合料制备满足力学性能和耐久性能的低水泥用量混凝土的可行性。

7.5.1 原材料和配合比设计

设计 C40 和 C60 两个强度等级的混凝土，水胶比分别为 0.45 和 0.35，胶凝材料用量分别为 360kg/m³ 和 500kg/m³，6 组混凝土的配合比见表 7-9。据此配合比成型混凝土，细骨料采用中砂，试验前经水洗晾干以降低含泥量，粗骨料采用 5～25mm 连续级配碎石，减水剂掺量为 1%～2%，以保证各组工作性一致为准。

含超细矿渣的混凝土的配合比　　　　　　　　表 7-9

强度等级	水胶比	胶材用量 (kg/m³)	编号	胶凝材料组成比例(%,质量比)				水 (kg/m³)	砂 (kg/m³)	石 (kg/m³)
				水泥	矿渣	超细矿渣	石英粉			
C40	0.45	360	A0	100	0	0	0	162	807	1070
			A4	40	30	10	20			
			A6	20	40	20	20			
C60	0.35	500	B0	100	0	0	0	175	710	1065
			B4	40	30	10	20			
			B6	20	40	20	20			

7.5.2 混凝土抗压强度

图 7-28 和图 7-29 为 6 组混凝土在 3d、7d、28d、90d、180d 和 360d 龄期时的抗压强度。由图 7-28 中 A0、A4、A6 的抗压强度发展规律可知，随着复合胶凝材料中水泥用量的减少和矿物掺合料掺量的增加，混凝土的抗压强度逐渐降低，纯水泥混凝土的抗压强度在各个龄期都最高，水泥用量 40% 的 A4 组抗压强度次之，水泥用量 20% 的 A6 组抗压强度最低。

当改变混凝土的水胶比、单方胶凝材量用量、砂石用量而改变混凝土的设计强度等级时，得到 B 组的试验结果。由图 7-29 可知，随着复合胶凝材料中水泥用量的减少，混凝土的抗压强度逐渐降低，在各个龄期抗压强度都遵循 B0＞B4

＞B6 的规律。值得注意的是，对比三种胶凝材料组成在两种设计强度等级下的抗压强度变化，0号组和 4 号组在改变水胶比和胶凝材料用量时，抗压强度提升较为明显，而 6 号组的提升并不明显。在 3d、7d、28d、90d、180d和 360d 龄期时，B0 组的抗压强度值较 A0 组分别提升了 37.0%、3.9%、16.4%、13.4%、12.6%和 17.4%，B4 组的抗压强度值较

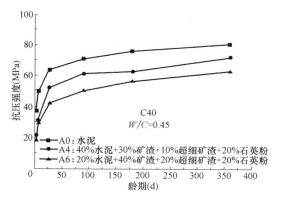

图 7-28　A0、A4、A6 组混凝土的抗压强度

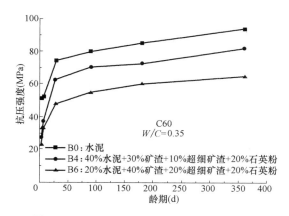

图 7-29　B0、B4、B6 组混凝土的抗压强度

A4 组分别提升了 29.0%、16.0%、19.4%、14.3%、14.8%和 12.8%。B0 组和 B4 组相对于 A 组抗压强度的提升在 3d 时尤为明显，28d 龄期后也保持了一定的增长率。而在 3d 到 360d 的 6 个龄期测点中，B6 组的抗压强度值相较 A6 组分别只提升了 27.8%、10.9%、13.9%、8.8%、7.1%和 2.9%。尤其在长龄期时，B6 组相对 A6 组的抗压强度提升不显著，180d 龄期以后，二者的混凝土抗压强度值几乎相同。表明对于水泥用量过低的胶凝材料，降低水胶比并提高单方胶凝材料用量，可以提升早期混凝土的抗压强度，但对后期的抗压强度提升作用不大。因此，当水泥用量很低、矿物掺合料掺量很大时，宜将复合胶凝材料用于配制低强度等级的混凝土，以提高材料的利用效率。

7.5.3　混凝土氯离子渗透性

图 7-30 为各组混凝土在 28d、90d、180d 和 360d 龄期时的电通量和氯离子

渗透性等级。总体上，复合胶凝材料中水泥的用量越低，矿物掺合料的掺量越高，混凝土的电通量越低。这主要是因为矿渣、超细矿渣和石英粉的密度都小于水泥，因此掺加相同质量的胶凝材料时，A4（B4）组和 A6（B6）组的胶凝材料体积大于 A0（B0）组，形成的浆体体积也更大，能够更好地包裹粗细骨料同时填充骨料间的空隙；另一方面，掺合料尤其是细填料能够有效填充浆体中的孔隙，因此掺 20％超细矿渣的 A6（B6）组的抗渗性优于掺 10％超细矿渣的 A4（B4）组；再者，掺合料的二次水化反应会消耗针片状的 $Ca(OH)_2$，生成 C—S—H 凝胶，进一步改善浆体的孔结构，使浆体更加致密。因此，多方面的原因使得大量掺加矿渣和超细矿渣的混凝土的抗渗透性优于纯水泥混凝土。因此，采用改变胶凝材料组成的方式来增强混凝土的抗氯离子渗透性比采用增强强度等级的方式更有效也更经济。

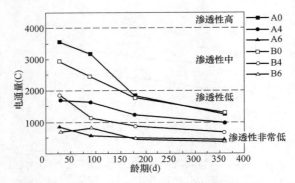

图 7-30　A0、A4、A6、B0、B4、B6 组混凝土的电通量和氯离子渗透性等级

从混凝土体系的试验结果可以看出，利用大掺量超细矿渣-石英粉复合掺合料替代水泥，在混凝土力学性能和抗氯离子渗透性能中表现出令人满意的结果：能够获得满足使用要求的抗压强度，具有良好的抗氯离子渗透性。尤其是 4 号组，其组成为 40％水泥、30％矿渣、10％超细矿渣和 20％石英粉，在抗压强度上达到了纯水泥组的 80％以上，且氯离子渗透性较低，具备实际应用的可能，这证明了利用含超细矿渣的复合矿物掺合料制备满足力学性能和耐久性能的低水泥用量混凝土的可行性。

参 考 文 献

[1] 高怀英，马树军，黄国泓. 大掺量磨细矿渣混凝土国内外研究与应用综述 [J]. 海河水利，2006（3）：47-50.

[2] 郭书辉，潘志华，王学兵，等. 掺有磨细矿渣的水泥砂浆的抗硫酸盐侵蚀性能 [J]. 混凝土，2013（5）：127-129.

［3］ 杨雷，马保国，管学茂. 磨细矿粉对高强混凝土抗渗性能的影响［J］. 商品混凝土，2007（2）：52-54.

［4］ 朱蓓蓉，吴学礼，杨全兵. 磨细矿渣掺合料对普通硅酸盐水泥性能的影响极其作用机理［J］. 混凝土与水泥制品，1997（6）：20-25.

［5］ 杨利香，雷芳华，贺张. 磨细矿渣粉在混凝土中的应用研究［J］. 粉煤灰综合利用，2010（6）：23-25.

［6］ Kwan A K H，Li Y. Effects of fly ash microsphere on rheology，adhesiveness and strength of mortar［J］. Construction & Building Materials，2013，42（5）：137-145.

［7］ Kolani B，Buffo-Lacarrière L，Sellier A，et al. Hydration of slag-blended cements［J］. Cement & Concrete Composites，2012，34（9）：1009-1018.

［8］ Niu Q，Feng N，Yang J，et al. Effect of superfine slag powder on cement properties［J］. Cement & Concrete Research，2002，32（4）：615-621.

［9］ 刘仍光. 含矿渣复合胶凝材料水化性能与浆体微观结构［D］. 北京：清华大学，2013.

［10］ Han F，He X，Zhang Z，et al. Hydration heat of slag or fly ash in the composite binder atdifferent temperatures［J］. Thermochimica Acta，2017，655（Supplement C）：202-210.

［11］ Han F，Liu J，Yan P. Comparative study of reactiondegree of mineral admixture by selective dissolution and image analysis［J］. Construction and Building Materials，2016，114（Supplement C）：946-955.

［12］ Erdoğan S T，KoçakT Ç. Influence of slag fineness on the strength and heat evolution of multiple-clinker blended cements［J］. Construction and Building Materials，2017，155（Supplement C）：800-810.

［13］ Sharmila P，Dhinakaran G. Compressive strength，porosity and sorptivity of ultra fine slag based high strength concrete［J］. Construction and Building Materials，2016，120（Supplement C）：48-53.

［14］ Otieno M，Beushausen H，Alexander M. Effect of chemical composition of slag on chloride penetration resistance of concrete［J］. Cement and Concrete Composites，2014，46（Supplement C）：56-64.

［15］ Osborne G J. Durability of Portland blast-furnace slag cement concrete［J］. Cement & Concrete Composites，1999，21（1）：11-21.

［16］ Duan P，Shui Z，Chen W，et al. Enhancing microstructure anddurability of concrete from ground granulated blast furnace slag and metakaolin as cement replacement materials［J］. Journal of Materials Research & Technology，2013，2（1）：52-59.

［17］ Powers T C. The thermodynamics of volume change and creep［J］. Matériaux Et Construction，1968，1（6）：487-507.

［18］ Feldman R F，Sereda P J. Sorption of water on compacts of bottle-hydrated cement. II. Thermodynamic considerations and theory of volume change［J］. Journal of Chemical Technology & Biotechnology，2010，14（2）：87-93.

[19]　Wittmann F H. Interaction of hardened cement paste and water [J]. Journal of the American Ceramic Society, 2010, 56 (8): 409-415.

[20]　Ferraris C F, Wittmann F H. Shrinkage mechanisms of hardened cement paste [J]. Cement & Concrete Research, 1987, 17 (3): 453-464.

[21]　Haque M N, Cook D J, Morgan D R. The influence of admixtures on the surface energy of Portland cement paste [J]. Matériaux Et Construction, 1976, 9 (4): 291-296.

[22]　Scherer G W. Drying, shrinkage, and cracking of cementitious materials [J]. Transport in Porous Media, 2015, 110 (2): 311-331.

[23]　Eberhardt A B, Flatt R J. 13-Working mechanisms of shrinkage-reducing admixtures [J]. Science & Technology of Concrete Admixtures, 2016: 305-320.

[24]　Beltzung F, Wittmann F H. Role ofdisjoining pressure in cement based materials [J]. Cement & Concrete Research, 2005, 35 (12): 2364-2370.

[25]　Maruyama I, Sugie A. Numerical study on drying shrinkage of concrete affected by aggregate size [J]. Journal of Advanced Concrete Technology, 2014, 12 (8): 279-288.

[26]　Brooks J J. Creep of masonry-Concrete and masonry movements-12 [J]. Concrete & Masonry Movements, 2015: 403-456.

[27]　Jasiczak J, Szymański P, Nowotarski P. Impact of moisture conditions on early shrinkage of ordinary concrete with changing W/C ratio [J]. Archives of Civil Engineering, 2015, 60 (2): 241-256.

[28]　Sharmila P, Dhinakaran G. Strength anddurability of ultra fine slag based high strength concrete [J]. Structural Engineering & Mechanics, 2015, 55 (3): 675-686.

[29]　Sharmila P, Dhinakaran G. Compressive strength, porosity and sorptivity of ultra fine slag based high strength concrete [J]. Construction & Building Materials, 2016, 120: 48-53.